INHALTSVERZEICHNIS

Vorwort

Auch in diesem zweiten Band geht es um Schülerinnen und Schüler, denen das Lernen im Allgemeinen oder das Mathematiklernen im Speziellen schwerfällt. Die schon dem ersten Band zugrunde liegenden Prinzipien für Unterricht und Förderung werden hier in Kap. 1 noch einmal zusammengefasst, wobei der Fokus auf die Zahlenraumerweiterungen gerichtet wird. Einige allgemeine Bemerkungen seien diesem Buch ergänzend vorangestellt:

▷ Die diagnostischen Aufgaben sowie die anschließenden Lern- und Übungsvorschläge verstehen sich nicht als ein umfassendes und vollständiges Angebot für den Mathematiklehrgang. Es handelt sich jedoch um Inhalte, die für ein erfolgreiches Mathematiklernen wesentlich erscheinen.

▷ Das vorliegende Buch versteht Lernen als aktiven Prozess. Bedeutungsvolles Lernen und Verstehen sollten Hauptanliegen des Mathematikunterrichts sein. Nur so ist letztlich das Selbstvertrauen der Schülerinnen und Schüler in die eigenen Leistungen zu fördern.

▷ Den Schülerinnen und Schülern sollten – wo immer möglich – individuelle Lösungswege zugestanden werden. Ihnen sollte bewusst werden, dass es zu einer Aufgabe oder einem Problem durchaus mehrere Lösungen und Wege geben kann. Durchgängig gilt es, die Kinder zu eigenen Strategien zu ermuntern, damit ihr Vertrauen in die eigenen Leistungen gestärkt wird.

▷ Bei den Beschreibungen und Erläuterungen zu den einzelnen Unterrichts- und Übungsbeispielen liegt das Augenmerk zum einen auf den möglichen Schwierigkeiten und den entsprechenden alternativen Vorgehensweisen und Fördermöglichkeiten. Zum anderen gilt es, Differenzierungsmöglichkeiten aufzuzeigen. Gerade Kinder mit Lernschwächen zeigen in der Regel ein äußerst heterogenes Lernverhalten, sodass Differenzierung im Unterricht unabdingbar wird.

▷ Nicht selten finden sich in Schulen für Lernbehinderte große Leistungsunterschiede innerhalb einer Klasse: Einige Kinder rechnen beispielsweise im Hunderter-, andere schon im Tausenderraum. Auch finden sich gemischte, jahrgangsübergreifende Klassen. In beiden Fällen bieten sich vielfältige Möglichkeiten der Integration aller Schüler an: Viele der nachfolgend vorgestellten Übungsformate sind auf unterschiedlichen Niveaus und in unterschiedlichen Jahrgangsstufen einsetzbar, sodass alle Schülerinnen und Schüler an ein und derselben Übungsform differenziert arbeiten können.

Dieses Buch ist durch viele Personen direkt oder indirekt beeinflusst worden. Es resultiert aus mehrjährigen Erfahrungen in der Lehrerausbildung und -fortbildung, aus der Arbeit mit Studierenden, Lehrerinnen und Lehrern sowie Kolleginnen und Kollegen aus der Hochschule.

Danken möchte ich den Kindern, ohne die dieses Buch nicht hätte entstehen können. Gedankt sei allen Lehrerinnen und Lehrern, die an der Entstehung des Buchs in unterschiedlicher Form beteiligt waren, z. B. durch die Erprobung von Unterrichtsbeispielen in ihren Klassen. Andere Anregungen erhielt ich in Lehrerfortbildungen oder profitierte von Erfahrungsberichten zu meinen Materialien.

Mein Dank gilt auch meinem Kollegen Günter Krauthausen (Universität Hamburg), der das Manuskript durchgesehen und Hinweise zur Verbesserung gegeben hat.

Dortmund, im Oktober 2002

Petra Scherer

Bergedorfer® Förderdiagnostik

Petra Scherer

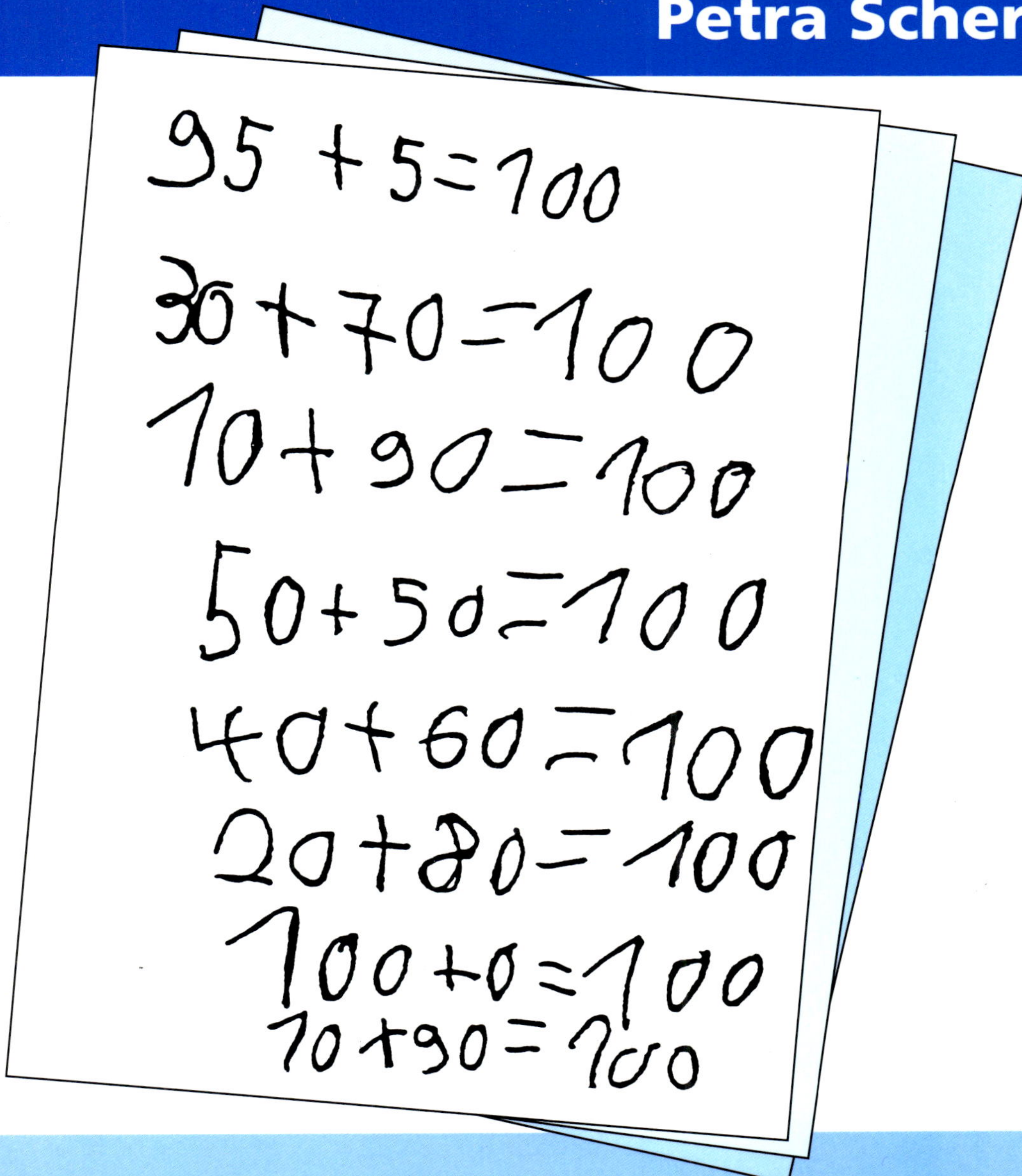

Produktives Lernen für Kinder mit Lernschwächen: Fördern durch Fordern

Band 2: Addition und Subtraktion im Hunderterraum

FÖRDER-SCHULE

mit Kopiervorlagen

Persen

1. Zum Lernen bei lernschwachen Kindern: Zahlenraum-Erweiterungen

In Band 1 dieser Reihe sind bereits grundlegende Aspekte des Mathematiklernens bei lernschwachen Kindern thematisiert worden. Dazu zählen vor allem (vgl. SCHERER 1999, Kap. 1):

- *Ganzheitliches Lernen:* Um den Kindern eine ausreichende Übersicht und das Verständnis von Zusammenhängen zu ermöglichen, ist eine hinreichende Komplexität zu gewährleisten. Dennoch sollten und können Überforderungen vermieden werden.
- *Bedeutung des Übens:* Üben ist als integraler Bestandteil des Lernprozesses anzusehen. Insbesondere sollten produktive und beziehungsreiche Übungsformen in Abgrenzung zu ausschließlicher Wiederholung durchgeführt werden.
- *Bedeutung der Arbeitsmittel und Veranschaulichungen:* Zu berücksichtigen sind eine wohlüberlegte Auswahl, die Koordinierung verschiedener Veranschaulichungen sowie Ermöglichung und Förderung individueller Strategien.
- *Kompetenzorientierte Diagnostik:* Gewählt werden sollten Methoden und Aufgabentypen, die es den Kindern ermöglichen, ihre vorhandenen Fähigkeiten zu zeigen. Verzichten sollte man auf Erhebungsmethoden, die vorrangig auf Defizite fokussieren.

Im Folgenden sollen die Zahlenraumerweiterungen genauer beleuchtet werden, die u. a. auch die Bände dieser Reihe strukturieren. Hierbei geht es um Prinzipien, die sich durch die Erweiterungen bis zum Zahlenraum bis 1 Million durchziehen.

Stufen

Üblicherweise wird folgende Stufung vorgenommen:

1. Stufe: Zahlenraum bis 20
2. Stufe: Zahlenraum bis 100
3. Stufe: Zahlenraum bis 1000
4. Stufe: Zahlenraum bis 1 000 000

Die vier Stufen entsprechen dabei auch der üblichen Stoffverteilung in den vier Grundschuljahren. Bezogen auf lernschwache Kinder, die in Grundschulklassen oder aber in Sonderschulen gefördert werden, ist in der Regel die Ausdehnung einer Stufe auf zwei oder mehrere Schuljahre vorzufinden. Es erscheint hier wenig sinnvoll, eine schuljahresbezogene Anbindung für diese Kinder anzugeben. Viel wichtiger ist eine potenzielle Durchlässigkeit, d. h. dass ihnen Ausflüge in die nächsthöhere Stufe ermöglicht werden (s. u.).

Schrittweises Erweitern, ein Gegensatz zum ganzheitlichen Lernen?

Kleinschrittiges Vorgehen zählt auch gegenwärtig noch zu den Unterrichtsprinzipien in der Lernbehindertendidaktik, wenngleich sich zunehmend auch kritische Anmerkungen hinsichtlich einer derartigen Vorgehensweise finden. So wird in verschiedenen Richtlinien davor gewarnt, dieses methodische Prinzip bloß als zeitlich verstandenes Nacheinander, verbunden mit dem isolierten Üben von Teilleistungen, zu verstehen. Denn dies stelle keine Lernhilfe dar, sondern könne „sogar das Erfassen und den Aufbau des Ganzen erschweren und zu einer für den Lernfortschritt des Schülers ungünstigen Zerstückelung und Einengung der Aufmerksamkeit führen" (KM 1972, 5). Die Isolierung von Schwierigkeiten darf „keineswegs bedeuten, dass ohne Einsicht in Zusammenhänge Teillernschritte vollzogen werden. Das Finden von Lösungswegen beim problembezogenen Unterricht verlangt ein Überblicken von größeren Einheiten" (KM 1977a, 17). Für eine genauere Analyse und die Vorteile eines ganzheitlichen Lernens sei auf SCHERER (1999, 9ff.) verwiesen.
Die Lerninhalte selbst, d. h. allgemein die vorliegende Struktur (das dekadische System), erfordern das Lernen in Zusammenhängen (vgl. auch THORNTON et al. 1983, 175). HOLT (1979) merkt an, dass man Zusammenhänge häufig erst dann erkennen kann, wenn man verschiedene Situationen kennen gelernt hat (z. B. die Fünfer-Struktur im gesamten Zwanzigerraum. Dann erst sind vielfach die erwarteten Transferleistungen zu erbringen (vgl. ebd., 49). So wird an Regelschulen wie auch an Lernbehindertenschulen beklagt, dass die Kinder Additions- und Subtraktionsaufgaben *abzählend* lösen und die Zahlen *nicht strukturieren*. Das lange Verweilen im Zahlenraum bis 6 in der Lernbehindertenschule, teilweise bis zu acht Monaten im ersten Schuljahr (vgl. KM 1977b, 8), verleitet die Kinder dazu, die Strategie *‚Abzählen'* statt *‚Bündeln'* oder *‚Strukturieren'* zu verwenden. Dass die Kinder dann im Zahlenraum bis 6 noch an den Fingern abzählen, könnte dann die Lehrerin veranlassen, weiterhin in diesem Zahlenraum zu verweilen. Vom Lerninhalt und den Lernzielen her

gesehen (hier: Strukturieren der Zahlen in Fünfer oder Zehner) werden aber größere Zusammenhänge erforderlich. Das Prinzip der Isolierung der Schwierigkeiten kann daher, wie in diesem Fall, kontraproduktiv wirken. Gliederungen in größere ‚Ganzheiten' bei der Behandlung der Zahlen sind aber durchaus sinnvoll, denn es handelt sich bei den genannten Gliederungen um *natürliche Ganzheiten*, wie bspw. der Zwanziger-, Hunderter- oder Tausenderraum[1] mit ihren wesentlichen Eigenschaften wie etwa der dekadischen Gliederung. Diese Stufung steht also nicht im Gegensatz zu der Idee des ganzheitlichen Vorgehens.
Ähnlich wie beim Einstieg in den Zehner- bzw. Zwanzigerraum wird auch der Hunderterraum in seiner natürlichen Ganzheit betrachtet. Zum einen ist ein derartiges Vorgehen schon aus Differenzierungsgründen anzustreben, zum anderen wird erst dadurch Einsicht in Zusammenhänge ermöglicht. Ein kleinschrittiges Vorgehen, z. B. die Beschränkung auf das Rechnen im Dreißigerraum (vgl. etwa ROSENTHAL/SELTER 1989, 10ff.), könnte dazu führen, dass die Kinder diese Zahlen zwar beherrschen, aber keinerlei Beziehungen erkennen, die auf den gesamten Hunderterraum zu übertragen wären. Das *Ausnutzen von Strukturen* kann aber häufig bei lernschwachen Kindern die Fehlerraten reduzieren. Dabei ist es notwendig, dass die Schüler selbst bedeutungsvolle Muster und Beziehungen entdecken. Der Unterricht sollte daher großes Gewicht auf Strukturen legen, um überhaupt den Rückgriff auf vorhandenes Wissen (z. B. das Einspluseins) zu ermöglichen.
Die Thematisierung einer Ganzheit wie des Hunderterraums heißt nicht, dass die Kinder nicht auch Ausflüge in die weiteren Zahlenräume unternehmen, etwa beim Zählen, allgemein bei Zahlen oder bei Zahlen aus der Umwelt sowie bei offenen Aufgaben. An verschiedenen Stellen dieses Buchs werden immer wieder Weiterführungen oder Ausblicke in die ‚Zone der nächsten Entwicklung' verdeutlicht, bei denen die Kinder ihr bereits existierendes Wissen zu späteren Inhalten einbringen können.

1.1 Einbezug vorhandener Kenntnisse

Da Lernen gemäß dem genetischen Prinzip immer ein Weiterlernen darstellt, ist es unabdingbar, die vorhandenen Kompetenzen der Schülerinnen und Schüler für die weiteren Unterrichtsprozesse zu berücksichtigen. Dies können z. B. Kompetenzen bezüglich der Zahlwortreihe, des Zählens sein (vgl. z. B. für den Zwanzigerraum MOSER OPITZ 2000; SCHERER 1999; für den Hunderterraum: SCHERER 1995, auch Kap. 2 dieses Bandes). Neben dem Zählen sollten natürlich auch die Basisfertigkeiten und die Kopfrechenfertigkeiten ihre Berücksichtigung finden (s. u.), was an einigen Beispielen verdeutlicht werden soll.[2]
Wird z. B. die Aufgabe 37 + 12 durch Weiterzählen gelöst, so ist in jedem Fall die Basisfertigkeit *‚Zahlwortreihe'* notwendig. Die Schwierigkeit dieser Strategie besteht darin, sowohl die Zählzahl als auch die Anzahl der Zählschritte (2. Summand) gleichzeitig im Blick zu behalten, was häufig mit Unterstützung der Finger versucht wird.
Die genannte Aufgabe kann aber auch *‚Schrittweise'*[3] gelöst werden, dabei wird nur der zweite Summand in seine Stellenwerte aufgesplittet:

$$37 + 12 \text{ -> } 37 + 10 = 47 \text{ -> } 47 + 2 = 49$$

Um den ersten Rechenschritt zu bewältigen, ist entweder das Zählen in Zehner-Schritten erforderlich (37, 47, ...) oder aber der Rückgriff auf Einspluseinskenntnisse (3 + 1 = 4) und die entsprechende Übertragung auf Zehnerzahlen. Auch die zweite Rechnung könnte durch Analogie zu Einspluseinsaufgaben (7 + 2 = 9) gelöst werden.
Ein schrittweises Vorgehen könnte auch so aussehen, dass durch die Zerlegung des zweiten Summanden zuerst bis zum nächsten Zehner ergänzt wird:

$$37 + 12 \text{ -> } 37 + 3 = 40 \text{ -> } 40 + 9 = 49$$

Auch für diese Strategie sind Kenntnisse des Einspluseins (z. B. Zerlegung der 12) oder des Ergänzens bis 10 (7 + __ = 10) erforderlich.
Die Aufgabe könnte des Weiteren gemäß der Strategie *‚Stellenwerte extra'* gelöst werden, bei der beide Summanden in ihre Stellenwerte aufgesplittet werden, um dann die gleichen Stellenwerte zu addieren:

$$37 + 12 \text{ -> } 30 + 10 = 40 \text{ und } 7 + 2 = 9 \text{ -> } 40 + 9 = 49$$

Auch hier findet eine Übertragung von Einspluseinsaufgaben statt.

Entsprechende Kompetenzen aus den vorangegangenen Zahlenräumen sind also zu überprüfen und bei vorhandenen Schwächen weiter zu fördern. In diesem Zusammenhang sei auf das ‚Blitzrechnen' verwiesen. Hierbei sind die wesentlichen Kopfrechenübungen bzw. Basisfertigkeiten für die einzelnen Schuljahre bzw. Zahlenräume zu einem Kurs zusammengestellt (vgl. MÜLLER/WITTMANN 1998; WITTMANN/MÜLLER 1990, 73ff.; WITTMANN et al. 2001b, 25ff.; auch KRAUTHAUSEN 1997). Bei den Blitzrechenübungen sind zwei Phasen zu unterscheiden:

1. Die *Grundlegung*, bei der unter Zuhilfenahme der Veranschaulichung der entsprechende Lerninhalt einsichtsvoll eingeführt, erarbeitet und wiederholt durchgeführt wird.

[1] DONALDSON (1991) spricht in diesem Zusammenhang von Systemen.
[2] Zur Darstellung werden hier rein symbolische Notationen gewählt. Bei Strategien mit anschaulicher Unterstützung sind jedoch vergleichbare Basisfertigkeiten erforderlich (vgl. bspw. die Darstellungen am Zahlenstrich in MENNE 1999).
[3] Zur Übersicht über die verschiedenen Strategien vgl. Kap. 4.1.

2. Die *Automatisierung*, die nach Abschluss des Lernprozesses die Kinder zu mentalen Operationen führen soll. Es kann später auch darum gehen, bei mentalen Operationen die Schnelligkeit zu steigern. Es sollte jedoch bei Schwierigkeiten kein zeitlicher Druck für die Kinder entstehen.

In der folgenden Übersicht (Tab. 1/1) finden sich einerseits die Basisfertigkeiten, die bei der Bearbeitung des Zwanzigerraums angestrebt wurden, also schon als bekannt vorausgesetzt und verfügbar sein sollten. Andererseits sind die für den neuen Inhalt relevanten Übungen dargestellt. Deutlich wird hier schon, dass einige Übungen fortführbar sind bzw. aufeinander aufbauen, was gerade bei lernschwachen Kindern von Vorteil ist, da die Übung an sich mit ihren Regeln nicht neu gelernt werden muss.

	Zwanzigerraum	Hunderterraum
B 1	Wie viele?	Wie viele?
B 2	Zahlenreihe	Ergänzen zum Zehner
B 3	Zerlegen	Zählen in Schritten
B 4	Immer 10/Immer 20	Ergänzen bis 100
B 5	Verdoppeln	100 teilen
B 6	Kraft der Fünf	Verdoppeln und Halbieren
B 7	Einspluseins	Leichte Plus-/Minusaufgaben
B 8	Halbieren	Zerlegen
B 9	Zählen in Schritten	Einmaleins-Reihen
B 10	Mini-Einmaleins	Einmaleins vermischt

Tab. 1/1: Die Übungen des Blitzrechnens für den Zwanziger- und Hunderterraum (aus Wittmann et al. 2001a/2001b)

Die einzelnen Übungen sind in diesem Buch, wie schon bei der Bearbeitung des Zwanzigerraums, in verschiedenen Unterrichts- und Übungsbeispielen integriert[4].

1.2 Bedeutung der Orientierungsphasen

Orientierungsübungen werden für den Zwanzigerraum sicherlich als absolut notwendig erachtet. Mit wachsenden Zahlenräumen wird solchen Orientierungsphasen aber fälschlicherweise nicht mehr ausreichende Bedeutung beigemessen (vgl. dazu etwa Schrodi 1999, 248), wenn man annimmt, dass grundsätzliche Prinzipien des Aufbaus unseres Zahlsystems ja bereits verstanden wären. Gerade aber bei der Erweiterung des Hunderter- oder Tausenderraums sollte man nicht unterschätzen, dass in jedem neuen Zahlenraum Strukturen erweitert, stabilisiert, überprüft und vielfältig angewendet werden müssen. Orientierungsübungen schaffen also die Grundlagen und Einsichten für das Rechnen im jeweiligen Zahlenraum. Ein *vorschnelles* Durchstarten zum Rechnen sollte in jedem Fall vermieden werden. Denn werden Zahlvorstellungen nicht ausreichend aufgebaut, dann tendiert das Rechnen schnell zu unverstandenen Rezepten und bloßen Ziffernmanipulationen.

Stellenwertprinzip

Bei der Erweiterung des Zahlenraumes bis 100 kommt der dekadischen Struktur des Zahlsystems eine besondere Bedeutung zu. Auch wenn schon im Zwanzigerraum auf das Erfassen der 5 oder der 10 geachtet wurde, ist für viele Kinder erst in diesem erweiterten Zahlenraum das Stellenwertprinzip einsichtig und letztlich wirklich notwendig. Dass die dekadische Struktur des Zahlsystems und die zugehörige linguistische Struktur der Zahlen eine Reihe von Schwierigkeiten auslösen können, wird in Kap. 2 und 3 verdeutlicht.
Neben dem Verinnerlichen des Stellenwertprinzips geht es auch um das Überprüfen und Anwenden anderer Prinzipien, die entweder im Unterricht offiziell gelernt und besprochen wurden oder aber individuell gedeutet und erschlossen wurden. Hierzu zwei Beispiele:

Beispiel 1

Im Rahmen der offenen Aufgabe *„Finde Plusaufgaben und Minusaufgaben mit den Zahlen 3, 6, 12, 20!“* notierte Christian, ein recht schwacher Schüler einer dritten Lernbehindertenklasse, folgende Aufgaben (Abb. 1/1, s. Seite 8). Im Unterricht wurde seit geraumer Zeit der Hunderterraum thematisiert, und Christian versuchte zunächst, die vorgegebenen Zahlen zu verarbeiten: $3+6=9$ und $12+20=$ __ , die zweite Aufgabe blieb unausgerechnet. Vermutlich war sie zu diesem Zeitpunkt für Christian zu schwierig. Er fand anschließend eine Reihe von Subtraktionen, solche, bei denen Minuend und Subtrahend identisch sind, und die folglich das Ergebnis 0 liefern. Bei den gefundenen Aufgaben wurde nicht immer der Arbeitsauftrag erfüllt, also die vorgegebenen Zahlen verwandt, aber Christian sollte primär rückgemeldet werden, dass er die Rechnungen korrekt ausgeführt hat. Es war für ihn am Ende der Unterrichtsstunde ein besonderes Erfolgserlebnis, das niemand außer ihm diesen Aufgabentyp notiert hatte. Die Notation der Aufgaben von $1-1$ bis $12-12$ legt die Vermutung nahe, dass Christian ein Prinzip entdeckt oder bereits vorher verstanden hat und nun konsequent anwendet. Überraschenderweise kommt es aber bei der Aufgabe $20-20$ zu einem Bruch, diese Aufgabe kann er nicht auf Anhieb lösen. Es scheint, dass für Christian die Zahl 20 eine Art Obergrenze darstellt und er die Aufgabe $10+10=20$ als Hilfe für das Verständnis der Zahl 20 benötigt. Anschließend kann er die Lösung der Subtraktion korrekt notieren.

[4] CD-ROM Blitzrechnen: Kopfrechnen im 1. und 2. Schuljahr. ISBN 3-12-201000-3.

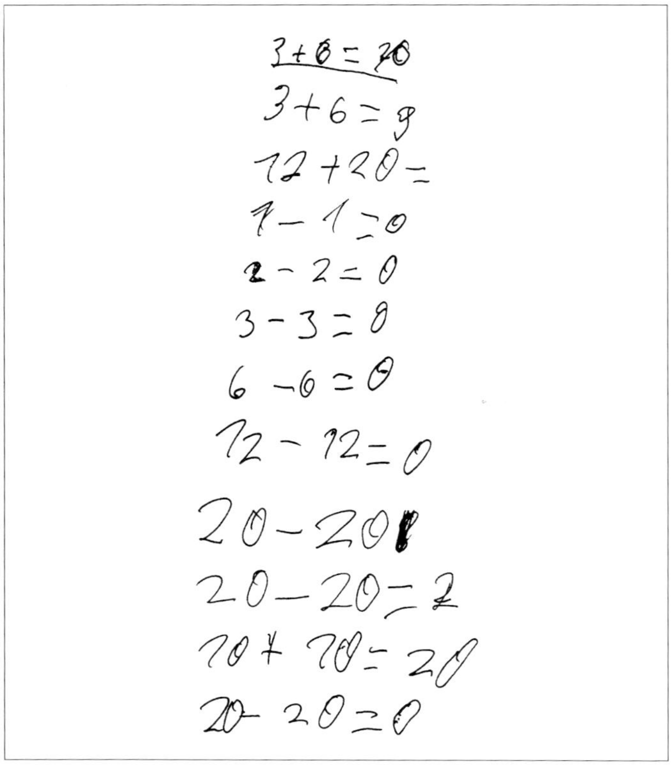

Abb. 1/1: Christians Bearbeitung einer offenen Aufgabe

Beispiel 2

Ali, ein Sonderschüler mit Schwierigkeiten im Mathematikunterricht, soll Zerlegungen der 100 mithilfe des Hunderterpunktfelds finden (vgl. SCHERER 1995, 204ff.). Der Zahlenraum bis 100 ist erst vor kurzem offiziell im Unterricht thematisiert worden. Ali notiert insgesamt fünf Aufgaben (Abb. 1/2), darunter eine doppelte Aufgabe (50+50=100) und eine, die nicht unbedingt dem Arbeitsauftrag entspricht (100+100=2000). Er wählt für ihn vermutlich leichte Zehner-Zerlegungen, und beim nochmaligen Aufschreiben der ersten Aufgabe unterläuft ihm ein *Notations*fehler (zu unterscheiden von *Rechen*fehlern!). Seine letzte Aufgabe entspricht – negativ betrachtet – nicht dem Arbeitsauftrag. Positiv betrachtet zeigt sich hier das bewusste Überschreiten der offiziellen Grenzen, ein Ausflug in die ‚Zone der nächsten Entwicklung', indem Ali die für ihn große Zahl 100 als Summand verwendet. Sein Ergebnis ‚2000' könnte man – wiederum eher negativ – deuten als Unwissen in diesem neuen Zahlenraum (über 100). Mit einer positiven Sicht würde man möglicherweise erkennen, dass Ali hier eine Regel vermutet hat: Wenn ich zwei glatte Zehner-Zahlen (d.h. Zahlen mit je einer Null) addiere, hat das Ergebnis eine Null mehr. Seine Folgerung: Wenn ich zwei Hunderter-Zahlen (d.h. Zahlen mit je zwei Nullen) addiere, hat das Ergebnis wiederum eine Null mehr, d.h. in diesem Fall drei Nullen. Wir sollten bei Alis Bearbeitung deutlich sehen, dass hier ein Fehler bei einer noch nicht behandelten Thematik gemacht wurde, und das Selbstvertrauen, sich an eine solche Aufgabe herangewagt zu haben, sollte stärker honoriert werden als etwaige Fehler!

Bei derartigen Fehlern handelt es sich zwar auch um Rechenfehler (Verrechnen, Ermitteln eines falschen Ergebnisses), jedoch bei einem noch nicht thematisierten Aufgabentyp mit dem Versuch, ein Prinzip zu entdecken.

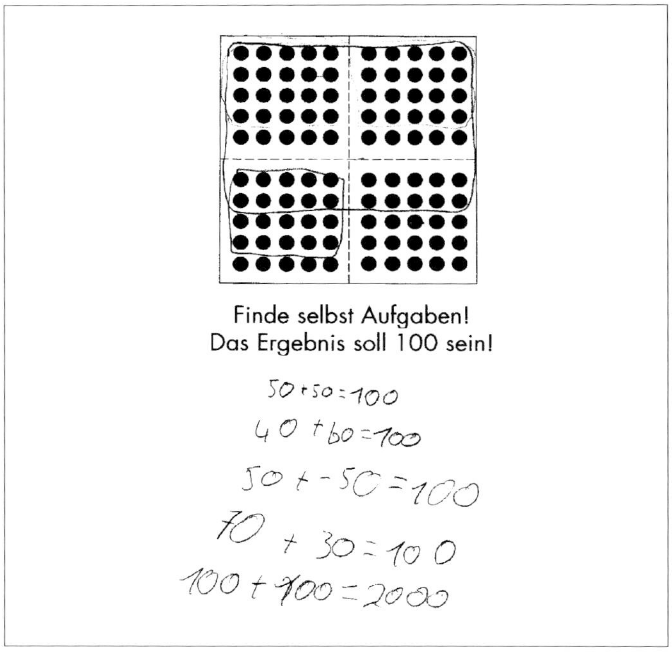

Abb. 1/2: Alis selbst gewählte Aufgaben (aus SCHERER 1995, 205)

In Orientierungsphasen müssen auch die grundlegenden Materialien und Veranschaulichungen (s.u.) eingeführt bzw. bekannte Materialien erweitert werden. Diese Phasen dienen vorrangig der Orientierung im neuen Zahlenraum und beinhalten daneben vorbereitende Aktivitäten zu den Operationen (z.B. Zerlegungsübungen).

1.3 Aufgreifen bekannter Aufgabenformate

Lernschwache Kinder sind häufig bei der Aufnahme und Verarbeitung von Informationen beeinträchtigt. Aus diesem Grund sollte das Angebot an ‚Verpackungen' für Übungen, einschließlich der zugehörigen Darstellungen und Regeln, wohlüberlegt sein. In der Vergangenheit – und auch heute noch – war eine Fülle von unterschiedlichen Darstellungen und Aufgabenformaten in didaktischen Vorschlägen und Lehrwerken zu finden. Begründet wurde dies in der Sorge, dass eine ausgedehnte Übungspraxis zu Motivationsverlust und Langeweile führe und Variationen hier helfen könnten. Dem Streben nach einer abwechslungsreichen Übungspraxis ist dabei prinzipiell zuzustimmen, die Variation der Einkleidung ist aber sicherlich nicht der richtige Weg (vgl. auch SCHERER 1999, 12). Empfehlenswerter ist hier die *Variation innerhalb eines Formats*, um auf diese Weise Beziehungen zu nutzen und auszubauen (etwa größere Zahlenwerte, operative Variationen, problemstrukturierte Aufgaben oder offene Aufgaben).
Für die Schülerinnen und Schüler bietet das Erkennen und Wiedererinnern bereits thematisierter Formate eine Lernerleichterung, ohne dass dabei Langeweile

aufkommen muss. Solche beziehungsreichen und substanziellen Aufgabenformate (Wittmann 1995) sind bereits in Band 1 ausgeführt worden (z. B. Rechendreiecke, Zahlenmauern, Zauberdreiecke/-quadrate bzw. magische Quadrate oder Zahlenketten) und sollten auch in größeren Zahlenräumen immer wieder aufgegriffen werden (vgl. Kap. 4). So werden einerseits bekannte Übungen auf den neuen Zahlenraum übertragen, andererseits werden neue Variationen eingeführt, die im Sinne eines Spiralcurriculums das Durchdringen eines Aufgabenformats in seiner gesamten Struktur fördern. In diesem Sinne werden auch im vorliegenden Band verschiedene, aus dem Zwanzigerraum bekannte Aufgabenformate wieder aufgegriffen.

1.4 Arbeitsmittel und Veranschaulichungen

Fortsetzbarkeit der Arbeitsmittel und Veranschaulichungen

Wie schon an anderer Stelle genauer ausgeführt (vgl. z. B. Scherer 1999, 17ff.), ist die Fortsetzbarkeit von Arbeitsmitteln und Veranschaulichungen ein wesentliches Gütekriterium für deren Auswahl. Zu empfehlen ist ‚mitwachsendes' Material, das sich in den verschiedenen Zahlenräumen und für verschiedene Operationen nutzen lässt. Für die Schüler besteht so die Chance, ihr bereits erworbenes Wissen, ihre spezifischen Handlungskompetenzen und -erfahrungen für neue Inhalte zu nutzen und die Verbindung zwischen verschiedenen Inhalten und Operationen zu erkennen. Für den Hunderterraum sind insbesondere zu empfehlen:

Hunderterpunktfeld

Das Hunderterpunktfeld kann wie folgt aussehen (vgl. z. B. Wittmann/Müller 1990, 11): 10 x 10 Punkte gerahmt, durch gestrichelte Linien in vier Quadranten mit je 5 x 5 Punkten unterteilt (zur Hervorhebung der Fünfer-Gruppen vgl. Flexer 1986)[5]. Mithilfe eines Zahlwinkels aus Karton (Abb. 1/3a) bzw. aus Folie (Abb. 1/3b) können beliebige Zahlen bzw. (zweigliedrige) Zerlegungen am Hunderterpunktfeld dargestellt werden.
Zu nennen ist hier auch das Holzmaterial ‚Hundert be-greifen' (Abb. 1/4; Berger 1997), welches die Struktur des Hunderterpunktfelds aufgreift, jedoch einige zentrale Unterschiede aufweist. Die Zehner-Struktur ist durch die Anordnung der Stäbe eher horizontal festgelegt, kann jedoch auch um 90° gedreht eingesetzt werden. Das Material ermöglicht ein handelndes Lösen entsprechender Aufgaben, es ist also nicht nur auf das visuelle Erfassen beschränkt. Das Material erlaubt einerseits ein ganzheitliches Erfassen der Zehner durch

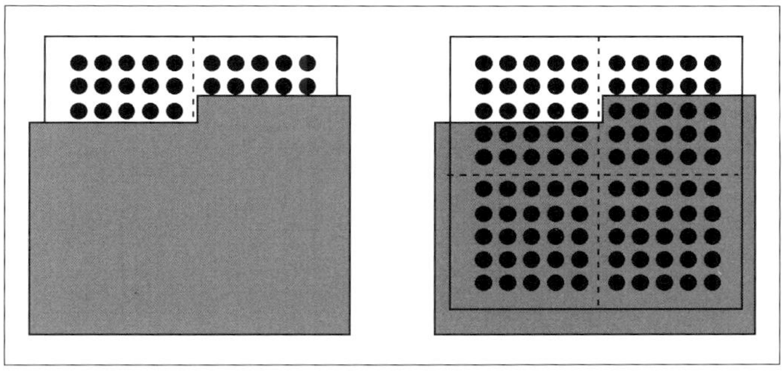

Abb. 1/3a und 1/3b: Hunderterpunktfeld mit Zahlwinkel aus Karton und aus Folie

komplette Zehnerstäbe, die auch umgedreht werden können, andererseits die Zusammensetzung eines Zehners aus einzelnen Steinen (notwendig z. B. bei den Operationen).

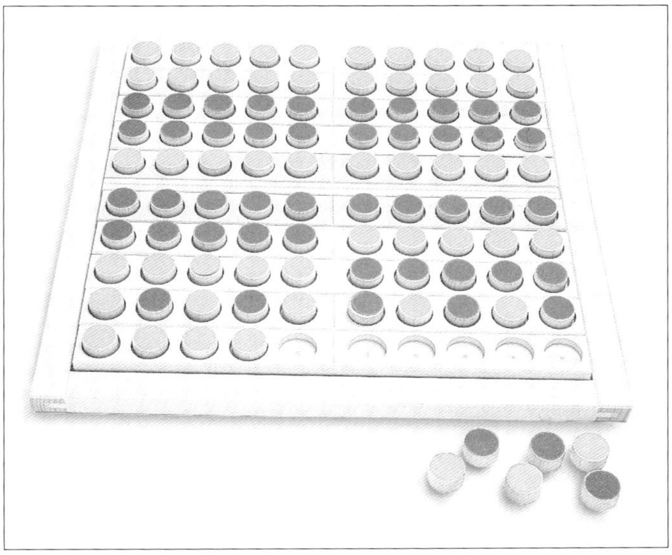

Abb. 1/4: Holzmaterial ‚Hundert be-greifen' mit einzelnen Zehnerstäben

Hundertertafel und Hunderterfeld

Bei der Hundertertafel (Abb. 1/5a, s. Seite 10; vgl. z. B. Wittmann/Müller 1990, 10) wird das dekadische System durch die Zeilen-Spalten-Anordnung betont, bei der beispielsweise Zehner-Sprünge in einer Spalte bleiben, d. h. die Einer in einer Spalte unverändert bleiben (vgl. Lorenz 1992, 165f). Beim Hunderterfeld handelt es sich um die gleiche Felderanordnung, jedoch ohne Zahlen (Abb. 1/5b, s. Seite 10).

Rechenrahmen

Der Rechenrahmen, auch Hunderterrahmen oder Russische Rechenmaschine genannt, ermöglicht das Verschieben einzelner Perlen und kann die mentale Visualisierung vorbereiten (vgl. Lorenz 1992, 171). Verwenden sollte man Exemplare mit Fünfer-Gliederung und einer für die späteren Operationen angemessenen Breite (Abb. 1/6, s. Seite 10).

[5] Vgl. hierzu auch die Anmerkungen zur ‚Kraft der 5' für den Zwanzigerraum bei Scherer 1999a; Wittmann/Müller 1990; auch Krauthausen 1995.

1	2	3	4	5	6	7	8	9	10
11	12	13	14	15	16	17	18	19	20
21	22	23	24	25	26	27	28	29	30
31	32	33	34	35	36	37	38	39	40
41	42	43	44	45	46	47	48	49	50
51	52	53	54	55	56	57	58	59	60
61	62	63	64	65	66	67	68	69	70
71	72	73	74	75	76	77	78	79	80
81	82	83	84	85	86	87	88	89	90
91	92	93	94	95	96	97	98	99	100

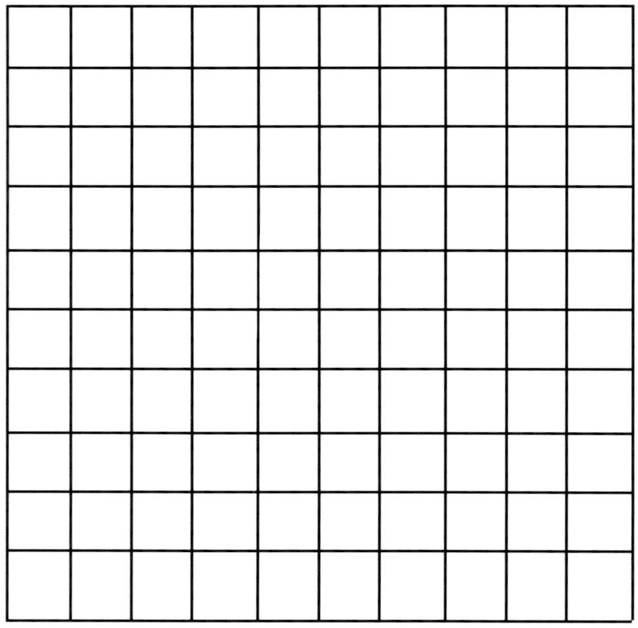

Abb. 1/5a und 1/5b: Hundertertafel und Hunderterfeld

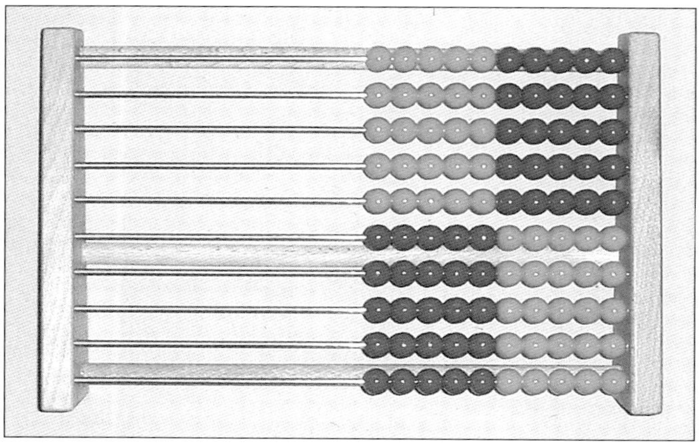

Abb. 1/6: Rechenrahmen bzw. Hunderterrahmen mit Fünfer-Gliederung und mehr als doppelter Breite

Bei Exemplaren, die diese Breite nicht aufweisen, kann es zu Schwierigkeiten im Unterricht kommen, die letztlich *allein* im Material begründet sind.
Während im Beispiel (Abb. 1/7a) die geschobenen 21 Kugeln klar von den nicht geschobenen getrennt und somit gut zu erfassen sind, ist dies im Beispiel (Abb. 1/7b) problematischer: Der linke Rand der geschobenen Kugeln ragt noch in den Bereich der nicht geschobenen Kugeln hinein und kann bei der Anzahlerfassung irritieren.

Zahlreihe, Zahlenstrahl und Zahlenstrich

Die Hunderterreihe stellt eine Fortsetzung der Zwanzigerreihe dar (vgl. z.B. SCHERER 1999, 19; Abb. 1/8). Es empfiehlt sich hier, lediglich die Fünfer und Zehner als Orientierungspunkte einzutragen, um die Kinder nicht zum einzelnen Abzählen zu verleiten.
Der wesentliche Unterschied des Hunderterstrahls (Abb. 1/9) zur Hunderterreihe ist der Anfangspunkt. Die Schwierigkeiten mit der 0 als Anfangspunkt sind hinlänglich bekannt. Der Zahlenstrahl betont den *ordinalen Zahlaspekt*, die Dezimalstruktur tritt nicht so deutlich hervor (vgl. LORENZ 1987, 172), dennoch hat er seine Bedeutung für das Zahlverständnis: Auch die lineare Anordnung der Zahlen gehört zu den fundamentalen Ideen der Arithmetik (vgl. WITTMANN et al. 2001a).

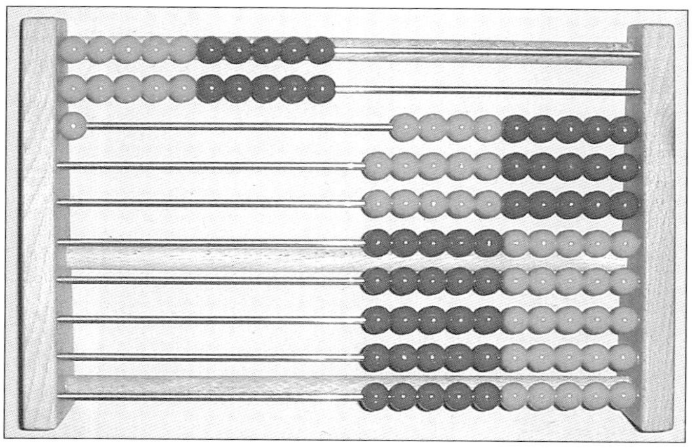

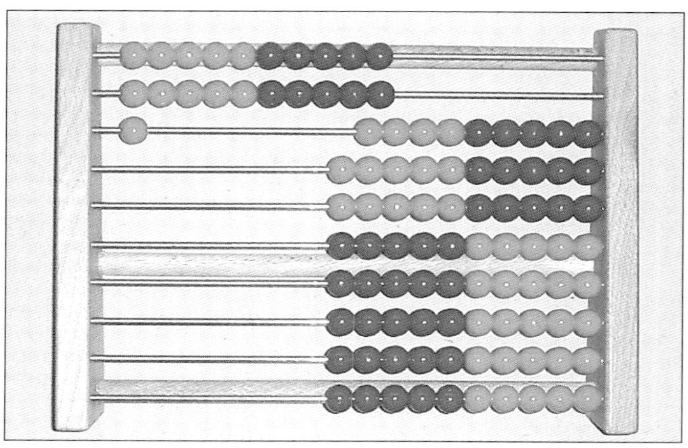

Abb. 1/7a und 1/7b: Beispiele zur Verdeutlichung der erforderlichen Breite des Rechenrahmens

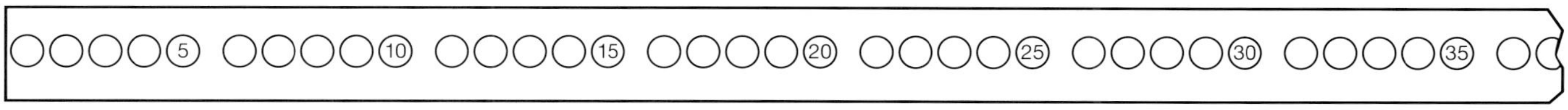

Abb. 1/8: Hunderterreihe

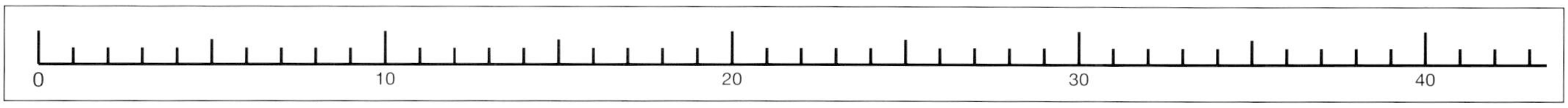

Abb. 1/9: Hunderterstrahl

Verwendet werden sollte ein Hunderterstrahl, auf dem nur die glatten Zehner-Zahlen eingetragen sind (Abb. 1/9), sodass die strukturelle Eigenschaft im Vordergrund steht, die den Kindern bei der Zahlenraumerweiterung helfen kann (vgl. STEINBRING 1994). Zugunsten der Übersichtlichkeit sollte auf einen Zahlenstrahl mit eingetragenen Fünfer-Zahlen verzichtet werden (vgl. z. B. WITTMANN/MÜLLER 1990, 11). Die Analogie zum ‚Lineal' wird von Kindern häufig spontan geäußert, und sie erkennen auch die optisch hervorgehobene Skalierung der Fünfer und Zehner.

Auch die Veranschaulichung von Zahlen an einem Zahlenstrich betont die lineare Anordnung der Zahlen. Bei dieser Veranschaulichung sind keine Skalierungen vorgegeben, vielmehr ist eine aktive Konstruktion der Strukturen erforderlich (vgl. z. B. MENNE 1999). Da keine Einheiten mehr dargestellt sind, kann diese Art der Veranschaulichung möglicherweise das zählende Rechnen vermeiden oder zugunsten effektiver Strukturen ablösen. Am Zahlenstrich bestimmen die Kinder den Ort der Zahlen *selbst*, wobei lediglich das Ordnen der Größe nach erforderlich ist. Ein größerer arithmetischer Abstand (Abb. 1/10a und 1/10b: Unterschied zwischen 17 und 37 ist 20; zwischen 37 und 42 ist 5) muss nicht zwingend in einen größeren geometrischen Abstand am Zahlenstrich umgesetzt werden. In Abb. 1/10a sind die Abstände 20 und 5 am Zahlenstrich gleich groß gewählt; in Abb. 1/10b ist sogar der arithmetische Abstand 5 geometrisch größer dargestellt als der arithmetische Abstand 20. Dies ist beim Zahlenstrich zulässig.

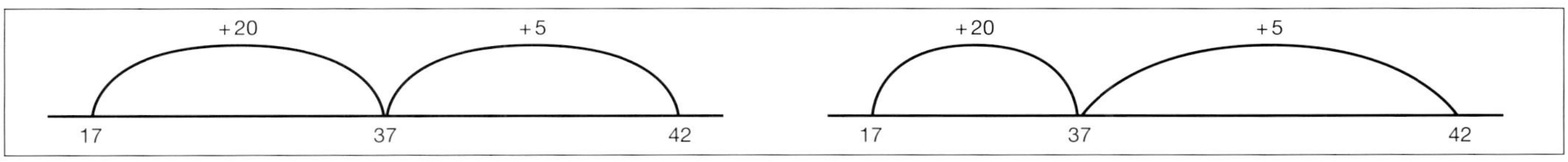

Abb. 1/10a und 1/10b: Individuelle Konstruktion und Deutung des Zahlenstrichs

Rechengeld

Das Rechengeld gehört unter anwendungsorientierten Gesichtspunkten natürlich zu den wichtigen Materialien (Abb. 1/11). Dennoch setzt der souveräne Umgang mit diesem Material hinreichende Erfahrung voraus (vgl. SCHERER 1999, 211ff.). Dies kann im Unterricht oder im außerschulischen Bereich geschehen.

Abb. 1/11: Rechengeld

Balken-Punkt-Darstellung

Empfehlenswert ist des Weiteren die sogenannte Balken-Punkt-Darstellung, bei der die Zehner durch Zehner-Balken und die Einer durch einzelne Punkte repräsentiert sind. Diese Veranschaulichung ist in unterschiedlichen Formen zu finden (vgl. KM 1977b, 29; Oehl 1962, 46; Wittmann/Müller 1990, 86). Als Vorteil der vertikalen Anordnung wird die Analogie zur stellenweise horizontalen Notation (erst Zehner, dann Einer) angegeben. Es bietet sich aber eher die horizontale Anordnung der Zehner an, um die Analogie zum Rechenrahmen, zum Punktfeld bzw. zur Hundertertafel herauszuarbeiten (Abb. 1/12a). Wesentlich bei der Einführung ist die Bedeutung der Striche (Zehner) und der Punkte (Einer), sodass für die Kinder auch andere Formen (z. B. vertikal; Abb. 1/12b) einsichtig sind.
Anzumerken ist, dass alle aufgeführten Materialien – mit Ausnahme des Rechenrahmens – im Tausenderraum ihre Fortsetzung finden können.

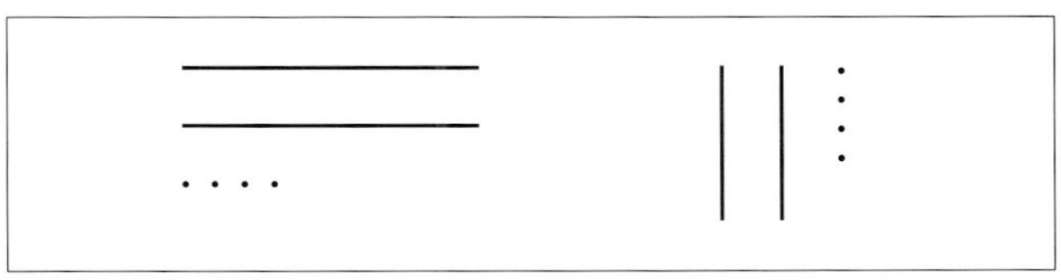

Abb. 1/12a und 1/12b: Darstellung der Zahl 24 durch Zehnerbalken horizontal und vertikal

2. Lernstandserfassung im Hunderterraum

Lernschwierigkeiten im Mathematikunterricht können einerseits generelle Probleme der jeweiligen Kinder sein. Andererseits können es aber auch spezielle Probleme sein, die ein neuer Zahlenraum oder allgemein ein neuer mathematischer Lerninhalt mit sich bringen. Häufig bedingen sich diese beiden Ursachen gegenseitig, und aus diesem Grund muss jede Lehrerin in beiden Bereichen hinreichende Kenntnisse besitzen. Mögliche Schwierigkeiten müssen zunächst einmal diagnostiziert werden, dies jedoch zusammen mit der *Erhebung vorhandener Kompetenzen:* Es ist unabdingbar, nicht nur *nach* der Behandlung einer Thematik zu schauen, welche Lücken auftreten und welche (Minder-) Leistungen die Schülerinnen und Schüler im Vergleich bspw. zum Klassendurchschnitt oder zur Norm zeigen. Eine *kompetenzorientierte Sichtweise*[6] versucht, durch so genannte Standortbestimmungen *vor* der Behandlung einer Thematik Informationen darüber zu erhalten, was die Kinder schon können. Dass man die Fähigkeiten gerade schulschwacher Kinder häufig zu unterschätzen scheint, belegen verschiedene Untersuchungen (vgl. z. B. Scherer 1995; Ahmed 1987; Van den Heuvel-Panhuizen 1991), was die Notwendigkeit solcher Standortbestimmungen unterstreicht.

Durchgeführt werden können Standortbestimmungen oder Vorkenntniserhebungen z. B. in Form von schriftlichen Tests oder Interviews: Bezogen auf die qualitative Analyse der Fähigkeiten sind Interviews im Vergleich zu Tests weitaus informativer. Bei schriftlichen Tests unter standardisierten Bedingungen ist in der Regel ein Informationsverlust zu verzeichnen, sodass etwa verwendete Strategien nicht unbedingt deutlich werden und man leicht zu Fehlinterpretationen gelangen kann. Auch bei Fehleranalysen, der Identifikation bekannter Fehlertypen, können den Tests zugrunde liegende Fehler lediglich vermutet werden.

Auf der anderen Seite bietet ein Test bei Aufgaben, deren Lösung die Kinder in einem Interview nicht erklären konnten, mehr Aufschluss, wenn die Kinder z. B. zehn der Aufgaben korrekt gelöst hatten. Man sollte des Weiteren die Ökonomie des Einsatzes von Tests bedenken, z. B. auch durch die Durchführung von Gruppentests während des Unterrichts. Dennoch ist der Nutzen von Interviews, bezogen auf den Erhalt von Informationen für den weiteren Unterricht, unverzichtbar, sodass letztlich beide Methoden ihre Berechtigung haben und im folgenden Kapitel ausführlich dargestellt werden. Die dortigen aufgabenspezifischen Auswertungen sowie die Anmerkungen zu den analysierten Strategien sind nicht bloß theoretischer Natur, sondern beruhen auf eigenen, konkreten Erprobungen.

Die Berücksichtigung individueller Lernvoraussetzungen der Schüler ist für jede Art von Lernen unabdingbar. Zu Beginn der Schulzeit bringen *alle* Kinder, auch lernschwache, Kenntnisse und Fähigkeiten mit, insbesondere aus Vorschule und Kindergarten, ggf. auch als Wiederholer der ersten Klasse. Untersuchungen zu Beginn der Schulzeit oder beim Wechsel der Schulform, z. B. Gutachten zur Feststellung des sonderpädagogischen Förderbedarfs, sollten jedoch nicht die einzigen Fälle der Lernstandserfassung sein. Auch zu anderen Zeitpunkten ist es wichtig, Informationen über aktuelle Leistungsstände der einzelnen Kinder zu erhalten. Insbesondere bei der Behandlung einer neuen Thematik erweist sich die Kenntnis vorhandener Kompetenzen, aber auch möglicher, bereits existierender Schwierigkeiten als sehr hilfreich, ja unabdingbar für den weiteren Unterricht.

Möglichkeiten einer umfassenden *kompetenzorientierten Diagnostik* werden daher im Folgenden aufgezeigt. Der Zeitpunkt des Einsatzes ist dabei nicht auf ein spezielles Schuljahr oder den Schulbeginn festgelegt. Die verschiedenen Problemstellungen können variabel als Instrument der Vorkenntnisuntersuchung vor der Behandlung des Hunderterraums, aber auch zur Diagnostik nach der Einführung des Hunderterraums eingesetzt werden. Darüber hinaus können einzelne Aufgaben herausgegriffen werden, wenn lediglich spezielle Informationen benötigt werden.

Im Hinblick auf die Vorkenntnisse bzw. eine Standortbestimmung sind beim Einstieg in den Hunderterraum Kompetenzen zu folgenden Aspekten relevant:

- Anzahlbestimmung; Lesen und Schreiben von Zahlen,
- Anzahlvergleich bzw. Größenvergleich von Zahlen,
- Addition,
- Subtraktion,
- ggf. Multiplikation als fortgesetzte Addition.

Die Umsetzung dieser Aspekte in Testaufgaben wird im Folgenden näher erläutert; ein Überblick zur Durchführung und zur Auswertung des Tests folgt in

[6] Diese kompetenzorientierte Sichtweise sollte sich nicht nur auf Lernstandserfassungen beschränken. Auch im alltäglichen Unterricht sollten die vorhandenen Fähigkeiten der Kinder und nicht ausschließlich existierende Defizite berücksichtigt werden.

Kap. 2.1.2 sowie 2.1.3. Die ausgewählten Interviewaufgaben, Fallbeispiele der Interviews sowie zusammenfassende Ergebnisse werden danach vorgestellt, bevor Folgerungen für den weiteren Unterricht ausgeführt werden. Neben den hier beschriebenen Kompetenzen ist es zur Ergänzung lohnenswert, grundlegende Fertigkeiten bzw. weitere Kompetenzen aus dem Zwanzigerraum (Einspluseins etc.) zu überprüfen (entsprechende Aufgaben beispielsweise in Scherer 1999 oder auch Moser Opitz 2000).

2.1 Schriftlicher Test

2.1.1 Die Testaufgaben

Die Umsetzung der o. a. Aspekte führt zu insgesamt 14 Aufgabengruppen, wobei die gleichen Kategorien wie schon im Zwanzigerraum (abzählbar, kontextbezogen und kontextfrei) gewählt und analoge Überlegungen angestellt werden können (vgl. Scherer 1999, 38; Tab. 2/1). Auch in diesem Zahlenraum sind Unterschiede bei der Lösung abzählbarer und nicht abzählbarer Problemstellungen zu erwarten (vgl. z. B. Brown 1981; Scherer 1995; Van den Heuvel-Panhuizen 1990).

abzählbare Darstellungen	nicht abzählbare Darstellungen	
Aufgabengruppe a	kontextbezogen	kontextfrei
	Aufgabengruppe b	Aufgabengruppe c

Tab. 2/1: Unterteilung der Problemstellungen

Strukturierte Darstellungen

Bei den Aufgaben des Typs a geht es um Kompetenzen bezüglich *abzählbarer strukturierter Mengen.* Die Entscheidung gegen *unstrukturierte Mengen* zugunsten *strukturierter Mengen* erfolgte vor dem Hintergrund der Frage, ob diese Strukturen von den Kindern genutzt werden[7]. Man könnte aber auch unstrukturiertes Material anbieten, mit der Frage, ob die Kinder von sich aus Strukturierungen vornehmen (vgl. hierzu auch das Beispiel von Kamii in Kap. 2.2.1).

Gegeben ist jeweils die zeichnerische Darstellung eines oder mehrerer Kinder mit einer Menge von Plättchen (als Ausschnitt des Hunderterpunktfeldes mit Fünfer-Struktur, vgl. Abb. 2/1; auch Abb. 1/3a und b).

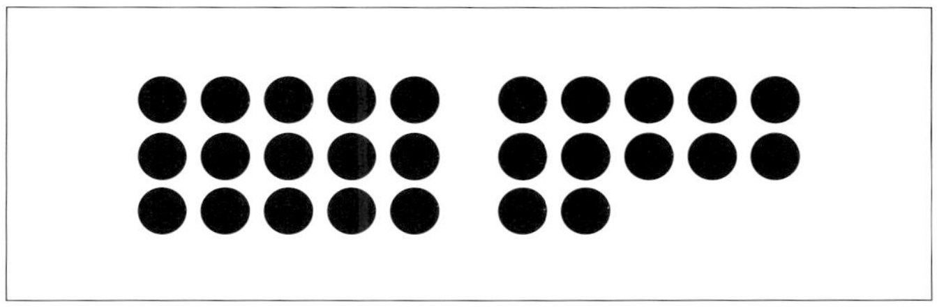

Abb. 2/1: Darstellung der Zahl 27

Kontextbezogene Aufgaben

Bei den Aufgaben des Typs b und c werden entsprechende Kompetenzen bezüglich *nicht abzählbarer Mengen* behandelt. Gegeben sind bei den *kontextbezogenen Aufgabenstellungen* des Typs b zeichnerische Darstellungen verschiedener Objekte (Spielzeug, Kleidungsstücke etc.), jeweils mit einem Preisschild versehen. Der Kontext Geld scheint im Vergleich zu anderen Größenbereichen zu den Stärken lernbehinderter Schüler zu zählen (vgl. Bleidick 1980, 17), sodass solche Erfahrungen genutzt werden können. Es stellt sich allerdings die Frage, ob dies auch nach Einführung des Euro noch zutrifft oder ob – insbesondere in der Anfangsphase – Unsicherheiten auftreten und sich noch unzureichende Erfahrungen bemerkbar machen. Bei den folgenden Testaufgaben ist nun die Einheit Euro – nicht Cent – gewählt: Einerseits finden sich Anwendungssituationen mit der höheren Einheit Euro weitaus häufiger (vgl. auch Dröge 1993, 27), ferner sollte die Fortführbarkeit im Tausenderraum beachtet werden.

Kontextfreie Aufgaben

Die Aufgaben des Typs c sind kontextfrei und präsentieren rein symbolische Problemstellungen. Generell ist zur Frage des ‚Kontexts' anzumerken, dass hier die Vorgabe gemeint ist, die Frage also, ob eine Aufgabe *im Rahmen eines Kontexts* oder ohne Kontext präsentiert wird. Es versteht sich von selbst, dass Kinder auch bei der Vorgabe kontextfreier Aufgaben sehr wohl einen eigenen Kontextbezug konstruieren können.

Um die einzelnen Kompetenzen hinsichtlich der Typen a, b und c parallelisieren zu können, werden gleiche Zahlenwerte verwendet. Dies bedingt generell eine Einschränkung des Zahlenraumes, da die Aufgabentypen a für die Kinder eine zumutbare abzählbare Anzahl darstellen müssen. Eingegrenzt sind darüber hinaus auch Addition und Subtraktion. Um den zeitlichen Umfang der Tests und Interviews in einem durchführbaren Rahmen zu halten, erscheint es ratsam, sich auf jeweils einen Additions- bzw. Subtraktionstyp (ZE + ZE bzw. Z – ZE) zu beschränken. Für diese Lernstufe zählen sie gewiss

[7] Hinzukommt, dass Kinder bei unstrukturierten Mengen vermutlich einzeln abzählend, wenn auch in Zehnern bündelnd, die Anzahl bestimmen würden (vgl. Kutzer 1991, 57). Hierin ist sicherlich ein Nachteil einiger diagnostischer Tests zu sehen, die Veranschaulichungen bzw. damit verbunden auch Strategien anbieten, bei denen quantitative Vergleiche oder Addition und Subtraktion ausschließlich zählend zu lösen sind (vgl. z. B. Wagner/Born 1994).

schon zu den schwierigeren Aufgabentypen. Der Lehrerin ist es natürlich freigestellt, weitere Gruppen anderer Aufgabentypen zusammenzustellen und zur Diagnostik einzusetzen.

Aufgabengruppen

Im Folgenden werden die einzelnen Kompetenzen detailliert beschrieben[8].

Aufgabengruppe 1a: Anzahlbestimmung

Auf die Frage *„Wie viele Plättchen hat das Mädchen?“* soll die richtige Anzahl genannt werden.

Aufgabengruppe 1a*: Schreiben einer Zahl
Die in Aufgabe 1a ermittelte Zahl soll aufgeschrieben werden.

Aufgabengruppe 1b: Lesen einer Zahl

Auf die Frage *„Wie viel kostet der Pullover*[9]*?“* soll die auf einem Preisschild angegebene Zahl genannt werden.

Für diese Aufgabengruppe sind gemischte Zehnerzahlen aus dem Zahlenraum von 20 bis 50 mit unterschiedlichen Endziffern ausgewählt worden, die gleichmässig verteilt wurden (Zahlenwerte: 37, 24, 41, 35, 48).

Aufgabengruppe 2a: Anzahlvergleich zweier Mengen

Auf die Frage *„Wer hat mehr Plättchen?“* soll die Menge gezeigt werden, die die größere Anzahl an Elementen aufweist.

Aufgabengruppe 2b: Größenvergleich zweier Zahlen (kontextbezogen)

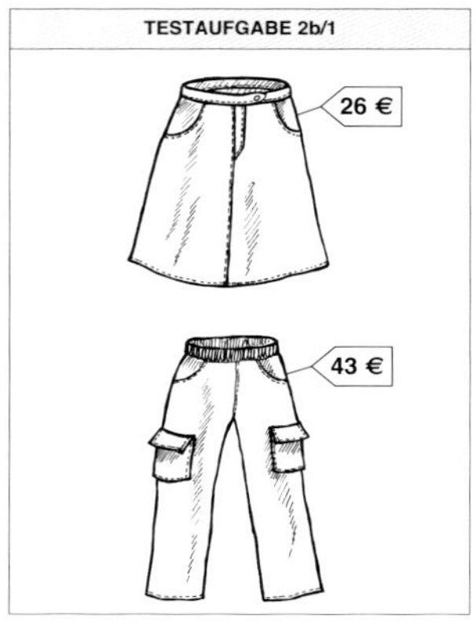

Auf die Frage *„Was ist teurer?“* soll das Objekt gezeigt werden, dessen Preisschild die größere Zahl aufweist.

Aufgabengruppe 2c: Größenvergleich zweier Zahlen (kontextfrei)

Auf die Frage *„Welche Zahl ist größer?“* soll die größere Zahl gezeigt werden.

Bei den einzelnen Zahlenpaaren dieser Aufgabengruppe sind immer unterschiedliche Zehnerziffern gewählt, Gleiches gilt für die Einerziffern. Die größere Einerziffer ist immer mit der kleineren Zehnerziffer kombiniert, und die relative Position der größeren Zahl wechselt: In Teil a der Aufgabe sind die beiden Mengen untereinander angeordnet, da horizontal die gleiche räumliche Ausdehnung vorliegt. So liegt es nahe, die (für die Aufgabenstellung relevante) vertikale Ausdehnung zu betrachten. In Teil b wurde diese Anordnung beibehalten, lediglich in Teil c sind die Zahlen nebeneinander angeordnet: Die Frage *„Welche Zahl ist grö-*

[8] Vgl. die Testblätter in Kap. 2.3.1
[9] Die Referenzobjekte (Kleidungsstücke) sind bei den einzelnen Testitems zu verändern.

ßer?" könnte bei Kindern sprachlich korrelieren mit ‚höher' und bei einer Anordnung untereinander mehrdeutig interpretiert werden. Gewählt sind gemischte Zehner-Zahlen aus dem Zahlenraum von 20 bis 60. Der Unterschied ist jeweils kleiner als 20 (Zahlenpaare: 26/43, 45/39, 36/51, 28/31, 54/38, 52/48, 25/33, 42/35, 48/55, 41/22). Bei den kontextbezogenen Teilaufgaben b erscheint es nicht notwendig, ausschließlich gleichartige Objekte zu vergleichen.

Aufgabengruppe 3a: Addition zweier Mengen

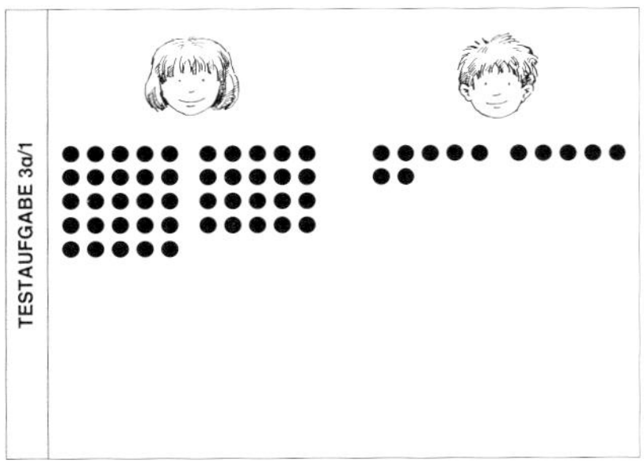

Auf die Frage *„Wie viele Plättchen haben beide Kinder zusammen?"* soll die Gesamtzahl der beiden Mengen genannt werden.

Aufgabengruppe 3b: Addition zweier Zahlen (kontextbezogen)

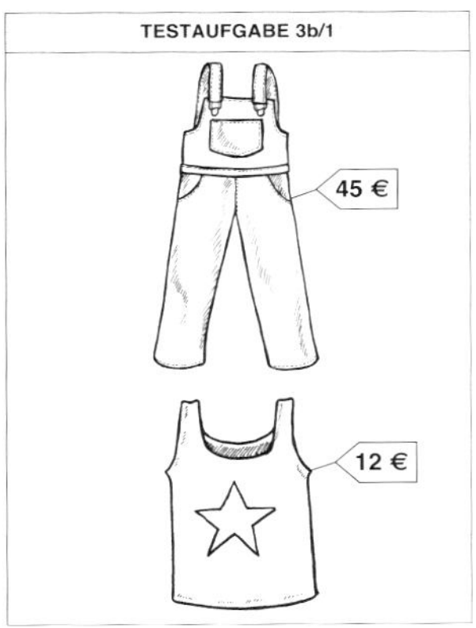

Auf die Frage *„Wie viel kosten Hose und T-Shirt zusammen?"* soll der Gesamtpreis der beiden Objekte genannt werden.

Aufgabengruppe 3c: Addition zweier Zahlen (kontextfrei)

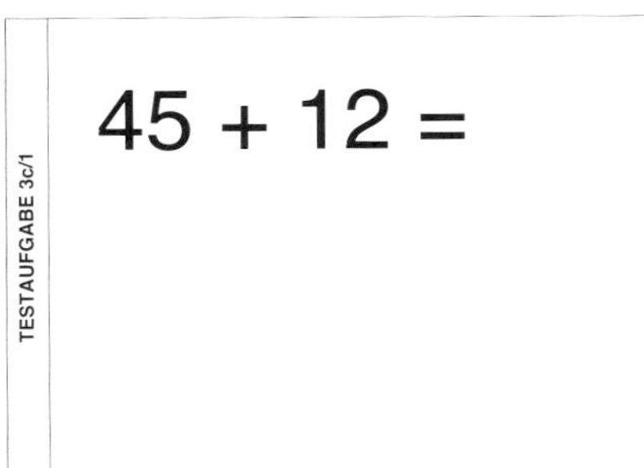

Bei der Aufgabenstellung *„Rechne diese Aufgabe aus!"* soll die Summe genannt werden.

Es handelt sich hier um Additionsaufgaben des Typs ZE + ZE ohne Überschreitung, wobei die Summanden aus dem Zahlenraum von 10 bis 50 gewählt sind und die Ergebnisse im Zahlenraum von 30 bis 60 liegen (Zahlenwerte: 45/12, 13/24, 36/13, 23/23, 31/22). Wiederum wechselt die Position des größeren Summanden bzw. der größeren Einerziffer, und es liegt eine gleichmäßige Verteilung der Ergebnisse (und Endziffern) vor. In Teilaufgabe a sind beide Mengen nebeneinander angeordnet, um so die räumliche Nähe der beiden Summanden zu erhalten. Auch die symbolische Darstellung in Teilaufgabe c zeigt die Summanden nebeneinander, da dies die für die Kinder vertraute und im Schulbuch verwendete Form darstellt. Die symbolische Darstellung mit der Leserichtung von links nach rechts suggeriert eher das Beginnen mit dem ersten Summanden, was bei der Darstellung in Typ b nicht der Fall ist: Hier sind beide Summanden untereinander angeordnet, sodass es nicht zwingend notwendig ist[10], mit dem ersten Summanden zu beginnen. Auch bei dieser Teilaufgabe sind nicht unbedingt zusammengehörige Objekte (z. B. Hemd und Hose) erforderlich (vgl. auch Aufgabengruppe 2b).

Aufgabengruppe 4a: Subtraktion zweier Mengen

Bei der Aufgabenstellung *„Das Mädchen gibt dem Jungen 29 Plättchen. Wie viele Plättchen hat sie noch übrig?"* soll die dem Mädchen verbleibende Anzahl genannt werden.

Aufgabengruppe 4b: Subtraktion zweier Zahlen (kontextbezogen)

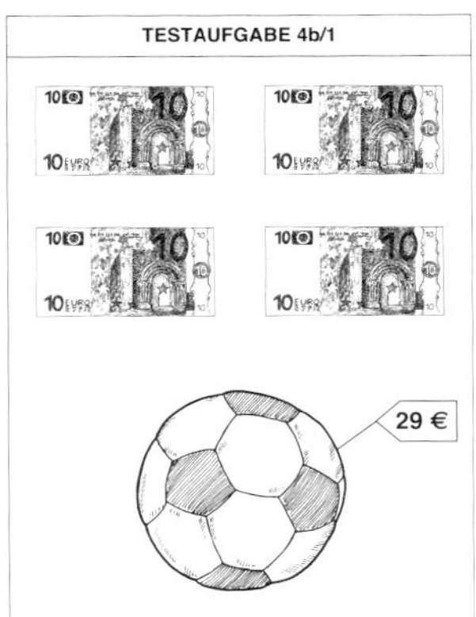

Bei der Aufgabenstellung *„Du hast so viel[11] Geld und kaufst den Fußball. Wie viel Geld hast du noch übrig?"* soll der Restbetrag genannt werden.

[10] Natürlich existiert auch eine Leserichtung von oben nach unten, diese ist aber erfahrungsgemäß für die Kinder nicht so dominant.

[11] Hier wird auf den entsprechenden Geldbetrag gezeigt.

Aufgabengruppe 4c: Subtraktion zweier Zahlen (kontextfrei)

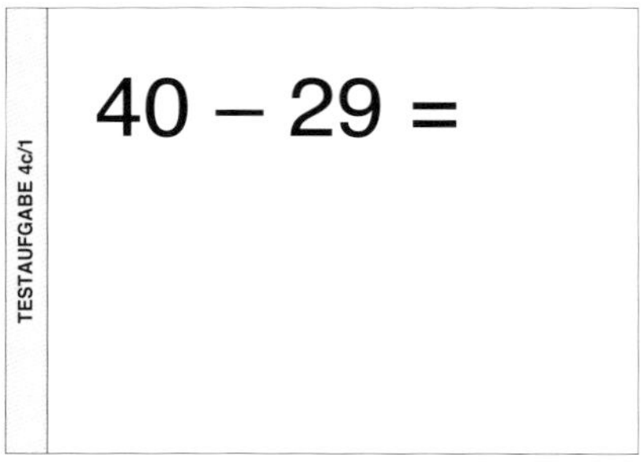

Bei der Aufgabenstellung *„Rechne diese Aufgabe aus!"* soll die Differenz genannt werden.

Es handelt sich hier um Subtraktionsaufgaben des Typs Z – ZE. Als Minuend sind die glatten Zehner 30, 40 oder 50 gewählt, der Subtrahend ist dem Zahlenraum von 10 bis 50 entnommen. Alle Ergebnisse liegen im Zahlenraum bis 30 (Zahlenwerte: 40/29, 30/12, 50/46, 40/17, 30/24) bei gleichmäßiger Verteilung der Ergebnisse. Gegeben ist in Teil b der Aufgabe jeweils eine bildliche Darstellung von 10-€-Scheinen und ein mit einem Preisschild versehenes Objekt. Hier müssen die Kinder die Addition des Typs Z + Z nicht unbedingt beherrschen. Die Aufgabe wäre auch durch korrespondierende Zuordnung der einzelnen Scheine zu lösen. Bei allen drei Aufgabentypen ist der Minuend entsprechend der Subtraktion zuerst dargestellt (bei Typ a und c links; bei Typ b oben). Die Aufgabentypen b und c repräsentieren jeweils den gleichen Typ von Subtraktion, das ‚Wegnehmen' (vgl. im Gegensatz dazu ‚Vergleich' oder ‚Ergänzen des fehlenden Summanden' in Fuson 1984, 221; vgl. auch Kap. 4.1).

Aufgabengruppe 5a: Zusammenfassen mehrerer gleichmächtiger Mengen

Auf die Frage *„Wie viele Plättchen haben alle Kinder zusammen?"* soll die Gesamtzahl genannt werden.

Aufgabengruppe 5b: Zusammenfassen mehrerer gleicher Zahlen

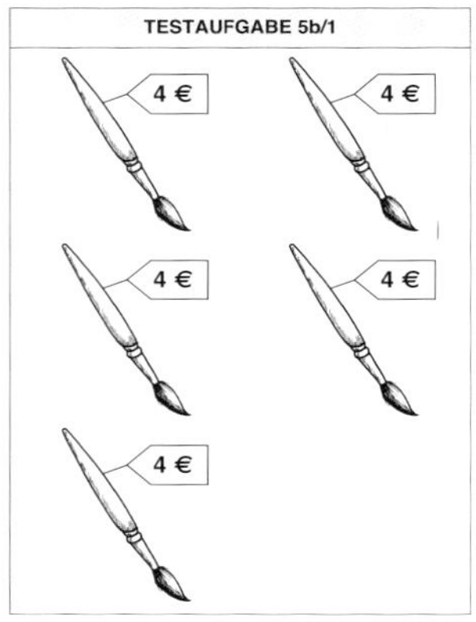

Auf die Frage *„Wie viel kosten alle Pinsel zusammen?"* soll der Gesamtpreis der Objekte genannt werden.

Die Anzahl der Objekte bzw. Anzahl der Mengen ist dem Zahlenraum bis 10 entnommen. Die Ergebnisse liegen im Zahlenraum von 20 bis 40 (Zahlenwerte: $5 \cdot 4$; $3 \cdot 8$; $6 \cdot 5$; $4 \cdot 7$; $6 \cdot 6$). In Teil a sind die linear dargestellten Mengen jeweils untereinander angeordnet.

Einheitliche Kontexte

Die Aufgabenkontexte sind einheitlich und die Problemstellungen möglichst einfach gehalten, um Einflüsse eventueller Sprachdefizite der Kinder weitgehend auszuklammern. Jede Aufgabe steht auf einem eigenen Testblatt, um unnötige Verwirrungen zu vermeiden. Alle Testaufgaben werden verbal gegeben, um möglichen Leseschwierigkeiten entgegenzutreten (vgl. auch Van den Heuvel-Panhuizen 1991, 164). Dabei ist zu berücksichtigen, dass die Zahlenwerte nicht in der Aufgabenstellung vorkommen, d. h. sie müssen von den Kindern *selbst erlesen* werden. Unterschiede zwischen einerseits schriftlicher und andererseits mündlicher Präsentation der relevanten Zahlen sind z. B. bei Erstklässlern festgestellt worden (vgl. Houlihan/Ginsburg 1981, dort zweistellige Zahlen). Die verbale Präsentation erwies sich als leichter, und die Autoren vermuten, dass die Schülerinnen und Schüler eher an das Hören als an das Lesen zweistelliger Zahlen gewöhnt sind (ebd., 105). Insofern wäre dies auch bei lernschwachen Kindern, die noch nicht mit zweistelligen Zahlen vertraut sind, zu überprüfen. Die Lehrerin kann hierzu die analogen Aufgaben zu einem anderen Zeitpunkt ausschließlich verbal oder auch mit Unterstützung des Testblatts anbieten.

Tabelle 2/2 bietet auf der nachfolgenden Seite einen Überblick der fünf Aufgabengruppen:

	Aufgabengruppe	Aufgabeninhalt	Aufgabenanzahl
1a 1a* 1b	Anzahlbestimmung Schreiben einer Zahl Lesen einer Zahl	$20 < ZE < 50$	5 5 5
2a 2b 2c	Größenvergleich	$20 < ZE_1; ZE_2 < 60$ $\lvert ZE_1 - ZE_2 \rvert < 20$	10 10 10
3a 3b 3c	Addition	$ZE_1 + ZE_2$ ohne Ü. $40 < ZE_1 + ZE_2 < 60$	5 5 5
4a 4b 4c	Subtraktion	$0 < Z - ZE < 30$	5 5 5
5a 5b	Multiplikation	$20 \leq E_1 \cdot E_2 < 40$	5 5
			$\sum = 85$

Tab. 2/2: Übersicht der Testaufgabengruppen

2.1.2 Durchführung der Tests

Objektivität

Falls möglich, sollten die Tests nicht von der Klassenlehrerin, sondern von einer Förderlehrerin o. Ä. durchgeführt werden, sodass keine spezifischen Vorerwartungen vorliegen. Auf diese Weise kann die Durchführungsobjektivität (vgl. Lienert 1969, 13) noch weiter unterstützt werden.

Einzelsitzungen

Die Tests werden in Einzelsitzungen durchgeführt. Es geht hierbei vorrangig um Faktenwissen, und zunächst sollten individuelle Strategien deutlich werden. Zu einem späteren Zeitpunkt können durchaus auch Partnerinterviews sinnvoll sein, in denen z. B. zwei Kinder ihre unterschiedlichen Strategien vergleichen.

Material

Innerhalb der Testsitzungen wird auf die Verwendung von Material verzichtet (anders als bei den Interviews, s. u.). Allerdings werden die Kinder zu Beginn der Testsitzungen darauf hingewiesen, dass sie sich Skizzen auf dem Testblatt anfertigen oder andere schriftliche Notationen verwenden können (z. B. Durchstreichen von Punkten, Notieren von Zwischenergebnissen etc.). Erfahrungsgemäß nutzen nicht viele Kinder dieses Angebot. Im Unterricht ist sicherlich verstärkt darauf zu achten, dass Kinder verschiedene Möglichkeiten bzw. ‚Werkzeuge' kennen lernen und erproben können.

Vorkenntnisse

Den Kindern wird vor Beginn der Testsitzung erklärt, dass die Lehrerin wissen möchte, welche Aufgaben das Kind schon rechnen kann. Ihnen wird verdeutlicht, dass einige Aufgaben möglicherweise völlig neu sind, und es kein Problem darstellt, wenn sie diese noch nicht bearbeiten können.

Zeitlicher Rahmen

Die Testdurchführung unterliegt keiner zeitlichen Begrenzung, da gerade bei lernschwachen Kindern häufig ein verringertes Lerntempo festzustellen ist. Innerhalb der Testsituation kann ein zeitlicher Druck die Leistungen sehr stark beeinflussen. Erfahrungsgemäß dauern die einzelnen Testsitzungen zwischen 10 und 30 Minuten.

Protokollierung

Die Ergebnisse sowie ggf. ergänzende oder erläuternde Kommentare werden in einem Protokollbogen festgehalten (Vorlage in Kap. 2.3.2; Beispiel in Kap. 2.1.3).

Verbale Lösung des Kindes

Die erste spontane Lösung der Kinder wird notiert, und es erfolgen keine weiteren Nachfragen des Interviewers. Die Kinder werden auch nicht explizit aufgefordert, ihr Ergebnis noch einmal zu kontrollieren oder nachzurechnen, bevor sie es notieren (vgl. z. B. Wagner/Born 1994, 5). Es ist hier wichtiger, Informationen darüber zu erhalten, ob die Kinder von sich aus Kontrollen vornehmen. Wenn Kinder selbst äußern, dass sie die Aufgabe noch einmal nachrechnen wollen, so wird dies selbstverständlich zugelassen.

Rückmeldung

Den Kindern werden während der Testdurchführung keinerlei Rückmeldungen über die Aufgabenlösungen – richtig oder falsch – gegeben.

Abfolge der Testsitzungen

Die Testsitzungen sollten möglichst an drei aufeinanderfolgenden Tagen durchgeführt werden. Falls dies (krankheitsbedingt etc.) nicht möglich ist und z. B. ein oder zwei Tage zwischen zwei Testsitzungen liegen, ist das allerdings auch nicht tragisch.

Abbruchkriterium

Für diesen Test ist kein Abbruchkriterium vorgesehen. Es bleibt der Lehrerin jedoch überlassen, gewisse Aufgabengruppen auszulassen. Falls Kinder beispielsweise sofort äußern, dass ihnen der Subtraktionstyp Z – ZE nicht bekannt ist, kann Aufgabengruppe 4c übersprungen werden.

Verteilung der Aufgaben

Die insgesamt 85 Aufgaben werden auf drei Testsitzungen T1, T2 und T3 verteilt, um die Kinder nicht zu überfordern. Die gleichmäßige Verteilung der Aufgabentypen a *(abzählbare Darstellung)*, b *(kontextbezogene Darstellung)* und c *(kontextfreie Darstellung)* sowie die Bedingung, nur einen Typ einer Aufgabengruppe pro Sitzung zu verwenden, hat folgende Gründe:

- Vermeiden des Wiedererkennens gleicher Zahlenwerte,
- kontextfreie und kontextgebundene Fragestellungen, um die Kinder bei Schwierigkeiten mit einem bestimmten Typ nicht unnötig zu frustrieren,
- zu erwartende unterschiedliche Bearbeitungszeiten der jeweiligen Typen (z. B. durch die Strategie des Abzählens bei Aufgabentyp a).

Folgende Verteilung der Aufgabengruppen ist daher empfehlenswert, kann jedoch auch von der Lehrerin variiert werden:

T1: Anzahlbestimmung (1a), Schreiben von Zahlen (1a*), kontextbezogener Größenvergleich (2b), abzählbare Subtraktion (4a), kontextfreie Addition (3c).
T2: Anzahlvergleich (2a), kontextfreie Subtraktion (4c), kontextbezogene Addition (3b), abzählbare Multiplikation (5a), Lesen von Zahlen (1b).
T3: kontextfreier Größenvergleich (2c), kontextbezogene Multiplikation (5b), abzählbare Addition (3a), kontextbezogene Subtraktion (4b).

2.1.3 Auswertung

Zeit

Die zeitliche Dauer einer Testsitzung (durchschnittlich etwa 10 Minuten) stellt lediglich einen untergeordneten Faktor dar. Längere Bearbeitungszeiten sind gelegentlich darauf zurückzuführen, dass die Bearbeitungen der Kinder über das geforderte Maß hinausgehen. Schüler zählen z. B. beim Anzahlvergleich in Aufgabengruppe 2a alle Punkte ab oder schreiben bei Aufgabengruppe 1b (Lesen von Zahlen) oder 2b bzw. 2c (kontextbezogener bzw. kontextfreier Größenvergleich) alle relevanten Zahlen auf etc.

Zur Illustration sei hier ein Protokollbeispiel[12] aufgeführt. Angemerkt sei an dieser Stelle, dass es sich bei diesem und allen folgenden Beispielen um Dokumente real durchgeführter Untersuchungen mit Drittklässlern der Schule für Lernbehinderte handelt.

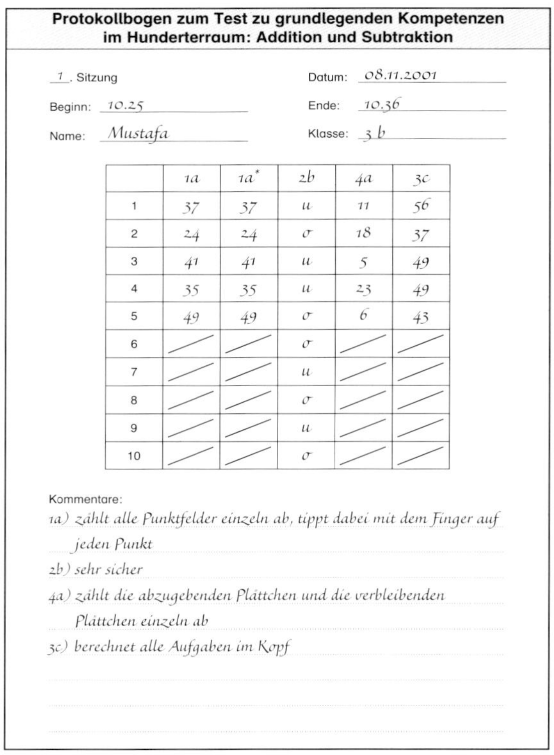
Protokollbogen zum Test zu grundlegenden Kompetenzen im Hunderterraum: Addition und Subtraktion

1. Sitzung — Datum: 08.11.2001
Beginn: 10.25 — Ende: 10.36
Name: Mustafa — Klasse: 3 b

	1a	1a*	2b	4a	3c
1	37	37	u	11	56
2	24	24	o	18	37
3	41	41	u	5	49
4	35	35	u	23	49
5	49	49	o	6	43
6	/	/	o	/	/
7	/	/	u	/	/
8	/	/	o	/	/
9	/	/	u	/	/
10	/	/	o	/	/

Kommentare:
1a) zählt alle Punktfelder einzeln ab, tippt dabei mit dem Finger auf jeden Punkt
2b) sehr sicher
4a) zählt die abzugebenden Plättchen und die verbleibenden Plättchen einzeln ab
3c) berechnet alle Aufgaben im Kopf

Nach der Durchführung der drei Testsitzungen bietet es sich an, die Testergebnisse jedes Kindes in den Auswertungsbogen zu übertragen und falsche Lösungen mit Leuchtstift zu markieren (in folgendem Bei-

[12] Vorlagen für Protokoll- und Auswertungsbögen finden sich in Kap. 2.3.2

Name: Carsten Klasse: 3

Aufgabe 1a Anzahlbestimmung	1a/1 37	1a/2 24	1a/3 41	1a/4 35	1a/5 48					
Lösung	37	25	41	35	48					
Aufgabe 1a* Schreiben von Zahlen	1a*/1 Lösung 1a/1	1a*/2 Lösung 1a/2	1a*/3 Lösung 1a/3	1a*/4 Lösung 1a/4	1a*/5 Lösung 1a/5					
Lösung	37	25	41	35	48					
Aufgabe 1b Lesen von Zahlen	1b/1 37	1b/2 24	1b/3 41	1b/4 35	1b/5 48					
Lösung	37	24	41	35	48					
Aufgabe 2a Anzahlvergleich	2a/1 26 43	2a/2 45 39	2a/3 36 51	2a/4 28 31	2a/5 54 38	2a/6 52 48	2a/7 25 33	2a/8 42 35	2a/9 48 55	2a/10 41 22
Lösung	unten	oben	unten	oben	oben	oben	unten	oben	unten	oben
Aufgabe 2b Kontextbezogener Größenvergleich	2b/1 26 43	2b/2 45 39	2b/3 36 51	2b/4 28 31	2b/5 54 38	2b/6 52 48	2b/7 25 33	2b/8 42 35	2b/9 48 55	2b/10 41 22
Lösung	unten	oben	unten	unten	oben	oben	unten	oben	unten	oben
Aufgabe 2c Kontextfreier Größenvergleich	2c/1 26/43	2c/2 45/39	2c/3 36/51	2c/4 28/31	2c/5 54/38	2c/6 52/48	2c/7 25/33	2c/8 42/35	2c/9 48/55	2c/10 41/22
Lösung	rechts	links	rechts	rechts	links	links	rechts	links	rechts	links
Aufgabe 3a Abzählbare Addition	3a/1 45+12	3a/2 13+24	3a/3 36+13	3a/4 23+23	3a/5 31+22					
Lösung	57	37	49	46	53					
Aufgabe 3b Kontextbezogene Addition	3b/1 45+12	3b/2 13+24	3b/3 36+13	3b/4 23+23	3b/5 31+22					
Lösung	67	37	49	43	53					
Aufgabe 3c Kontextfreie Addition	3c/1 45+12	3c/2 13+24	3c/3 36+13	3c/4 23+23	3c/5 31+22					
Lösung	62	42	49	51	52					
Aufgabe 4a Abzählbare Subtraktion	4a/1 40−29	4a/2 30−12	4a/3 50−46	4a/4 40−17	4a/5 30−24					
Lösung	20	18	5	26	6					
Aufgabe 4b Kontextbezogene Subtraktion	4b/1 40−29	4b/2 30−12	4b/3 50−46	4b/4 40−17	4b/5 30−24					
Lösung	21	28	2	32	6					
Aufgabe 4c Kontextfreie Subtraktion	4c/1 40−29	4c/2 30−12	4c/3 50−46	4c/4 40−17	4c/5 30−24					
Lösung	21	28	4	32	7					
Aufgabe 5a Abzählbare Multiplikation	5a/1 5·4	5a/2 3·8	5a/3 6·5	5a/4 4·7	5a/5 6·6					
Lösung	20	28	30	28	37					
Aufgabe 5b Kontextbezogene Multiplikation	5b/1 5·4	5b/2 3·8	5b/3 6·5	5b/4 4·7	5b/5 6·6					
Lösung	20	24	30	33	59					

spiel grau unterlegt).

Kommentar

Carsten bewältigt bis auf eine Aufgabe die Anzahlbestimmung korrekt. Bei Aufgabe 1a/2 weicht sein Ergebnis um 1 von der korrekten Lösung ab. Dass er als Ergebnis eine Fünfer-Zahl nennt (korrektes Ergebnis wäre 24), ist möglicherweise ein Zeichen dafür, dass er das Punktfeld nicht unter Ausnutzung der Fünfer-Struktur bestimmt hat, da dann die letzte Vierer-Zeile auffällig gewesen wäre.

Das Lesen und Schreiben von Zahlen, die Anzahl- und Größenvergleiche sowie die abzählbare Addition gelingen sehr sicher. Lediglich beim Anzahlvergleich (Aufgabe 2a/4) unterläuft ihm ein Fehler, vermutlich aus Flüchtigkeit.

Bei der kontextbezogenen Addition finden sich zwei falsche Lösungen (bei 3b/1 eine fehlerhafte Zehnerstelle, bei 3b/4 eine fehlerhafte Einerstelle). Die kontextfreie Addition bereitet noch mehr Mühen, wobei kein durchgängiges Fehlermuster festzustellen ist.

Große Schwierigkeiten offenbaren sich anschließend auch bei der Subtraktion in allen Untergruppen. Die abzählbare Subtraktion gelingt nur bei dem kleinsten Minuenden (30). Die Fehllösung 5 bei der Aufgabe 50−46 lässt auf einzelnes Abzählen schließen, mögli-

cherweise auch die größere Abweichung bei der Fehllösung 26 für die Aufgabe 40 – 17. Im Vergleich der kontextbezogenen und kontextfreien Subtraktionen erstaunen drei identische Fehlermuster: 40 – 29 = 21; 30 – 12 = 28 sowie 40 – 17 = 32. Die ersten beiden Fehllösungen zeigen eine korrekte Einerstelle im Ergebnis, und möglicherweise hat Carsten Zehner und Einer getrennt behandelt.
Abzählbare und kontextbezogene Multiplikation gelingen dann wieder besser. Fehlerquellen bei Aufgabengruppe 5a sind vermutlich wiederum Zählfehler.
Insgesamt lässt sich vermuten, dass Carsten eine Reihe von Teilschritten korrekt ausgeführt hat, jedoch die Zusammenführung verschiedener Schritte fehlerhaft ist.

Die folgenden allgemeineren Ausführungen sollen helfen, Strategien, aber auch Fehllösungen der Schüler besser zu verstehen und sich ein differenziertes Bild über die vorhandenen, aktuellen Leistungsstände zu machen. Gleichzeitig finden sich auch Verweise auf Abschnitte oder spezielle Übungen dieses Buches. Zu den einzelnen Aufgabengruppen kann des Weiteren Kap. 2.2.3 herangezogen werden, in dem Erfahrungen in Interviews mit ausgewählten Aufgaben dokumentiert werden.
Auf bestimmte offensichtliche oder auch vermutete Fehlermuster wird im vorliegenden Abschnitt nur in Einzelfällen eingegangen, und es sei hier auf die Auswertung der Interviews verwiesen, in der Strategien und auch Fehlermuster genauer analysiert werden. Die Fehllösungen bei den Testaufgaben decken sich i. d. R. mit den später erläuterten Fehlerarten.
Es folgt hier eine aufgabenspezifische Ausführung, bei der einige Aufgabengruppen gesondert betrachtet werden (z. B. Aufgabengruppe 1a: Anzahlbestimmung), andere dagegen zusammengefasst werden (z. B. Aufgabengruppe 1a*: Schreiben einer Zahl und Aufgabengruppe 1b: Lesen einer Zahl).

Aufgabengruppe 1a: Anzahlbestimmung

Hauptfehlerursachen sind bei Aufgabengruppe 1a Lücken in der Zahlwortreihe (±1 Fehler), inkorrekte Zahlwortreihe, d. h. z. B. fehlerhafte Zehner-Übergänge (±10 Fehler), unstrukturiertes Abzählen der Punkte, dadurch Auslassungen bzw. Doppelzählungen (größere Abweichungen von der korrekten Anzahl) bzw. kompletter Zeilen (±10 Fehler). Häufig sind Unsicherheiten beim Abzählen festzustellen, z. T. auch Konzentrationsmängel bei den letzten Aufgaben einer Gruppe. Nicht zuletzt aufgrund des größten Zahlenwerts wird Aufgabe 1a/5 (48) erfahrungsgemäß am häufigsten falsch gelöst. Dagegen wird Aufgabe 1a/4 noch recht häufig korrekt bearbeitet, was vermutlich zurückzuführen ist auf die Möglichkeit, in Fünfern zu zählen.
Die oben genannte Abweichung um + 10 kann auch bei strukturiertem Zählen entstehen: Kinder orientieren sich beim Zählen der Zehner am Zeilenanfang und zählen dann die letzte Zeile einzeln hinzu (51 anstelle von 41; oder 47 anstelle von 37).
Manche Kinder raten bei dieser Aufgabe lediglich, und sie nennen dann oftmals eine glatte Zehnerzahl.

Aufgabengruppe 1a und 1b: Schreiben und Lesen von Zahlen*

Die Aufgabengruppen 1a* und 1b zeigen oftmals einen höheren Prozentsatz an korrekten Lösungen als Aufgabengruppe 1a. Es zeigt sich aber i. d. R. ein Unterschied zwischen dem Lesen und dem Schreiben einer Zahl. Häufigste Fehler sind Inversionen, die in der Regel beim Lesen eher auftreten, wenngleich berücksichtigt werden muss, dass es sich in Aufgabengruppe 1a* um ‚leichtere' Zahlenwerte handeln kann, je nachdem, welche Anzahl die Kinder bei der entsprechenden Aufgabe in Gruppe 1a bestimmt haben.
Bei Unkenntnis der erhaltenen Zahlen notieren manche Kinder eine analoge Zahl aus dem bekannten Zwanzigerraum, also 18 für 38, 14 für 24, 15 für 35 oder 18 für 48. Gleiches kann auch beim Lesen von Zahlen auftreten. Hinzukommen sprachliche Auffälligkeiten, etwa bei türkischen Kindern, die z. B. 41 als *„vierzigeins"* lesen.

Aufgabengruppe 2a: Anzahlvergleich

Die Aufgabengruppe 2a stellt eine der leichtesten Aufgabengruppen dar. Lediglich die Aufgaben 2a/4 (Zahlenwerte: 28/31) und 2a/6 (Zahlenwerte: 52/48) bereiten einigen Kindern Probleme. Hier wirkt sich der jeweils kleine Unterschied der beiden Zahlen aus, verbunden mit der großen Einerstelle bei der kleineren Zahl (bewusst gewählt; vgl. auch die Aufgabenbeschreibungen in Kap. 2.1.1).

Aufgabengruppe 2b und 2c: Kontextbezogener und kontextfreier Größenvergleich

Bei diesen Aufgabengruppen zeigt sich häufig bei der Teilaufgabe b ein geringerer oder gleicher Prozentsatz im Vergleich zu Teilaufgabe c. Der Größenvergleich von Zahlen (ohne weitere Verarbeitung) scheint nicht von der Kontextgebundenheit abzuhängen.
Bezüglich der Abhängigkeit von den unterschiedlichen Zahlenwerten bei den einzelnen Aufgaben ist bei Fehllösungen selten ein durchgängiges Muster zu erkennen.

Aufgabengruppe 3a: Abzählbare Addition

Für diese Aufgabe gilt Ähnliches wie für Aufgabengruppe 1a. Häufigste Strategie ist das einzelne Abzählen, und als häufigste Fehler zeigen sich ±1-Fehler, aber auch größere Abweichungen. Fehlerhafte Lösungen entstehen daneben durch Inversionen oder das ausschließliche Nennen von glatten Zehnerzahlen. Die Aufgabe mit dem kleinsten Ergebnis (3a/2: 13 + 24 = 37) zeigt erfahrungsgemäß die niedrigste Fehlerquote.

Aufgabengruppe 3b und 3c: Kontextbezogene und kontextfreie Addition

Teilaufgabe c (symbolische Darstellung) wird bei dieser Aufgabengruppe i.d.R. von weniger Kindern richtig gelöst als die Teilaufgabe b (Kontext Geld). Beide Aufgabengruppen sind deutlich anspruchsvoller und damit auch fehleranfälliger als die Aufgabengruppe a.

Viele Kinder versuchen diese Aufgaben durch zählendes Rechnen zu lösen, meist mithilfe der Finger. Bei Zahlenwerten dieser Größenordnung ist diese Strategie natürlich sehr fehleranfällig. Zum einen können Summanden größer als 10 nicht in einem Schritt durch die zehn Finger dargestellt werden, sodass immer die Anzahl der Zehner-Schritte, die schon verarbeitet wurden, zu behalten ist. Zum anderen müssen bei der Strategie des Weiterzählens der zweite Summand und gleichzeitig das entstehende Ergebnis im Blick behalten werden. Hieraus können dann größere Abweichungen vom korrekten Ergebnis resultieren.

Einige Kinder verarbeiten die einzelnen Zahlen stellenweise, jedoch nicht in vollständiger bzw. korrekter Weise.

Beispiel: 45 + 12

Mögliche Ergebnisse bei Berücksichtigung nur eines Stellenwerts: 47, 55, 17, 52.

Mögliche Ergebnisse bei falscher Zuordnung der Stellenwerte: 66, 75, 48.

Daneben ist natürlich auch eine Kombination beider Fehlerstrategien möglich.

Erfahrungsgemäß ist der Prozentsatz der richtigen Lösungen bei der Addition in den kontextbezogenen und kontextfreien Aufgabengruppen (b und c) höher als bei der Subtraktion. Beim Operieren mit den Zahlen (kontextgebunden oder kontextfrei) scheint die Addition leichter zu sein, nicht zuletzt aufgrund der verwendeten (bei der Addition leichteren) Zählstrategien (vgl. z. B. Baroody 1984; Fuson 1984).

Aufgabengruppe 4a: Abzählbare Subtraktion

Insgesamt erweist sich die abzählbare Subtraktion oftmals leichter als die abzählbare Addition, was hier sicherlich auf die kleineren Zahlenwerte zurückzuführen ist. Viele Kinder deuten hier die Subtraktion als Abziehen, was durch den Kontext auch nahegelegt wird.

Die verwendeten Strategien sind wiederum vergleichbar mit denen der abzählbaren Aufgabengruppen (z. B. 1a oder 3a). Gelegentlich wird von Kindern relativ spontan das Ergebnis O genannt, ohne dass sie in irgend einer Weise zählen oder rechnen.

Aufgabengruppe 4b und 4c: Kontextbezogene und kontextfreie Subtraktion

Auch bei diesen Aufgabengruppen erscheint die kontextfreie Darstellung – wie schon bei der Addition – schwieriger. Des Weiteren ist bei beiden Gruppen erfahrungsgemäß ein höherer Anteil an Nichtbearbeitungen im Vergleich zur Addition festzustellen.

Auch hier ist häufiger die Deutung der Subtraktion als *Abziehen* zu beobachten, weniger die Deutung als *Ergänzen.* Dies hängt sicherlich auch mit der unterrichtlichen Behandlung zusammen, in der zumeist die erste Deutung dominiert.

Verwendete Strategien sind zum einen das zählende Rechnen, in diesem Fall über das Rückwärtszählen, was deutlich fehleranfälliger ist als bei der Addition.

Zum anderen verarbeiten einige Kinder, ähnlich wie bei der Addition, die Zahlen stellenweise, jedoch nicht in vollständiger bzw. korrekter Weise.

Beispiel: 30 – 12

Mögliche Ergebnisse bei Berücksichtigung nur eines Stellenwerts: 28, 20.

Mögliche Ergebnisse bei falscher Zuordnung der Stellenwerte: 9, 27.

Daneben ist natürlich auch eine Kombination beider Fehlerstrategien möglich.

Als weitere Fehlerquelle kann auch eine Vermischung von Subtraktion und Addition festgestellt werden:

40 – 29 -> 40 – 20 + 9 = 29 oder
40 – 17 -> 40 – 10 + 7 = 37

Aufgabengruppe 5a: Abzählbare Multiplikation

Auch für diese Aufgabe gilt Ähnliches wie für Aufgabengruppe 1a (auch 3a und 4a). Häufigste Strategie ist das einzelne Abzählen, und als häufigste Fehler zeigen sich ±1-Abweichungen. Wiederum können sich hier sprachliche Auffälligkeiten zeigen, wie etwa *„zwanzigvier“* für 24 oder *„dreizehn“* für 30.

Erfahrungsgemäß ist Aufgabe 5a/1 mit dem kleinsten Ergebnis auch die einfachste Aufgabe. Entsprechend wird die Aufgabe mit dem größten Ergebnis (5a/5: 6 · 6 = 36) am häufigsten fehlerhaft gelöst.

Aufgabengruppe 5b: Kontextbezogene Multiplikation

Im Vergleich zur vorangegangenen Aufgabengruppe ist die kontextbezogene Variante anspruchsvoller. Hier sind i.d.R. größere Abweichungen vom korrekten Ergebnis festzustellen. Diese können zum einen auf mehrfache Rechenfehler beim fortlaufenden Addieren zurückzuführen sein.

Beispiel: 8 + 8 = 15, dann 15 + 8 = 22

Manche Kinder lösen die Aufgabe auch durch strukturiertes Zählen, haben aber falsche Schritte abgespeichert. So zählt Serkan bei Aufgabe 5b/1 (5 · 4) in Vierer-Schritten *„4, 8, 12, 16, 18“* und gibt *„18“* als Ergebnis an. Insgesamt versuchen viele Kinder die Teilaufgaben a zu lösen, während bei den Teilaufgaben b und c vermehrt Aufgaben gar nicht erst bearbeitet werden. Die Teilaufgaben a einer Aufgabengruppe weisen in der Regel auch immer den höchsten Prozentsatz an korrekten Lösungen auf.

2.1.4 Fördermöglichkeiten im Unterricht

An dieser Stelle werden keine expliziten Übungen aufgeführt, vielmehr sei auf die Kap. 3 und 4 verwiesen. Die Inhalte der Aufgabengruppen 1 und 2 werden in Kap. 3 bei vielfältigen Orientierungsübungen thematisiert. Die Aufgabengruppen 3, 4 und 5 behandeln die Operationen, die in Kap. 4 ausführlich besprochen werden. Insbesondere die Aufgabengruppe 5 wird darüber hinaus auch in Band 3 dieser Reihe thematisiert. Die Erkenntnisse der Lernstandserfassung haben aber auch gezeigt, dass Schwierigkeiten bei den Operationen (Aufgabengruppen 3, 4 und 5) durch Mängel der grundlegenden Kompetenzen (z. B. unzureichendes Verständnis der Stellenwerte) verursacht sein können. Dies sollte bei einer Lernstandserfassung abgeklärt werden. So kann eine Verbesserung bei der Bewältigung der Operationen auch durch Orientierungsübungen erreicht werden.

2.2 Interview

2.2.1 Auswahl der Aufgaben

Bei den Aufgaben für die Interviews handelt es sich jeweils um *einen* Repräsentanten aus den Aufgabengruppen der Tests (vgl. Kap. 2.1.1). Im Folgenden werden kurz die Kriterien für die Auswahl der Interviewaufgaben dargelegt.

Aufgabengruppe 1

Aus Aufgabengruppe 1a ist 1a/5 (Zahlenwert 48) gewählt worden[13], da es sich hierbei um den größten Wert handelt und daher Unsicherheiten bzw. Lücken in der Zahlwortreihe oder Begrenzungen des Zahlenraums am deutlichsten identifiziert werden können. Außerdem kann bei dieser Aufgabe die Fünfer-Struktur auch spaltenweise ausgenutzt werden. Für Aufgabe 1b sind im Gegensatz zur Testdurchführung drei Objekte dargestellt: Testaufgabe 1b/2 (Zahlenwert 24) sowie ein Objekt, dessen Preisschild die Zehner- und Einerziffern invertiert zeigt. Zusätzlich einen Zahlenwert (51), der nicht im Test verwendet wurde. Hierbei handelt es sich um eine Zahl, die vermutlich seltener invertiert gelesen wird, da die invertierte Form 15 aus dem Zwanzigerraum bekannt ist.

Aufgabengruppe 2

Für den Anzahlvergleich ist Aufgabe 2a/7 (Zahlenpaar 25/33) ausgewählt. Hierbei handelt es sich um kleine Zahlenwerte, sodass Kinder, die die exakte Anzahl zum Vergleich benötigen, nicht übermäßig beansprucht werden. Denn in dieser Aufgabe geht es nicht darum, Strategien zur Anzahlbestimmung näher zu betrachten. Für die beiden untereinander angeordneten Darstellungen tritt die größere Zahl einmal an erster (2b) und einmal an zweiter Stelle (2a, s.o.) auf. Ausgewählt ist die Testaufgabe 2b/6 mit dem Zahlenpaar 52/48 und aus der Aufgabengruppe 2c (nebeneinander angeordnete Paare) die Testaufgabe 2c/2 mit dem Zahlenpaar 45/39.

Aufgabengruppe 3

Die Addition zeigt in Teil a die Verdopplungsaufgabe 3a/4 (Zahlenwerte 23 + 23). In beiden Summanden ist das Zwanzigerfeld klar erkennbar, welches eine Hilfe zur Anzahlerfassung darstellen kann. Bei den anderen beiden Typen soll eine Aufgabe den kleineren Summanden an der ersten Stelle zeigen[14], um Aufschluss darüber zu bekommen, ob die Kinder die Strategie nutzen, beim größeren Summanden zu beginnen. Die symbolische Darstellung suggeriert eher das Beginnen mit dem ersten Summanden (vgl. theoretischer Kommentar zu Aufgabe 3 in Kap. 2.1.1)[15], was bei der Darstellung in Typ b nicht der Fall ist. Daher wurde die Testaufgabe 3b/2 (Zahlenwerte 13 + 24) ausgewählt. Bei Aufgabe 3c/5 (Zahlenwert 31 + 22) kann der zweite Summand nicht invertiert werden, der erste Summand führt bei der Vertauschung von Zehnern und Einern zu einer (bekannten!) Zahl des Zwanzigerraums, sodass die Inversion vermutlich seltener auftritt. So kann diese Addition durchaus von Kindern, die Schwierigkeiten mit Inversionen haben, richtig gelöst werden.

Aufgabengruppe 4

Ausgewählt ist für die Subtraktion zunächst die Aufgabe 4a/5 (Zahlenwerte 30 – 24) mit einem der kleinsten Minuenden, aber zugleich einem großen Subtrahenden. Hier wird im Interview zunächst die Frage gestellt: *„Kannst du mir ganz schnell sagen, wie viele Plättchen das Mädchen hat?“* Anschließend folgt die gleiche Fragestellung wie im Test. Für die anderen beiden Aufgabentypen ist das Ergebnis größer als 10. Aus-

13 Die Testblätter für Test- wie Interviewsitzungen finden sich in Kap. 2.3.1

14 Zum unterschiedlichen Schwierigkeitsgrad der Additionstypen vgl. z. B. Wagner/Kornmann 1992.

15 Dies bestätigte sich auch bei Testdurchführungen: Hier fragten Kinder explizit, ob sie auch mit dem zweiten Summanden (in diesem Fall dem größeren) beginnen dürften.

gewählt wurde 4b/1 (Zahlenwerte 40 – 29), wobei auch hier die Fragestellung variiert wird: Zunächst wird der Geldbetrag bestimmt (Addition Z+Z), um anschließend die Frage zu beantworten, ob das Geld für den Fußball reicht. Aufgabe 4c/4 (Zahlenwerte 40 – 17) führt schließlich auf ein Ergebnis größer als 20.

Aufgabengruppe 5

Aufgabe 5a/2 zeigt einen Faktor größer als 5 (Zahlenwerte 3 · 8), sodass die Möglichkeit gegeben ist, die Fünfer-Struktur auszunutzen. Teilaufgabe 5b/1 zeigt Faktoren kleiner gleich 5 (Zahlenwerte 5 · 4), um Strategien wie z. B. das Zusammenfassen zu erleichtern.

Zählen

Vor den o.g. Aufgaben steht zu Beginn jedes Interviews die Frage *„Wie weit kannst du zählen?"* bzw. die anschließende Ermunterung *„Zähle, soweit du kannst!"*. Diese Aktivität kann natürlich auch nach der Bearbeitung aller Testaufgaben durchgeführt werden.
Je nach Bedarf kann die Lehrerin weitere Zählkompetenzen überprüfen, wie etwa das Zählen von einem beliebigen Startpunkt an (*„Kannst du von 27 an weiterzählen?", „Kannst du von 53 an weiterzählen?"* etc.) oder das Rückwärtszählen (*„Kannst du von 25 rückwärtszählen?"; „Kannst du von 59 rückwärtszählen?"* etc.; vgl. auch Selter/Spiegel 1997, 49).

Denkbar ist neben dem Zählen auch das Schätzen bzw. das Zählen in Zehnern bei *unstrukturiertem Material* zu untersuchen. Hierzu könnte etwa das Design von Kamii (1986, 79f.) übernommen werden: Eine größere Anzahl von Plättchen (z. B. 78) wird unter ein Tuch gelegt. Den Kindern wird die Anzahl nur kurz gezeigt (z. B. 3 Sekunden) und die Anzahl soll geschätzt werden. Dass die Plättchen nur kurz präsentiert werden und nicht gezählt werden können, wird vorab mitgeteilt.

Anschließend werden die Kinder aufgefordert, die Plättchen zu zählen. Interessant ist, *wie* die Kinder zählen (in Einern, Zweiern, Fünfern, Zehnern ...). Falls die Kinder von sich aus nicht in Zehnern zählen, werden nach dem ersten Ergebnis einige Plättchen entfernt (4 bis 5; die Anzahl sollte für die Kinder nicht sichtbar sein). Die Kinder werden aufgefordert, nun noch einmal die Plättchen in *Zehnern* zu zählen, um die Anzahl der entfernten Plättchen zu bestimmen.
Erfahrungsgemäß zählen die meisten Kinder spontan nicht in Zehnern und haben vor der systematischen Behandlung der Stellenwerte Probleme mit dem Zählen in Zehnern, wenn sie das Gesamtergebnis angeben sollen. Sie nennen als Ergebnis dann etwa *„7"* für die sieben entstehenden Zehner-Gruppen oder *„10"* als Anzahl einer Gruppe. Diese Kinder erfassen Teil und Ganzes vermutlich nicht *gleichzeitig*, sondern lediglich *aufeinanderfolgend* (Kamii 1986, 82).

2.2.2 Durchführung der Interviews

Einzelinterview

Durchgeführt werden sollten die Einzelinterviews im Anschluss an die Tests, aber mit einem zeitlichen Abstand von mindestens einem Tag.

Zeit

Die Interviews unterliegen keiner zeitlichen Begrenzung. Die durchschnittliche Dauer eines Interviews beträgt erfahrungsgemäß ca. 20 Minuten. Die Zeitfrage hat hier jedoch keine Bedeutung, denn die Kinder sollen ohne zeitlichen Druck arbeiten können.

Angebotenes Material

Für die Aufgaben des Typs a bzw. c stehen Plättchen oder der Rechenrahmen und/oder das Material ‚Hundert be-greifen' zur Verfügung; für die Aufgaben des Typs b wird Rechengeld, sortiert in 1-€-Stücken, 5-€-Scheinen und 10-€-Scheinen, bereitgehalten. So ist einerseits die Möglichkeit des Abzählens gegeben, andererseits können durch die vorgegebene Strukturierung Schwächen beim Zählvorgang ausgeglichen werden (vgl. dazu auch Lorenz/Radatz 1993, 100). Daneben ist es den Schülern, wie im Test, freigestellt, eine Zeichnung zu machen oder andere Strukturierungshilfen zu nutzen.
Dieses Materialangebot ist lediglich als Vorschlag gedacht: Es ist den Kindern freigestellt, das Material für einen bestimmten Aufgabentyp selbst auszuwählen. So kann z. B. auch für die Bearbeitung einer Aufgabe des Typs c das Rechengeld als Veranschaulichungshilfe gewählt werden. Des Weiteren kann jede Lehrerin natürlich auch andere, im Unterricht verwandte und dem Kind bekannte Materialien anbieten.
Für alle Aufgaben bzw. Operationen ist ein Vorgehen auf verschiedenen Ebenen möglich. Die unterschiedlichen Bearbeitungsniveaus (mit/ohne Veranschaulichung) sollten eine Auswertungskategorie der Interviews bilden.

Hilfe

Bei der Aufgabenbearbeitung in den Interviews wird den Schülern weder ein Lösungsweg noch eine bestimmte Notation vorgegeben oder suggestiv nahegelegt.

Erfragen von Strategien

Grundlage der Interviews sind zwar die gleichen Fragen wie auch im Test, jedoch kommt es nun darauf an, Aufschluss über Strategien der Kinder zu erhalten.

Eventuelle Schwierigkeiten werden geklärt bzw. gewisse Fehllösungen hinterfragt. So werden die Kinder in den Fällen, in denen ihr Vorgehen nicht selbsterklärend ist, nach ihrem Lösungsweg befragt, wenngleich dies nicht immer erfolgreich sein muss. Daneben sollte in vielen Fällen nach einer Aufgabenbearbeitung die Frage *„Hättest du es auch anders herausbekommen können?"* gestellt werden. Dabei kann es an manchen Stellen durchaus sinnvoll sein, die Fehllösung zunächst bestehen zu lassen und durch eine erneute Lösung, etwa mithilfe von Veranschaulichungen, einen Konflikt zu erzeugen. Generell ist es auch für den weiteren Unterricht wichtig, die Bereitschaft zu fördern, sich derartigen Konflikten zu stellen, und damit zu verhindern, dass es bei den Kindern zu Abwehrhaltungen oder innerem Rückzug kommt (Donaldson 1991, 125).

Um einen Eindruck von den Interviewverläufen zu erhalten, wird im Folgenden exemplarisch der Anfang eines Interviews ausführlicher vorgestellt, bevor dann allgemeine Aussagen zu den einzelnen Aufgaben folgen. Zu den einzelnen Aufgaben werden an mehreren Stellen weitere Interviewausschnitte präsentiert. Die Interviews werden als kommentierte und illustrierte Wortprotokolle dokumentiert. Sprachliche Äußerungen der Kinder sind im Originalton wiedergegeben (vgl. auch Scherer 1999, 54ff.). Es werden keine exakten Zeitangaben vermerkt, sodass nicht davon ausgegangen werden sollte, die Kinder hätten ihre Ideen und Antworten sofort präsentiert.
Alle Interviewausschnitte dieses Kapitels stammen von Drittklässlern einer Schule für Lernbehinderte verschiedener Klassen und unterschiedlicher Schullaufbahn.

Interviewbeispiel

Boris hat zunächst eine Grundschule besucht und dort das zweite Schuljahr absolviert. Die Interviewerin fragt zunächst, wie weit Boris zählen könne, und er äußert *„Bis hundert"*. Anschließend zählt er auch bis 100, wobei er sich mehrfach verhaspelt, da er sehr schnell zählt. Er wiederholt dann die zuletzt genannten Zahlen und fährt fehlerfrei fort. Manchmal zögert er bei den Zehnerübergängen. Auf die Frage, was kommt nach 100, antwortet er *„Einhundert, zweihundert, dreihundert, ... achthundert, neunhundert, em, zweihundert."*

Aufgabe 1a/5: Anzahlbestimmung (Zahlenwert 48)

I:	[gibt Boris Aufgabenblatt 1a/5] *Wie viele Plättchen hat das Mädchen?*
Boris:	*Eins ...* [zählt die Punkte einzeln, dabei laut von 1 bis 48] ... *achtundvierzig.* [geht horizontal in Fünfer-Zeilen vor, indem er die Punkte mit dem Finger antippt; dabei zunächst das linke Punktfeld, dann das rechte]
I:	*Mhm. Schreibst du mal auf.*
Boris:	*Uah.* [notiert 48]
I:	*So. Boris, jetzt hast du ja jeden Punkt einzeln gezählt.*
Boris:	*Mhm.*
I:	*Hättest du das auch schneller sehen können, wie viele Plättchen das sind?*
Boris:	*Ja.* [schüttelt dabei aber verneinend den Kopf]
I:	*Nee?* [fragend]
Boris:	*Doch.*
I:	*Ja, wie denn?*
Boris:	*Hätte ich hier, da, hätt' ich jetzt so gemacht, das wären jetzt, warte mal. Eins, zwei, drei, vier, fünf, sechs,* [zählt flüsternd die 5. Spalte, indem er die Punkte mit dem Finger antippt] *sechzig.* [zeigt auf die linke Hälfte des Punktfelds] *Und das und das* [zeigt auf die rechte Hälfte des Punktefelds] *hundertacht ... achtundvierzig. Oh.*

Boris bestimmt einzeln abzählend die Anzahl der Punkte. Auf Nachfrage der Interviewerin versucht er die Gesamtzahl eines Felds zu bestimmen. Dabei interpretiert er eine Fünfer-Zeile als Zehner-Zeile und verzählt sich zudem bei der Zeilenanzahl um 1 (Zwischenergebnis 60). Er versucht dann das rechte Teilfeld hinzuzunehmen, nennt aber letztendlich wieder sein erstes Ergebnis. Dieses Vorgehen lässt vermuten, dass Boris durchaus in der Lage ist, Strukturen auszunutzen und in größeren Schritten zu zählen. Bei dieser Aufgabe, bei der er schon ein Ergebnis notiert hat, gelingt ihm dies jedoch nicht.

Aufgabe 1b/Interview: Lesen von Zahlen (Zahlenwerte 51, 42, 24)

I:	[gibt Boris Aufgabenblatt 1b/Interview] *Jetzt guck mal hier. Wie viel kostet die Jacke?*
Boris:	[zeigt auf das Preisschild der Jacke] *Einundfünfzig, zweiundvierzig* [zeigt auf das Preisschild der Hose] *und* [zeigt auf das Preisschild des T-Shirts] *vierundzwanzig.* [streckt nacheinander die Finger beider Hände aus]
I:	*Wie viel kostet die?* [deutet auf die Jacke]
Boris:	*Einundfünfzig.* [tippt auf das Preisschild der Jacke]
I:	*Aha. Und die Hose.*
Boris:	*Zweiundvierzig. Und die untere vierundzwanzig.* [tippt auf die Jacke]

Boris liest recht sicher die zweistelligen Zahlen. Er beginnt dann jedoch mit den Fingern zu agieren, sodass die Interviewerin noch einmal nachfragt. Anhand der Interviewaufzeichnung kann man zu dem Schluss kommen, dass Boris die abgebildeten Geldbeträge addieren wollte, was hier jedoch nicht gefordert war.

2.2.3 Mögliche Erkenntnisse

Zählen

Festzustellen ist vor dem Einstieg in den Hunderterraum häufig ein sicheres Zählen im Zwanzigerraum. Auf die Frage *„Wie weit kannst du zählen?"* nennen Kinder als Maximum oftmals 100 oder andere glatte Zehnerzahlen. Manche Kinder nennen kein Maximum, nicht unbedingt aus Unkenntnis, sondern beispielsweise auch, weil sie sofort mit dem Zählen beginnen. Das von den Kindern selbst genannte Maximum muss nicht immer mit dem anschließend realisierten Maximum korrespondieren, dabei kann das vorab genannte Maximum höher oder niedriger liegen als die tatsächliche Grenze des Zählens.

Auffälligkeiten in der Zahlwortreihe

- *Begrenzungen:* z. B. bei 40 oder 50; häufig werden dann bekannte Bereiche wiederholt (38, 39, 20, 21, ..., 38, 39, 20 ...; vgl. hierzu auch die Auffälligkeiten im Zwanzigerraum in Scherer 1999, 66),
- *Schwierigkeiten bei Zehnerübergängen:* Als Folge resultiert daraus zumeist das Zurückspringen zu einem vorherigen Zehner oder das Überspringen eines oder mehrerer Zehner, z. B. 28, 29, 50 ...; darüber hinaus kann sich auch der Abbruch der Zahlwortreihe finden (vgl. auch Moser Opitz 2000, 142f.),
- *Auslassen einer oder mehrerer Zahlen:* z. T. unsystematisch, z. B. 64, 65, 66, 70, 80 ..., aber auch bei speziellen Zahlen: z. B. der Zahlen mit gleichen Ziffern 20, 21, 23 und/oder 31, 32, 34 (Anmerkungen zu diesem Phänomen s. u.),
- *Sprachliche Unsicherheiten:* z. B. Verwechslung von *„-zehn"* und *„-zig"* bei ausländischen Kindern; oder z. B. *„vierundachtzehn"* für 84,
- *Weiterzählen durch sukzessives Erhöhen der Zehner-Stelle:* z. B. ... 43, 53, 63, 73 ... Hier kann es sich um Konflikte zwischen der deutschen und türkischen Zahlwortbildung handeln. Die Zahlwortbildung in der türkischen Sprache zeigt im Gegensatz zur deutschen Sprache die umgekehrte Reihenfolge der Zehner und Einer, z. B. 33, 34, 35 wird gesprochen als *„dreißig-drei, dreißig-vier, dreißig-fünf"* (vgl. Lörcher 1981),
- *Auffälligkeiten, wenn die Differenz zwischen Zehner und Einer 1 beträgt:* z. B. der Sprung zum nächsten Zehner (64, 65, 75, 76 ...) oder aber das Auslassen der folgenden Zahl (42, 43, 45, 46). Es handelt sich hier vermutlich um Schwierigkeiten, eine Zahl zu finden bzw. auszusprechen, bei der die Zehner- und Einerstellen übereinstimmen. Die Kinder sprechen den Vorgänger einer solchen Zahl aus:

  drei und vier zig,

  wobei sich zwei Zahlwörter in der bekannten Reihenfolge finden (drei, vier). Das gesprochene Zahlwort erst 3, dann 4 (bei 43), lässt die Kinder vermuten, dass die nächste Zahl eine 5 beinhaltet, sodass z. B. 44 ausgelassen wird und 45 folgt. Dieses Phänomen dokumentiert dann aber auch, dass diese Kinder noch keine ausreichenden Einsichten in die Struktur des Zahlsystems haben.

Oft ist eine Vermischung verschiedener Auffälligkeiten festzustellen, wobei einige Schwierigkeiten bei größeren Zahlenwerten häufiger auftreten.

Weiterführung der Zahlwortreihe

Auf die Frage *„Welche Zahl kommt nach der Hundert?"* können sich unterschiedliche Weiterführungen finden:
„... zweihundert, dreihundert, vierhundert, fünfhundert, sechshundert, siebenhundert, achthundert, neunhundert, zehnhundert, tausend, zweitausend ...",
„... einhundert, zweihundert, dreihundert, ..., zehnhundert, elfhundert, zwölfhundert",
„... hundert, hundertzehn, hundertzwanzig ...",
„... elfhundert". (vgl. auch Spiegel 1996)
Es können sich auch Probleme bei der Orientierung oder der sprachlichen Benennung zeigen: So wird z. B.

die 99 als Nachfolger der 100 benannt; ein anderer Schüler bezeichnet die 100 als *„hundert"* und auf die Nachfrage, *„Welche Zahl kommt nach hundert?"*, nennt er *„einhundert"*. Ein ähnliches Phänomen fand sich in folgender Art:
„... neunundneunzig, hundert, einhundert, zweihundert, dreihundert, ..., neunhundert, hunderteins, einhundert, zweihundert, ..., neunhundert, hundertzwei".
Die genannten Äußerungen dokumentieren eine gewisse Vorstellung vom Aufbau des Zahlsystems. Die Kinder verfügen über einen falschen Begriff für die richtige Zahl. Die Systematik der Zahlwortbildung mit den morphologischen Besonderheiten der Zahlwortreihe aber ist – verständlicherweise – noch nicht vorhanden. Manche Kinder können keine Weiterführung nennen, was auch nicht weiter tragisch ist.

Aufgabe 1a/5: Anzahlbestimmung (48) und Aufgabe 1a: Schreiben einer Zahl*

Mögliche Strategien, aber auch Schwierigkeiten, seien zunächst an einem Interviewausschnitt illustriert: Benni hat in einer Schule für Sprachbehinderte die Eingangsklasse sowie die ersten beiden Schuljahre absolviert. Am Ende des zweiten Schuljahres wechselte er zur Schule für Lernbehinderte. Er hat den Hunderterraum schon im Unterricht behandelt.

I: [gibt Benni Aufgabenblatt 1a/5] *Wie viele Plättchen hat das Mädchen?*
Benni: *Eins, zwei, drei, vier ...* [zählt die Punkte einzeln, tippt dabei jeden Punkt mit dem Finger an; Koordination des Zeigens auf einen Punkt und des Sprechens des zugehörigen Zahlwortes läuft nicht immer synchron; wechselt in der Mitte einer Zeile die Hand] *achtundzwanzig, neunundzwanzig, drei... vierzig, einundvierzig, zweiundvierzig, dreiundvierzig, vierundvierzig, fünfundvierzig, sechsundvierzig, siebenundvierzig, achtundvierzig, neunundvierzig, dreißig* [zählt am Zeilenanfang mit den Augen noch einmal die Anzahl der Zeilen] *fünfzig. Einundfünfzig, zweiundfünfzig, dreiundfünfzig, vierundfünfzig, fünfundfünfzig, sechsundfünfzig, siebenundfünfzig, achtundfünfzig.*
I: *Kannst du die auch mal aufschreiben, die Zahl.*
Benni: *Hier drauf?* [zeigt auf das Blatt]
I: *Ja, kannst du da draufschreiben.*
Benni: [notiert 58]

Das einzelne Abzählen ist für Benni wie auch für viele andere lernschwache Kinder eine sehr fehleranfällige Strategie. Neben den in dieser Größenordnung höchsten Anforderungen an die Konzentration müssen alle Zählprinzipien (vgl. Scherer 1999, 26; Gelmann/Gallistel 1978, 77 ff.) beherrscht werden: Eindeutigkeitsprinzip, Prinzip der stabilen Ordnung, Kardinalzahlprinzip, Abstraktionsprinzip, Prinzip der beliebigen Reihenfolge (bzw. Irrelevanz der Anordnung). Erkennbar sind bei Benni Schwierigkeiten bei den Zehnerübergängen, was sich durch Überspringen eines Zehners oder durch Zurückgehen zum niedrigen Zehner äußert.
Die Ursachen für eine fehlerhafte Anzahlbestimmung können hier in Unsicherheiten beim ersten Zählprinzip liegen (unstrukturierte Zählrichtung; Doppelzählungen bzw. Auslassungen von Punkten oder kompletten Zeilen; völlig unkoordiniertes Sprechen und Zeigen) oder in Konzentrationsschwächen. Sie sind aber auch begründet in den oben beschriebenen Auffälligkeiten der Zahlwortreihe, d. h. bei dem Prinzip der stabilen Ordnung. Gelman/Gallistel (1978) erläutern dieses Prinzip, welches ihrer Meinung nach zahlenraumabhängig ist, wie folgt: Die Zahlwortreihe muss in einer stabilen, wiederholbaren Weise verfügbar sein (ebd., 79). Meines Erachtens muss dieses Prinzip präziser gefasst werden, denn es finden sich Kinder, die durchaus über eine stabile (auch wiederholbare!) Zahlwortreihe verfügen. Diese kann allerdings (auch stabile) Lücken aufweisen. Für die Anzahlbestimmung muss jedoch eine stabile, *korrekte* Zahlwortreihe verfügbar sein.
Gelegentlich wird zunächst nur ein Päckchen des Felds abgezählt, möglicherweise aufgrund einer eingeschränkten Wahrnehmung.
Die Kinder selbst sehen das zählende Rechnen als vertraut und sicher an. Dies kann einerseits auf Unsicherheiten bei größeren Anzahlen zurückzuführen sein. Andererseits mag dieses Vorgehen darin begründet liegen, dass sie zu selten aufgefordert werden, selbst Strategien zur Lösung einer Aufgabe auszuwählen oder nach effektiveren Strategien zu suchen. Möglicherweise müssen sie i. d. R. nur bekannte Lösungswege reproduzieren.
Überraschend ist hier sicherlich, dass Benni diese Aufgabe auch effektiver lösen kann. Vielleicht wird bei lernschwachen Kindern zu selten nach einem anderen Weg gefragt. Vielleicht gibt man sich bei lernschwachen Kindern i. d. R. damit zufrieden, dass sie endlich das richtige Ergebnis gefunden haben.
Kinder können natürlich durch Fragen der Interviewerin leicht verwirrt werden, wenn diese Fragen der Überzeugung des Kindes widersprechen (vgl. Hundeide 1988, 88). Dennoch erscheint es sinnvoll, Kinder nicht blind auf eine zweite oder allgemein auf eine neue Lösung vertrauen zu lassen. Langfristig sollen die Kinder zu ihrer eigenen Kontrollinstanz werden, d. h. sie sollen die Richtigkeit ihrer Lösungen *selbst* begründen können. Auch dies ist ein Beitrag zur Förderung des Selbstvertrauens.
Auffällig ist bei Benni die Inversion beim Sprechen bzw. Lesen, die er vorher nicht beim einzelnen Abzäh-

I: *So, jetzt hast du ja jeden Punkt einzeln gezählt, ne?*
Benni: [nickt]
I: *Hättest du das auch schneller herauskriegen können, wie viele Punkte das sind?*
Benni: [nickt] *zehn, zwanzig, dreißig, vierzig* ... [streicht über die einzelnen Zeilen des Punktfelds; tippt dann auf jeden Punkt der letzten Zeile, zählt dabei leise bis sieben, erfasst die Anzahl der Zeile simultan; korrigiert] *achtund... vierundachtzig.*
I: *Du hast ja vorher etwas anderes herausgekriegt. ... Was ist denn jetzt richtig?*
Benni: [zeigt auf sein erstes Ergebnis] *Das hier ist falsch.*
I: *Mhm. Wie viel kommt denn da raus?*
Benni: *Vierundachtzig.* [schreibt 4 über 5]
I: *Wie heißt die Zahl noch mal?* [deutet noch einmal auf Bennis Ergebnis]
Benni: *Vierundachtzig.*

len und auch nicht beim Schreiben (s. u) gezeigt hat. Insgesamt findet sich als Strategie vielfach das *einzelne Abzählen* der Punkte. Einige Kinder zählen ausschließlich mit den Augen, andere unterstützen ihr Vorgehen durch Antippen der Punkte mit Finger oder Stift. Bei der Zählrichtung können sich recht unterschiedliche Vorgehensweisen zeigen: zeilenweise (gelegentlich von rechts nach links), spaltenweise, Vermischung verschiedener Richtungen, aber auch unstrukturiertes Vorgehen.
Shirin ging beispielsweise in Spalten von links nach rechts vor (Abb. 2/2): Sie begann von oben nach unten zu zählen, wechselte die Richtung, um dann ab der vierten Spalte von unten nach oben zu zählen. Sie erhielt die korrekte Lösung 48.

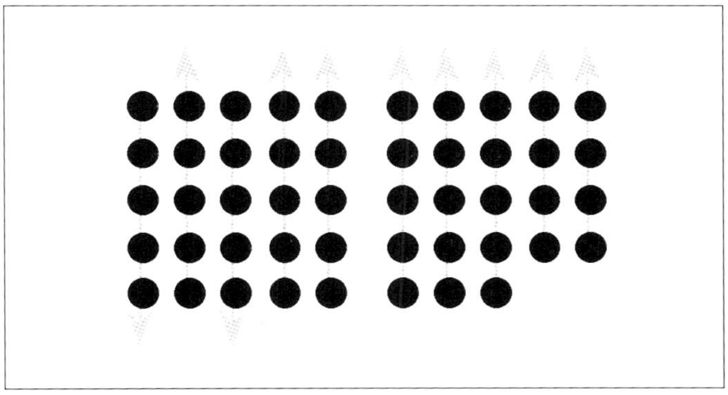

Abb. 2/2: Shirins Zählrichtung

Oftmals sind Kinder spontan oder auf Nachfrage in der Lage, Strukturen wie das Zählen in Zweiern, Fünfern bzw. Zehnern zu nutzen. Abb. 2/3 bzw. 2/4 verdeutlichen, dass die Vorgehensweisen der Kinder nicht unbedingt der erwarteten Sichtweise entsprechen müssen:

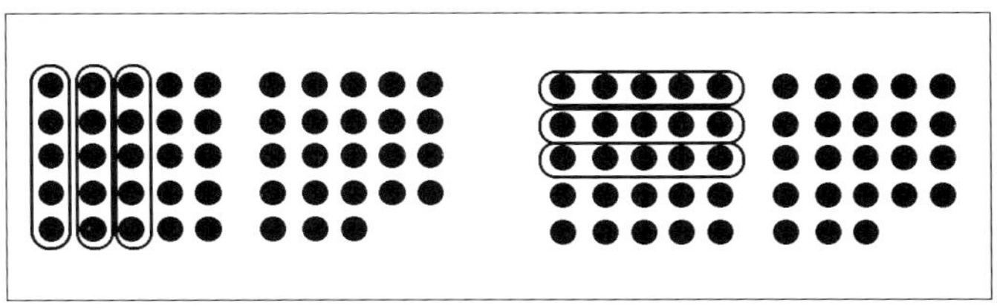

Abb. 2/3: Ausgenutzte Fünfer-Strukturen

Beim Ausnutzen von Zeilen- oder Spaltenstrukturen werden häufig die Punkte der letzten Zeile bzw. der

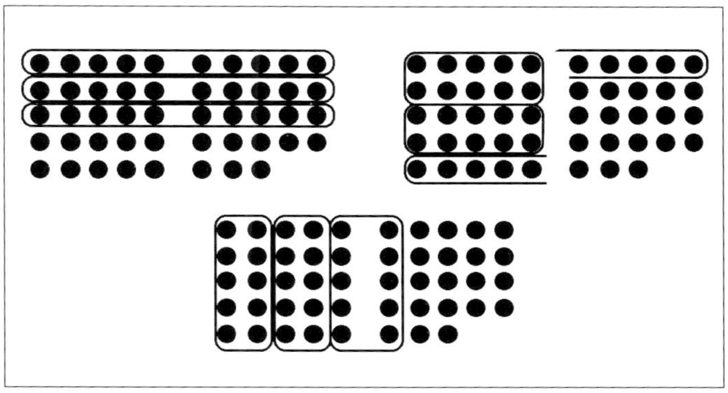

Abb. 2/4: Ausgenutzte Zehner-Strukturen

letzten beiden Spalten einzeln gezählt. Es kann sich aber auch das Ausnutzen der Fünfer-Struktur für die letzte Zeile finden *(„... vierzig, fünfundvierzig, achtundvierzig")* oder das simultane Erfassen der Vierer der letzten beiden Spalten *(„vierzig, vierundvierzig, achtundvierzig")*.
Das Ausnutzen der Strukturen ist noch kein Garant für fehlerfreies Lösen, vielmehr können sich einige Schwierigkeiten bezogen auf die Basisfertigkeiten zeigen:

- Zählen in Zehnern bis 40, aber Weiterzählen ab 41, evtl. mit Auffälligkeiten/Lücken der Zahlwortreihe (Ergebnis 49 oder 47; vgl. die Bsp. in Scherer 1995, 155ff.).
- Die Fünfer-Struktur wird zwar ausgenutzt, aber Verzählen um einen Fünfer führt zum Ergebnis 53.
- Fünfer werden als Zehner identifiziert, was bspw. zum Ergebnis 93 führt.

Daneben kann die Nachfrage anderer Strategien Irritationen auslösen: Jana äußerte, dass sie in Zehnern zählen könnte, nachdem sie vorher jeden Punkt einzeln gezählt hatte. Sie zählte anschließend aber für jeden einzelnen Punkt einen Zehner und konnte so weder die Aufgabe noch den Konflikt lösen.

Viele Kinder sind auf ihre spontan gewählten Strukturen sehr fixiert. Die in Aufgabe 1a gewählten Strategien werden häufig bei den anderen Aufgaben des Typs a (wenn irgend möglich) angewendet, und Kinder sind seltener in der Lage, eine andere Struktur zu nutzen.

Aufgabe 1b: Lesen von Zahlen (51, 42, 24)

Das *,Lesen von Zahlen'* meint hier natürlich das Sprechen von Zahlen im Sinne von *,Vorlesen'* und nicht von *,Wahrnehmen'*. Auch hier sei zunächst ein Interviewausschnitt vorangestellt:

I:	[gibt Markus Aufgabenblatt 1b/Interview[16]]
Markus:	[zeigt mit dem Finger auf das Preisschild der Jacke]
I:	*Wie teuer ist die Jacke?*
Markus:	*Einundfünfzig.*
I:	*Mhm. Pfennig?*
Markus:	*Dies kostet zweiundvierzig,* [tippt auf das Preisschild der Hose] *und dies kostet vierundzwanzig.* [tippt auf das Preisschild des T-Shirts]
I:	*Mhm.*
Markus:	*Und dies hier ist teurer.* [tippt auf das Preisschild der Jacke]
I:	*Ja. Und welches kommt dann?*
Markus:	*Dann kommt das,* [tippt auf das Preisschild der Hose] *dann kommt das.* [tippt auf das Preisschild des T-Shirts]

Markus liest problemlos diese drei zweistelligen Zahlen und hat keine Probleme mit den invertierten Zahlen 42 und 24. Er nimmt von sich aus einen Größenvergleich der gegebenen Zahlen vor, was bei den Aufgaben 2b und 2c explizit gefordert ist.
Andere Schüler machen hier Fehler infolge von Inversionen: Sie lesen z. B. 24 wie auch die invertierte Form 42 als *„vierundzwanzig"* (die vielleicht vertrautere Zahl). Der Konflikt ist fast immer hilfreich, und die Kinder korrigieren ihre zunächst falsche Lösung. Kinder, die Zahlen invertiert lesen, müssen dieses Fehlermuster nicht zwangsläufig auch beim Schreiben von Zahlen zeigen und umgekehrt. Das invertierte Lesen und/oder Schreiben von Zahlen ist nur selten ein durchgängiger Fehler, sowohl konzentrationsabhängig als auch abhängig vom Zahlenwert: So wird z. B. 51, eine Zahl mit der 1 an der Einerstelle, seltener invertiert gelesen, da die invertierte Form hinlänglich bekannt ist.
Eine weitere Gruppe von ,Fehllösungen' bilden sprachliche Auffälligkeiten: 51 wird als *„Fünfzigeins"* gelesen, 24 als *„Zwanzigvierzehn"* oder *„vierundeinundzwanzig"*, *„achtzehn"* für 48 oder *„dreißig"* für 35, *„vierzig"* für 42. Hier scheint eine Unkenntnis der Zahlen vorzuliegen, mit dem Versuch, dennoch vorhandenes Wissen einzubringen, d. h. ähnliche Zahlen zu nennen, die den Kindern bereits bekannt sind.

Aufgabe 2a/7: Anzahlvergleich (25/33)

Bei den Aufgaben der Gruppe 2 existiert eine hohe Ratewahrscheinlichkeit (50%), und es sollten in jedem Fall Erklärungen der Kinder gefordert werden, wie auch der folgende Interviewausschnitt zeigt:

I:	[gibt Ayhan Aufgabenblatt 2a/7] *Guck mal hier. Wer hat mehr Plättchen?*
Ayhan:	*Der Junge.* [Ayhans Finger liegt auf dem ersten Plättchen des Mädchens]
I:	*Das ging aber schnell.*
Ayhan:	[tippt spaltenweise die Punkte der ersten bis fünften Spalte des Mädchens an und zählt dabei flüsternd von 1 bis 15; zählt auch das linke Teilfeld des Jungen spaltenweise, zählt dabei flüsternd von 1 bis 18, zögert kurz beim 18. Punkt und fährt dann mit dem rechten Teilfeld des Jungen in gleicher Weise fort, stoppt dann beim 23. Punkt und fixiert diesen mit dem Finger] *Mehr. Der Junge hat mehr.*

Ayhans korrekte Entscheidung erfolgt sehr schnell und es erscheint sicher, dass er ohne zu zählen diese Entscheidung getroffen hat. Der Kommentar der Interviewerin führt dann zum Nachzählen, möglicherweise als Mittel zur Verifikation. Ayhan zählt anschließend bei beiden Kindern nur Teilfelder, eine Strategie, die durchaus erfolgreich ist, wenn die restlichen Teilfelder identisch sind. Im vorliegenden Fall haben sie zwar eine unterschiedliche Anzahl, jedoch scheint Ayhan zu überschauen, dass auch dort mehr Punkte im Feld des Jungen zu finden sind.
Am häufigsten nehmen Kinder einen visuellen Vergleich vor. Seltener wird sofort die Anzahl bestimmt. Bei der Frage nach einer Begründung der Entscheidung wird dies dann sehr wohl von vielen gemacht. Das Verständnis der Größer-Relation kann hier evtl. auf der Zählkompetenz basieren: Je ,später' ein Zahlwort in der Zahlwortfolge auftritt, desto größer ist die Anzahl (vgl. Schmidt/Weiser 1982, 249). Einige Kinder können ihre Entscheidung nur global begründen *„Weil ich das genau sehen konnte, ... weil der Junge hatte mehr"* oder *„Weil hier weniger sind und hier mehr"*, andere begründen aber auch detaillierter: *„Der hat nur drei ...*

[16] Da alle Interviews vor der Einführung des Euro durchgeführt wurden, finden sich hier die entsprechenden Lösungen in DM und Pfennig. Infolge der Euro-Umstellung mussten auch einige der abgebildeten Gegenstände einzelner Testaufgaben durch andere ersetzt werden.

[17] Oliver hatte im Test alle Aufgaben zum Größenvergleich (20 Aufgaben) korrekt gelöst.

[Das Mädchen hat drei Zehner, auch wenn die letzte Zeile unvollständig ist, Abb. 2/5] *und der hat noch drei dazu, dann hat er viel.“* [Der Junge hat drei komplette Zehner und drei einzelne Punkte.]

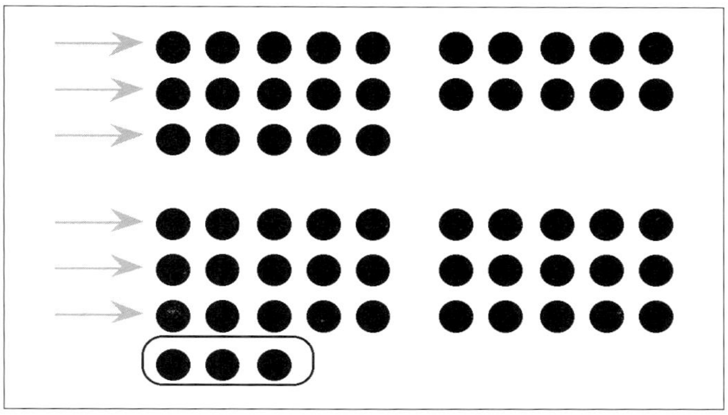

Abb. 2/5: Erläuternde Darstellung zu Aufgabe 2a/7

Aufgabe 2b/6: Kontextbezogener Größenvergleich (52/48) und Aufgabe 2c/2: Kontextfreier Größenvergleich (45/39)

Ähnlich wie bei der vorhergehenden Aufgabe sollten aufgrund der hohen Ratewahrscheinlichkeit die Lösungen der Kinder hinterfragt werden.

I: [gibt Carsten Aufgabenblatt 2b/6] *Welche Jacke ist teurer?*
Carsten: *Die.* [zeigt auf die obere Jacke]
I: *Mhm. Wie viel kostet die denn?*
Carsten: *Zweiundfünfzig.*
I: *Mhm. Und die andere?*
Carsten: *Achtundvierzig.*
I: *Und zweiundfünfzig ist mehr als achtundvierzig?*
Carsten: *Ja.*
I: *Woran kann man das denn sehen?*
Carsten: *Weil 'ne fünf ist,* [zeigt auf die Zehnerstelle der 52] *hier 'ne vier.* [zeigt auf die Zehnerstelle der 48]
I: [gibt Carsten Aufgabenblatt 2c/2] *Welche Zahl ist größer?*
Carsten: *Die.* [zeigt auf 45]
I: *Wie heißt die denn?*
Carsten: *Fünfundvierzig.*
I: *Und die andere?*
Carsten: *Neununddreißig.*
I: *Woran hast du denn jetzt gesehen, welche größer ist?*
Carsten: *Hier vier.* [zeigt auf die Zehnerstelle der 45]

Carsten ist in der Lage, alle dargestellten zweistelligen Zahlen korrekt zu lesen und größenmäßig zu vergleichen. Als Argument benennt er jeweils die größere Zehnerstelle, wobei er lediglich die Ziffer als solche nennt (z. B. *„fünf“*) und nicht gemäß ihrem Stellenwert (z. B. *„fünfzig“*). Andere Kinder nennen die korrekten Stellenwerte, wieder andere können trotz korrekter Entscheidung keine Begründung angeben. Falls Kinder lediglich Ziffern benennen, sollte im weiteren Unterricht eine bewusste Thematisierung der Stellenwerte vorgenommen werden.
Weitere Begründungen von Kindern sind die Folgenden: *„Weil da 'ne fünf ist und da 'ne vier.“ „Da ist die fünf größer als die vier.“ „Da ist ein Zehner mehr.“ „Da sind sechs mehr.“ „Zweiundfünfzig ist doch mehr als achtundvierzig.“ „Dass da die drei ist und da die vier. Die vier ist einer mehr.“* Jana begründet, dass die Ziffern der 45 größere Ausmaße hätten als die der 39 und deutet dies mit einer Fingerspanne an.
Auch wenn Zahlen invertiert gesprochen werden, kann dennoch das richtige Verständnis des Stellenwerts vorhanden sein: Oliver liest in Aufgabe 2b/6 *„zweiundfünfzig“* und *„vierundachtzig“*, zeigt aber 52 als größere Zahl. In Aufgabe 2c/2 liest er *„vierundfünfzig“* und *„dreiundneunzig“* und gibt 45 als größere Zahl an[17]. Deutlich wird auch hier, dass die Zahlen nicht durchgängig invertiert gesprochen werden.

Aufgabe 3a/4: Abzählbare Addition (23 + 23)

Diese Aufgabe ist vergleichbar mit Aufgabe 1a. Interessant ist u. a. auch der Vergleich der gewählten Strategien bei beiden Aufgaben.

I: [gibt Boris Aufgabenblatt 3a/4] *Jetzt guck mal hier.*
Boris: *Haben beide gleich.*
I: *Das hast du aber schnell gesehen. Jetzt möchte ich aber wissen, wie viele Plättchen beide Kinder zusammen haben.*
Boris: [zählt flüsternd; zählt die Punkte des linken Punktfelds einzeln, indem er sie zeilenweise mit dem Finger antippt; bei dem Punktfeld des Jungen verfährt er in gleicher Weise und stoppt bei dem 15. Punkt] *Warte mal. Wie viel waren das noch mal hier?* [beginnt von vorn] *Eins, zwei ...* [zählt laut von 1 bis 46;

	zählt das Punktfeld des Mädchens wie zuvor, beim Punktfeld des Jungen zählt er einzeln die Fünfer-Zeilen] ... *sechsundvierzig,* [zählt weiter, ausschließlich mit den Augen, wobei er gleichzeitig das Arbeitsblatt abgeben möchte] *siebenundvierzig, achtundvierzig, neunundvierzig.*
I:	*Wie viel haben die denn jetzt beide zusammen?*
Boris:	*Vierzig. Doch. Das sind zwanzig.* [zeigt auf das Punktfeld des Mädchens] *Dreiundzwanzig, meint' ich. Vierundzwanzig, ...* [zählt laut von 24 bis 46; zählt dabei das Punktfeld des Jungen zeilenweise, indem er jeden Punkt einzeln antippt] ... *sechsundvierzig.*
I:	*Aha. Schreibst du mal auf die Zahl?*
Boris:	[riecht am Filzstift] *Ungh. Der stinkt ja erbärmlich. Was war das noch mal? Sechsundvierzig. Mach' ich mal meine deutsche, nee, englische Schrift. Kennst du nicht?*
I:	*Nee, die kenne ich nicht.*
Boris:	[was er notiert, ist nicht zu erkennen] *So. Und die sechs, wie geht die noch mal? Mhm.* [notiert ein weiteres Zeichen] *Das soll 'ne sechs sein.*
I:	*Mhm. Schreibst du so noch mal da drunter die Zahl, damit ich die auch lesen kann?*
Boris:	*Sechsundvierzig.* [notiert 46]

Zunächst nimmt Boris bei dieser Aufgabe den Anzahlvergleich in Analogie zu Aufgabe 2a vor und kann schnell entscheiden, dass beide Kinder die gleiche Anzahl von Plättchen haben. Obwohl er offensichtlich in der Lage ist, größere Punktfelder strukturiert zu erfassen (Fünfer-Zeilen bzw. 20 Punkte/23 Punkte des Jungen), ist seine vorrangige Strategie für die Bewältigung dieser Aufgabe das einzelne Abzählen (vgl. auch das Interviewbeispiel zu Aufgabe 1a). Bei den verschiedenen Lösungsansätzen entstehen dann auch Fehllösungen (49). Hier ist er zum einzelnen Abzählen der Fünfer-Zeilen übergegangen und zählt vermutlich die letzte Zeile des Punktfelds des Jungen zum Schluss noch einmal. Letztlich kommt er jedoch zur korrekten Lösung. Gewisse Unsicherheiten versucht Boris zu überspielen: Beim Notieren der zweistelligen Zahl spricht er zunächst von seiner *„englischen Schrift"*, wobei die entsprechenden Schriftzeichen nicht zu erkennen sind. Zum Abschluss notiert er sein Ergebnis 46 in korrekter Weise.

Die Addition wird häufig durch Abzählen der gesamten Menge gelöst, z.T. unter Ausnutzen von Strukturen, etwa durch zeilenweises Zählen in Zehnern (10, 20, 30, 40), dann einzelnes Abzählen der restlichen sechs Punkte oder Rechnen $3+3=6$ oder auch durch spaltenweises Zählen in Zweier-Schritten mit anschließendem Addieren von $3+3$ zum Zwischenergebnis 40.
Das Ausnutzen der Zehner-Struktur kann durchaus fehleranfällig sein: Lena bestimmte das Zwischenergebnis 40 korrekt, vergaß jedoch bei der Addition der Einer einen Dreier und kam zur Fehllösung 43.
Nicht alle Strategien aus Aufgabe 1a/5 (Zahlenwert 48 mit der Möglichkeit horizontal und vertikal Fünfer/Zehner zu nutzen) sind hier erfolgreich: So konnte Mustafa, der bei der ersten Aufgabe die Fünfer spaltenweise erfasst hatte, bei dieser Aufgabe die Punkte nur einzeln abzählen. Auch die Erinnerung, dass er vorher schon einmal in Fünfern gezählt hatte, und die Frage, ob er hier keine Fünfer sähe, halfen ihm nicht. Für ihn dominierte die Spaltenstruktur.
Festzustellen sind auch Wechsel bzw. Vermischungen von Strukturen: So konnte Dennis anfangs die Fünfer-Struktur ausnutzen, dann aber die gesamte Anzahl nur durch einzelnes Abzählen der Punkte bestimmen (Abb. 2/6, spaltenweise in Pfeilrichtung von links nach rechts).

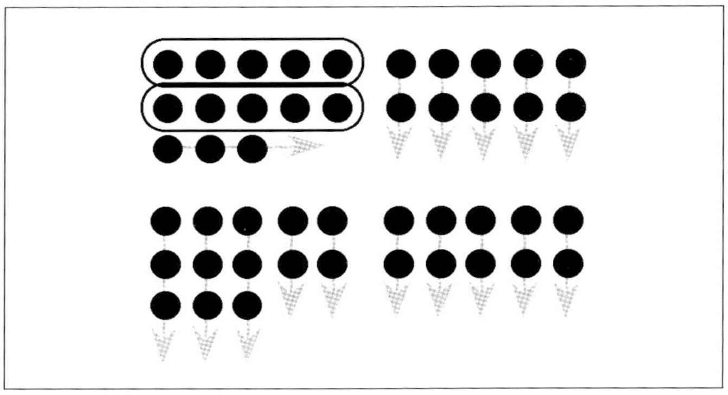

Abb. 2/6: Vorgehensweise von Dennis bei Aufgabe 3a/4

Hin und wieder werden für das erste Päckchen Strukturen genutzt, aber nicht flexibel auf den zweiten Summanden übertragen: So kann etwa das erste Päckchen in Fünfern bzw. Zehnern (jeweils zeilenweise, die restlichen drei Punkte einzeln) gezählt und das Zwischenergebnis 23 korrekt bestimmt werden. Für das zweite Päckchen verwenden Kinder dann die *Strategie des einzelnen Weiterzählens.* Auch die anschließende Nachfrage, ob das zweite Päckchen auch in Fünfern oder Zehnern gezählt werden könnte, verneinen diese Kinder dann. Das strukturierte Zählen in Fünfer- oder Zehner-Schritten ist Kindern also nicht flexibel, d. h. von einer beliebigen Zahl an (z. B. 23, 33, 43, 46), möglich.

Aufgabe 3b/2: Kontextbezogene Addition (13 + 24)

Im Vergleich zu Aufgabe 3a/4 ist die kontextbezogene Variante deutlich anspruchsvoller. Mehrfach äußern Kinder spontan *„Das kann ich nicht ..."*, sind aber dann doch in der Lage, unter Zuhilfenahme von Veranschaulichungen die Aufgabe zu lösen. Veranschaulichungen erhalten für diese Aufgabengruppe – wie auch für die Gruppen 3c, 4b, 4c und 5b – eine zentrale Bedeutung. Ali kann die gegebene Addition nicht auf Anhieb lösen

I: [gibt Ali Aufgabenblatt 3b/2] *Wie viel kosten beide T-Shirts zusammen?*
Ali: *Das weiß ich nicht.*
I: *Kannst du mir denn sagen, wie viel das kostet?* [zeigt auf das Preisschild des oberen T-Shirts]
Ali: *Dreißig.*
I: *Und dieses?* [zeigt auf das Preisschild des unteren T-Shirts]
Ali: *Zweiundvierzig.*
I: *Ali, kannst du denn das Geld herausnehmen für dieses T-Shirt?* [gibt Ali die Geldschachtel und zeigt auf das Preisschild des oberen T-Shirts]
Ali: [nimmt einen 10-DM-Schein und nacheinander drei 1-DM-Stücke]
I: *Und für dieses?* [zeigt auf das Preisschild des unteren T-Shirts]
Ali: [nimmt nacheinander zwei 10-DM-Scheine und vier 1-DM-Stücke]
I: *Mhm. Kannst du mir denn jetzt sagen, wie viel das zusammen ist?* [zeigt auf das Geld]
Ali: *Das weiß ich nicht.*
I: *Hast du eine Idee, wie du das herauskriegen könntest?*
Ali: [schüttelt den Kopf]
I: *Das hast du ja schon richtig hingelegt.* [schiebt das übereinander liegende Geld auseinander] *Wie viel sind denn das zusammen?* [zeigt auf zwei 10-DM-Scheine]
Ali: *Zwanzig.*
I: *Und wenn man den anderen Zehner noch dazunimmt?*
Ali: *Dreißig.* [schiebt den dritten 10-DM-Schein zu den beiden anderen] *Vierzig.* [schiebt ein 1-DM-Stück zu den 10-DM-Scheinen]
I: *Was steht denn da drauf?*
Ali: *Eins. Einunddreißig, zweiunddreißig,* [schiebt ein 1-DM-Stück] *dreiunddrei..., dreiunddrei..., dreiundzwanzig,* [schiebt ein 1-DM-Stück] *vierundzwanzig, fünfundzwanzig, sechsundzwanzig, siebenundzwanzig.* [schiebt jeweils ein 1-DM-Stück]
I: *Mhm. Jetzt zähl' noch mal.* [legt die 10-DM-Scheine neben die 1-DM-Stücke]
Ali: *Dreißig,* [zeigt auf die 10-DM-Scheine] *einunddreißig ...* [zählt laut von 31 bis 37] *... siebenunddreißig.* [schiebt jeweils ein 1-DM-Stück]
I: *Mhm. So viel kosten die beiden T-Shirts zusammen? Kannst du die Zahl auch aufschreiben?*
Ali: [notiert 37]

und auch das Lesen der beiden zweistelligen Zahlen gelingt nicht einwandfrei: Er liest 13 als *„dreißig"*, was möglicherweise ein rein sprachliches Problem ist, und 24 als *„zweiundvierzig"*, die invertierte Form. Zu berücksichtigen ist hierbei, dass das Zahlwort 24 in der türkischen Sprache als *„zwanzig-vier"* ausgesprochen wird und für diese Kinder Schwierigkeiten auslösen kann. Überraschenderweise kann Ali anschließend beide Zahlen problemlos mit Geld darstellen. Beim geforderten Zusammenfassen der Beträge äußert er wie schon zuvor *„Das weiß ich nicht"*. Später gelingt ihm dieses jedoch mithilfe der von der Interviewerin nahegelegten Strategie, zunächst die 10-DM-Scheine zusammenzufassen und anschließend das Hinzuaddieren der einzelnen DM-Stücke vorzunehmen.

Die Teilaufgaben b und c sind im Vergleich zu Aufgabentyp a erwartungsgemäß schwieriger. Einige Kinder nannten irgendeine Lösung, *„Sechzig"* oder *„Neunzig"*, die vermutlich geraten wurde und nicht erklärt werden konnte.

Erste spontane Strategie ist auch hier das bekannte Weiterzählen, häufig mithilfe der Finger, dabei in Aufgabe 3b/2 oftmals vom zweiten (größeren) Summanden ausgehend. Viele Kinder versuchen, dieses Vorgehen möglichst verdeckt, d. h. unter dem Tisch oder nur durch leichtes Bewegen der Finger, durchzuführen. In diesen Fällen scheint das Fingerrechnen eine im Unterricht oder auch zu Hause nicht geduldete Strategie zu sein. Das Fingerrechnen erweist sich bei Aufgaben dieser Größenordnung als sehr fehleranfällig (u. a. besteht die Schwierigkeit darin, neben dem Weiterzählen vom ersten Summanden an den zweiten Summanden ‚im Auge zu behalten') und muss im Unterricht durch andere tragfähigere Strategien abgelöst werden. Fakten aus dem Bereich des Einspluseins sind häufig nicht automatisiert abrufbar (vgl. auch Carpenter/Moser 1984). Hier muss die weitere Förderung ebenfalls ansetzen.

Wenn Kindern dieser Aufgabentyp zu anspruchsvoll erscheint, versuchen sie häufig *irgendwie* zu einem Ergebnis zu gelangen:

- ▷ Michaela kam zum Ergebnis 30. Sie selbst konnte ihren Rechenweg nur ansatzweise erklären *„Mit den Fingern. Ich hab' erst 2 dann 4 und noch 1 und noch 3 dazu"*. Sie addierte zunächst alle Ziffern $2+4+1+3=10$ und addierte vermutlich diese Summe zum Zehner des ersten Summanden $20+10=30$. Die Tatsache, dass sie bei der Aufgabe $31+22$ (Aufgabe 3c/5) zum Ergebnis 38 ($3+1+2+2=8$; $30+8=38$) kam, macht diese Interpretation wahrscheinlich.

- ▷ Christine addierte die Ziffern des zweiten Summanden zum ersten Summanden $24+1+3=28$ bzw. $31+2+2=35$.

Daneben gibt es weitere Quellen für Fehllösungen zur

Aufgabe 13 + 24:

- ▷ Vernachlässigung eines Stellenwerts, jedoch mit korrekten Teilrechnungen (10 + 24 = 34; 3 + 24 = 27; 31 + 20 = 51; 30 + 22 = 52),
- ▷ Inversionen (31 + 42 = 73; 13 + 42 = 55; 13 + 22 = 35),
- ▷ Rechenfehler beim Einspluseins (4 + 3 = 6).

Diese Lösungsbeispiele dokumentieren die Schwierigkeiten mit den Stellenwerten. Manche Schüler kommen aber zum richtigen Ergebnis, unter Verwendung verschiedener Rechenstrategien:

- ▷ Mustafa rechnete nach der Strategie *'Stellenwerte extra'* (vgl. auch Kap. 4.1): 20, 30, 33, 34, 35, 36, 37 (bzw. 30, 50, 51, 53 bei Aufgabe 3c).
- ▷ Sebastian rechnete nach der gleichen Strategie, begann aber mit den Einern.
- ▷ Jan rechnete nach der Strategie *'Schrittweise'*: 27, 37 (bzw. *„Einunddreißig und zwei sind dreiunddreißig, und dann die zwanzig dazu, sind dreiundfünfzig"* bei Aufgabe 3c/5).

Deutlich wird hierbei die Vielfalt an Varianten der so genannten Hauptstrategien (vgl. Wittmann/Müller 1992, 20f.; Krauthausen 1993 und Kap. 4.1). Das Verständnis von Zehnern und Einern scheint manchmal recht sicher, kann aber auch durch eher mechanisches Rechnen zustande kommen: *„Drei und zwei ist fünf ... und eins und zwei ist drei."*
Den Kindern ist es aber nicht immer möglich, ihre Strategie zu erklären. Auf Nachfrage äußern manche: *„Ich rechne das immer aus dem Kopf"*, und auf die entsprechende Frage, was im Kopf gerechnet wird: *„Ich rechne das, wie viel das zusammen ist."* Auch die entsprechende Aufforderung, die Aufgabe z. B. mit Geld zu veranschaulichen, konnte dazu führen, dass lediglich das Ergebnis veranschaulicht wurde: Dennis, der seinen Lösungsweg nicht erklären konnte, nahm für sein ermitteltes Ergebnis 37 DM drei 10-DM-Scheine, ein 5-DM-Stück sowie zwei 1-DM-Stücke, an denen die Einzelbeträge nicht mehr abzulesen waren.
Bei den Teilaufgaben b (auch 4b und 5b) zeigt der Umgang mit Geld meist eine Vielfalt an Niveaustufen: Während einige Kinder einen sicheren Umgang zeigen, haben andere anscheinend nur wenig Erfahrung und legen z. B. für den Geldbetrag 13 DM dreizehn Objekte (Münzen und Scheine), ohne Berücksichtigung des Wertes, oder einen 10-DM-Schein und ein 5-DM-Stück mit der Erklärung: *„Das sind elf D-Mark"*. Hin und wieder werden auch Unsicherheiten in der Unterscheidung von DM und Pfennig (analog Euro und Cent) offensichtlich: So fand sich in einer Untersuchung die Angabe von *„Zehn Pfennig"* für einen 10-DM-Schein, und ein Kind erhielt bei Addition eines 5-DM-Stücks und eines 1-DM-Stücks *„Eine Mark fünfzig"*.
Bei der Veranschaulichung der Addition mithilfe von Rechengeld wird häufig die Gliederung in 10-DM-Scheine und 1-DM-Stücke gewählt, nur in seltenen Fällen werden bspw. zwei 5-DM-Stücke für einen Zehner herausgenommen. Bei einigen Kindern ist der Handlungsvollzug zur Ermittlung des Ergebnisses nicht notwendig. Falls dieser erforderlich ist, geschieht er häufig nach der Strategie *'Stellenwerte extra'* (beginnend mit den Zehnern). Versuche, zu einer gemischten Zehner-Zahl 10 hinzuzuaddieren, scheitern dann, wenn die Kinder noch einen unzureichenden Überblick über die Struktur des Hunderterraums haben. Festzustellen ist in Einzelfällen das mechanische Weiterzählen von 1-DM-Stücken im Zehner-Rhythmus (vgl. auch Baroody 1987, 212). Bei Aufforderung, die Geldstücke und -scheine genau zu beachten bzw. bei nochmaligem Nachzählen, wird dieser Fehler meistens korrigiert.
Natürlich können die Beträge 13 DM und 24 DM auch in 1-DM-Stücken gelegt werden. Die Anzahlbestimmung der unstrukturierten Menge erweist sich dann aber häufig als zu schwierig. Hierzu wären die Geldstücke übersichtlich zu legen (ggf. nach einem Hinweis durch die Lehrerin), um Doppelzählungen und Auslassungen zu vermeiden.
Die erfolgreiche Verwendung des Rechenrahmens hängt in hohem Maße von der verwendeten Strategie ab, was bei Aufgabe 3c/5 detaillierter kommentiert wird.

Aufgabe 3c/5: Kontextfreie Addition (31 + 22)

Auch bei dieser Aufgabe kann bei auftretenden Schwierigkeiten Material, durchaus auch Rechengeld, angeboten werden.

Christian kann die gestellte Aufgabe nicht rein mental

I:	[gibt Christian Aufgabenblatt 3c/5] *Liest du mir einmal die Aufgabe vor?*
Christian:	*Einunddreißig* [zeigt auf 31] *plus zweiundzwanzig.* [zeigt auf 22]
I:	*Kannst du die ausrechnen?*
Christian:	*Glaube nicht. Sind ungefähr, glaube ich, so fünfzig Mark.*
I:	*Willst du die einmal mit Geld versuchen zu rechnen?* [gibt Christian die Geldschachtel]
Christian:	*Mh.* [nimmt drei 10-DM-Scheine und legt sie auf den Tisch] *Eh, dreißig, einunddreißig.* [legt zu den 10-DM-Scheinen ein 1-DM-Stück hinzu]
I:	*Mhm.*
Christian:	*Jetzt.* [nimmt drei weitere 10-DM-Scheine und legt sie auf den Tisch] *Einunddreißig,* [zeigt auf die 31 DM] *einunddreißig, vierzig, fünfzig.* [legt nacheinander zwei 10-DM-Scheine von den drei 10-DM-Scheinen zu den 31 DM und legt einen zurück in die Schachtel; nimmt zwei 1-DM-Stücke heraus, die er zu dem anderen Geld legt] *Eins, zwei, vier. Fünfzig sind das.* [zählt zuerst die 10-DM-Scheine, indem er sie verschiebt] *Fünfzig, einundfünfzig, dreiundfünfzig.* [legt nacheinander die 1-DM-Stücke

	zu den 10-DM-Scheinen]
I:	*Mhm.*
Christian:	[notiert 53]

bewältigen, aber zumindest ein näherungsweises Ergebnis angeben (*„ungefähr fünfzig"*). Der anschließende Umgang mit Geld gelingt recht sicher, und er verfolgt von sich aus ohne weitere Unterstützung eine effiziente Strategie beim Zusammenfassen der Geldbeträge (erst Zusammenfassen der 10-DM-Scheine, anschließend das Hinzuaddieren der 1-DM-Stücke; vgl. auch die Lösung von Ali bei Aufgabe 3b). Bei Sven entstand dagegen kein Konflikt zwischen exaktem und näherungsweisem Ergebnis: Er addierte nur die Zehner: *„Ich nehm' die drei und die zwei, dann hab' ich fünfzig«.* Auf die Frage, was er mit den anderen Zahlen gemacht hat, äußerte er: *„Die hab' ich einfach so gelassen".*
Auch für diese Aufgabe eignet sich die Hinzunahme von Rechengeld (vgl. auch die Ausführungen zu Aufgabe 3b/2). Die Darstellung mit 1-DM-Stücken kann sich sofort als schwierig erweisen, wenn nicht genügend 1-DM-Stücke als Material zur Verfügung stehen. Dies kann bewusst von der Lehrerin initiiert werden, um andere effizientere Strategien herauszufordern.
Bei der Addition ist die Verwendung des Rechenrahmens seltener erfolgreich. Das Schieben des ersten Summanden ist zwar möglich, wobei dann aber häufig der zweite Summand *direkt angereiht* wird, d. h. in der gleichen Zeile. Beim einzelnen Abzählen des zweiten Summanden verlieren viele Kinder die Übersicht, oder aber sie haben schon Schwierigkeiten, die Addition mithilfe des Rechenrahmens durchzuführen: Tim schob zunächst 31 Kugeln für den ersten Summanden, wusste dann jedoch nicht weiter. Er schob alle Kugeln wieder zurück und anschließend 22 Kugeln für den zweiten Summanden, war danach aber wiederum ratlos. Auch die Erinnerung an die gegebene Aufgabe war erfolglos.
Interessanterweise zeigt sich, dass einige Kinder bei diesem Arbeitsmittel die Zehner-Strukturierung nutzen und komplette Reihen schieben. Dieses Vorgehen funktioniert aber nur beim Schieben von glatten Zehner-Zahlen. Bei gemischten Zehner-Zahlen fallen die Kinder überwiegend in das einzelne Abzählen zurück. Hierbei handelt es sich meistens um Kinder, die auch beim Punktfeld die dekadische Struktur nicht nutzen können: Obwohl eine gleiche Anordnung der Kugeln bzw. Punkte vorliegt, ist kein Transfer möglich.

Aufgabe 4a/5: Abzählbare Subtraktion (30 – 24)

Bei der abzählbaren Subtraktion stellt sich zunächst die Frage, ob die Kinder die gegebene Aufgabe, den Kontext, verstehen. Vor der eigentlichen Aufgabe kann die Lehrerin noch die Frage stellen *„Kannst du mir ganz schnell sagen, wie viele Plättchen das Mädchen hat?"*
Muammer nennt sehr schnell das richtige Ergebnis, ohne dies später genauer erklären zu können. Die Vermutung liegt nahe, dass er strukturiert, ohne einzelnes Abzählen, mit den Augen die gesamte Anzahl bzw. die Teilfelder 24 und 6 erfassen kann.

I:	[gibt Muammer Aufgabenblatt 4a/5] *Das Mädchen gibt dem Jungen jetzt vierundzwanzig Plättchen ab. Wie viel hat sie noch übrig?*
Muammer:	*Sechs.*
I:	*Aha. Wie hast du das denn so schnell herausgefunden?* [längere Pause ohne weitere Reaktion Muammers] *Schreib' mal auf das Ergebnis.*
Muammer:	[notiert 6]

Die erste Anforderung, die Anzahl der Plättchen schnell zu bestimmen, wird häufig erfolgreich bewältigt. Gelegentlich werden die Fünfer-Zeilen irrtümlich als Zehner identifiziert *„Sind sechzig ... dreißig und dreißig sind sechzig".* Manchmal wird diese Aufgabe aber auch durch einzelnes Abzählen, z. T. kombiniert mit dem Durchstreichen der einzelnen Punkte, gelöst.
Zur Ermittlung der Differenz 30 – 24 kann sowohl das zeilenweise Zählen in Zehnern bzw. Fünfern oder das Zählen in Zweier-Schritten sowie das einzelne Abzählen (zeilen- oder spaltenweise) genutzt werden. Häufig muss der Endpunkt der abgezählten Menge mit Finger oder Stift fixiert werden, seltener ist die Fixierung ausschließlich mit den Augen möglich.
Fehllösungen können wiederum verschiedene Ursachen haben: Völlig unstrukturiertes Abzählen oder ±1-Fehler, die entweder durch Verzählen zustande kommen oder auch durch Fixieren des letzten gezählten Punkts mit dem Finger und anschließender irrtümlicher Bestimmung der Anzahl des gesamten Päckchens, zu dem dieser Punkt gehört. Auch beim Ausnutzen der Fünfer-Struktur kann wiederum fehlerhaft gezählt werden (5, 10, 20), sodass sich bei der Subtraktion das Ergebnis 11 ergibt.
Dass auf den ersten Blick völlig irrational anmutende Fehllösungen der Kinder durchaus verständlich sein können, zeigt das folgende Beispiel: Marcel erhielt das Ergebnis 15. Es stellte sich anschließend heraus, dass er dem Mädchen und dem Jungen gleich viele Plättchen geben wollte. Derartige ‚Fehlinterpretationen' einer Aufgabenstellung sind immer möglich, und das Kind antwortet auf *seine* Aufgabenstellung korrekt. Das Problem der ‚convergence of meaning' (HUNDEIDE 1988, 86) kann meistens durch Nachfrage geklärt werden.

Manche Kinder sind bei dieser Aufgabe noch auf die enaktive Ebene angewiesen und können diese Aufgabe mithilfe des Rechenrahmens erfolgreich bewältigen. Dieses Material ist für den vorliegenden Aufgabentyp Z – ZE gut geeignet.

Aufgabe 4b/1: Kontextbezogene Subtraktion (40 – 29)

I:	[gibt Stefan Aufgabenblatt 4b/1] *Du hast jetzt so viel Geld.* [zeigt auf den Geldbetrag] *Wie viel ist das?*
Stefan:	*Das zusammen vierzig.* [zeigt jeweils auf zwei Scheine mit Daumen und Zeigefinger einer Hand]
I:	*Mhm.*
Stefan:	*Und der Ball kostet neunundzwanzig Mark!*
I:	*Reicht das Geld für den Fußball?*
Stefan:	*Ja. ... hat der, hat die zehn Mark noch über.* [streicht mit dem Finger über einen Schein]
I:	*Zehn Mark, meinst du, bleiben übrig?*
Stefan:	[nickt, überlegt noch einmal] *Ja.*
I:	[gibt Stefan die Geldschachtel] *Nimmst du dir mal vierzig Mark raus.*
Stefan:	[kontrolliert kurz die Inhalte der drei Fächer, nimmt vier 10-DM-Scheine, legt diese vor sich auf den Tisch] *Die beiden tu ich weg ... die drei!* [gibt drei Scheine zum Bezahlen des Fußballs ab]
I:	*So, jetzt wolltest du den Fußball bezahlen? Und dann gibst du die drei Scheine ab?*
Stefan:	*Ja.*
I:	*Wie viel Geld ist denn das?*
Stefan:	*Dreißig.*
I:	*Kriegst du dann noch was wieder?*
Stefan:	[bejahend] *Mhm.*
I:	*Wie viel denn?*
Stefan:	[überlegt] *Eine Mark, sag' ich mal.*
I:	*Ganz sicher?*
Stefan:	[nickt]
I:	*Dann kriegst du eine zurück.* [gibt Stefan ein 1-DM-Stück aus der Schachtel] ... *Wie viel Geld hast du denn da jetzt übrig?*
Stefan:	*Elf Mark.*
I:	*Mhm. Schreibst du das mal auf.*
Stefan:	[notiert DM 11]

Die kontextbezogene Subtraktion bezieht sich direkt auf den Umgang mit Geld und kann entsprechende Informationen darüber bieten, wie Kinder mit diesem Material umgehen (Beispiel aus Scherer 1995, 159f.). Stefan kann problemlos die abgebildeten Geldscheine erkennen und zum korrekten Betrag zusammenfassen. Die Aufgabenstellung bewältigt er, indem er das abzugebende Geld mental aus der Abbildung entfernt. Seine Lösung *„Zehn Mark"* ist nachzuvollziehen, insofern ihm nicht klar ist, ob er z. B. Geld wechseln darf. Bei der abgebildeten Situation würde ohne weiteres Wechseln von Geld das Verbleiben eines 10-DM-Scheins korrekt sein. Die anschließende Modellierung der Situation mit Rechengeld bringt zunächst keine veränderte Lösung: Stefan wählt das Rechengeld analog zur Abbildung. Erst die Nachfrage der Interviewerin (entsprechend einer Einkaufssituation), ob er noch Geld zurück bekommt, liefert die korrekte Lösung.

Die Bestimmung des dargestellten Geldbetrags (Addition Z + Z) ist für viele Kinder leicht zu ermitteln. Im Vergleich zur Addition (Aufgabengruppe 3b) erweist sich die Subtraktion aber als weitaus schwieriger: Als häufige ‚Fehllösung' kommen Kinder zum Ergebnis 10 DM (der übrig gebliebene Schein). Eine weitere Lösung kann die Subtraktion der reinen Zehner sein, d. h. zwei 10-DM-Scheine bleiben übrig. Die ‚Fehllösung' 10 Mark und 1 Pfennig an Stelle von 11 DM ist dagegen eher als Flüchtigkeitsfehler zu sehen, möglicherweise aber auch auf einen unsicheren Umgang mit Geld und den entsprechenden Einheiten zurückzuführen.

Beim richtigen Ergebnis können manche Kinder ihr Vorgehen recht gut begründen: Lisa zerlegte die 29: *„Zwanzig"* zeigte dabei auf zwei Scheine, zeigte auf den dritten Schein *„hier neun abgezogen"* und kam zum richtigen Ergebnis. Die gegebene Veranschaulichung konnte hier sprachunterstützend genutzt werden.

Bei einer Loslösung vom Kontext Geld sind natürlich auch andere Strategien möglich: Christine streckte zehn Finger in die Luft: *„... da hab' ich dann neun weggenommen. Dann hatte ich noch einen über ... und zehn noch.";* eine andere Schülerin zählte von 29 an bis 40 aufwärts.

Die Subtraktion kann sich auch unter Zuhilfenahme von Rechengeld als sehr schwierig erweisen: Viele Kinder überblicken durchaus, dass sie nicht die gesamten 40 DM bezahlen müssen und geben i. d. R. drei 10-DM-Scheine ab und meinen, dass dieser Betrag passend sei. Zwar äußerte z. B. Dennis *„Beim Einkaufen kriegt man immer was*

[18] Hierbei wurde den Kindern zwar gesagt, dass sie Geld wechseln durften, aber eine Zerlegung wurde nicht angeboten. Bei der Darbietung des Betrags von 40 DM in kleineren Einheiten hätten sich sicherlich bessere Ergebnisse gezeigt. Die Aufgabe war aber bewusst in dieser Form gestellt.

zurück", aber für ihn wie für viele andere war die gegebene Darstellung von 10-DM-Scheinen vermutlich so dominierend, dass das Eintauschen eines Scheins in kleinere Einheiten nicht infrage kam. In solchen Fällen ist das Wechseln erfahrungsgemäß auch bei Aufforderung nicht möglich[18]. Kinder raten mitunter aber auch Beträge, die sie zurückbekommen (5 Mark, 3 Mark etc.). Gelegentlich nehmen sie auch 9 DM (in einzelnen DM-Stücken) zusätzlich aus der Schachtel, um so passend bezahlen zu können, können aber den Konflikt nicht lösen, dass sie auf diese Weise mehr Geld haben, als erlaubt.

Aufgabe 4c/4: Kontextfreie Subtraktion (40 – 17)

Die kontextfreie Subtraktion gehört i. d. R. zu den schwierigsten Aufgaben dieser Testaufgaben.

Pinar zeigt anfangs ein gewisses Unverständnis für die Aufgabe. Das Vorlesen der Aufgabe offenbart erhebliche Probleme bei der deutschen Zahlwortbildung und des Subtraktionssymbols. Möglicherweise versucht sie zunächst, die Aufgabe im Kopf bzw. durch Weiterzählen zu lösen, kommt aber zu keinem Ergebnis. Unter Zuhilfenahme der Rechenmaschine ist sie dann erfolgreich: Sie schiebt 40 Kugeln, den Minuenden, und nennt sofort das Ergebnis, ohne den Subtrahenden zu schieben. Hier ist nicht einmal der tatsächliche Handlungsvollzug notwendig, sondern es reicht aus, die 40 Kugeln zu sehen. Wie schon bei Aufgabentyp 4a angemerkt, eignet sich die Rechenmaschine für den Aufgabentyp Z – ZE besonders gut.

I:	[gibt Pinar Aufgabenblatt 4c/4] *Liest du mir die Aufgabe einmal vor, ganz laut?*
Pinar:	*Weiß nicht.*
I:	*Was steht denn da?* [zeigt auf 40]
Pinar:	*Vierzehn.*
I:	[zeigt auf das Minuszeichen]
Pinar:	*Plus.*
I:	*Steht da plus?*
Pinar:	[schüttelt den Kopf]
I:	*Was denn?*
Pinar:	*Minus.*
I:	*Mhm.* [zeigt auf 17]
Pinar:	*Siebzehn.*
I:	*Mhm. Guck mal, kannst du mit der Rechenmaschine rechnen?* [gibt Pinar die Rechenmaschine]
Pinar:	*Vierzehn.* [schiebt vier komplette Zehner]
I:	*Mhm.*
Pinar:	*Dreizehnzwanzig kommt.*
I:	*Mhm. Schiebst du auch mal rüber?* [zeigt auf die Kugeln]
Pinar:	[schiebt einen kompletten Zehner und 7 Kugeln]
I:	*Mhm. Und wie viel bleiben übrig?*
Pinar:	*Dreizehnzwanzig.*
I:	*Schreibst mal auf?*
Pinar:	[notiert 23]

Manche Kinder führen bei dieser Aufgabe zunächst die Addition aus. Lösungen sind dann 40 + 17 = 57 oder aber die invertierte Form 75. Bei Aufforderung, die Aufgabe genau zu lesen, entdecken einige ihren Fehler: *„Ach nein, das ist ja minus!"*. Der Versuch, rückwärtszuzählen bzw. von 17 an weiterzuzählen, ist sehr fehleranfällig. Die schon für den Zwanzigerraum fehleranfälligen Zählstrategien (vgl. Beattie 1979, 14f; Carpenter/Moser 1984, 18f; Fuson 1984) versagen i. d. R. in diesem Zahlenraum völlig. Zudem wirkt sich hier die Größe des Subtrahenden erschwerend aus (vgl. Baroody 1984, 206). Auch andere, den Kindern vertraute Strategien (Christian streckte vier mal seine zehn Finger in die Luft: *„... muss ich sieben davon abziehen ... hab' ich noch drei Mark.")* zeigen hier ihre begrenzte Anwendbarkeit.
Beim schrittweisen Rechnen entsteht häufiger die Fehllösung 33. Viele Kinder rechnen zunächst 40 – 10 = 30, die Subtraktion von 7 führt dann zum falschen Ergebnis.
Jan löste die Aufgabe korrekt durch Ergänzen, hatte aber Schwierigkeiten, den Weg zu erklären: *„da hab' ich drei dazugetan, dann hab' ich vierzig"*. Nach einigem Nachfragen wurde deutlich, dass er 17 + 3 = 20 und anschließend 20 + 20 = 40 gerechnet hatte.

Aufgabe 5a/2: Abzählbare Multiplikation (3 · 8)

Vergleichbar mit den anderen Aufgaben des Typs a können sich auch bei der abzählbaren Multiplikation vielfältige Strategien finden, wie etwa das einzelne Abzählen zeilenweise, das Zählen in Fünfern bis 15 mit anschließendem einzelnen Abzählen zeilenweise oder aber das Zählen in Zweier-Schritten. Die Fehleranfälligkeit beim Ausnutzen von Strukturen dokumentiert das folgende Beispiel:
Michaela fasst zunächst die Fünfer als Zehner auf, was

I: [gibt Michaela Aufgabenblatt 5a/2] *Wie viele Plättchen haben alle Kinder zusammen?*
Michaela: [zählt zunächst nur mit den Augen, ganz leise, streicht über die letzte Zeile, dann über die drei Fünfer-Zeilen] ... *dreißig* ... [zählt die Dreier-Zeilen einzeln von rechts nach links und von oben nach unten] *Neununddreißig.*
I: *Schreibst du das mal auf.*
Michaela: [notiert 39]
I: *Erzählst du mir noch mal, wie du das gerechnet hast?*
Michaela: *Eh ... wieder so. Zehn,* [streicht über die letzte Fünfer-Zeile] ... *zehn, zwanzig, dreißig* [streicht über die zweite und die erste Fünfer-Zeile]. *Dann hab' ich gezählt, einunddreißig* ... [zählt weiter bis 39, tippt dabei jeden einzelnen Punkt an, wählt die gleiche Vorgehensweise wie bei ihrem ersten Versuch]
I: *Jetzt hast du die ja zuerst genommen.* [deutet auf die untere Fünfer-Zeile] *Wie viel sind denn das?*
Michaela: [überlegt] *Dreizehn.*
I: [deckt mit der Hand die Dreier ab, deutet auf die untere Fünfer-Zeile] *Wie viele Punkte sind das, bis dahin?*
Michaela: *Elf.*
I: *Zähl' mal nach.*
Michaela: *Sechs.* [zählt noch einen Punkt mit, der von der Hand nicht ganz verdeckt war]
I: [deckt die Dreier mit einem Blatt ab] *Wie viele sind in einer Reihe?*
Michaela: *Em ... jede Fünfer.*
I: *Und wie viele sind dann in drei Reihen?*
Michaela: [rechnet im Kopf] *Fünfzehn.*
I: *Jetzt kommen noch die dazu.* [deckt die restlichen Punkte wieder auf]
Michaela: *Fünfzehn* ... [tippt die Punkte jeweils einzeln an, gleiche Vorgehensweise wie vorher; zählt die restlichen Punkte leise, zählt beim Übergang von der zweiten zur ersten Zeile ein Zahlwort] *Fünfundzwanzig.*
I: *Zähl' noch einmal. Wie viele waren das hier vorn?* [deutet auf die Fünfer-Zeilen]
Michaela: *Fünfzehn.* [zählt die restlichen Punkte erneut einzeln, Sprechen und Zeigen erfolgt jetzt synchron] *Vierundzwanzig.* [notiert 24] *Soll ich das abstreichen?* [deutet auf ihr erstes Ergebnis]
I: *Ist das denn falsch?*
Michaela: *Ja.* [streicht ihr erstes Ergebnis durch]

zum Ergebnis 39 führt. Sie kann anschließend mithilfe der Interviewerin diesen Fehler korrigieren und die Anzahl der Fünfer-Zeilen korrekt bestimmen. Das einzelne Abzählen hingegen ist fehlerhaft, und sie erhält erst im zweiten Versuch das richtige Ergebnis.
Die Strategien der Kinder, ob korrekt oder fehlerhaft, sind nicht immer ganz leicht nachzuvollziehen. Jans Zählen (8, 16, 21, 24) wirkte unverständlich. Bei Nachfrage verdeutlichte er aber seinen Rechenweg (Abb. 2/7): *„Fünf ... das sind acht ... und fünf sind zehn ... sechzehn, dann hab' ich einundzwanzig und dann vierundzwanzig."* Hier zeigt sich, dass er die zeilenweise Gruppierung von acht Punkten erfasst hatte, bei der Addition aber flexibel die Fünfer-Struktur ausnutzen konnte.
Fehllösungen können wiederum verschiedene Quellen

Abb. 2/7: Jans Lösung (Gruppierung von innen nach außen)

haben:

- Zunächst wird in Fünfern bis 15 gezählt, dann irrtümlicherweise für den nächsten einzelnen Punkt noch einen Fünfer-Schritt (Zwischenergebnis 20 beim 16. Punkt). Das einzelne Abzählen der restlichen Punkte führt dann zum Ergebnis 28.
- Beim Zählen in Fünfern taucht das fehlerhafte strukturierte Zählen auf (5, 10, 30 oder 5, 10, 20).
- Die Anzahl der Fünfer-Zeilen wird korrekt bestimmt (15). Anschließend werden zwei Dreier addiert, was zum Ergebnis 16 führt (vermutlich 10 + 6). Die Addition des letzten Dreiers ergibt dann 19.

Aufgabe 5b/1: Kontextbezogene Multiplikation (5 · 4)

Die kontextbezogene Multiplikation ist für die meisten Kinder zu diesem Zeitpunkt noch nicht im Unterricht thematisiert worden, kann aber über die fortgesetzte Addition bewältigt werden.

Sven nennt zunächst als Ergebnis die Anzahl der abge-

I: [gibt Sven Aufgabenblatt 5b/1] *Jetzt möchte ich wissen, wie viel alle Pinsel zusammen kosten.*
Sven: *Eins, zwei, drei, vier, fünf.* [zählt die Pinsel, indem er sie einzeln mit dem Stift antippt] *Fünf Mark.*
I: *Was kostet denn ein Pinsel?*
Sven: *Vier Mark.*
I: *Mhm. Wie viel kosten denn dann zwei Pinsel?*
Sven: *Acht Mark. Drei Pinsel kosten dann, mh, mh, acht Mark,* [tippt mit dem Stift auf den linken unteren und mittleren Pinsel] *neun Mark.* [tippt mit dem Stift auf den linken oberen Pinsel]

bildeten Pinsel. Dies muss nicht unbedingt auf ein mangelndes Aufgabenverständnis zurückzuführen sein. Vielmehr scheint er die gestellte Aufgabe nicht auf Anhieb lösen zu können und dann auszuweichen. Die geforderte Lösung einer Teilaufgabe (den Preis von zwei Pinseln, dann von drei Pinseln zu berechnen) gelingt für zwei Objekte, aber nicht mehr für drei. Die erste Aufgabe gehört dabei noch zum Einspluseins, zudem ist es eine (leichte) Verdopplungsaufgabe. Die zweite Aufgabe 8 + 4 wird dann nicht mehr korrekt gelöst. Die Aufgabe wird nun mithilfe von Rechengeld bearbeitet:

Sven ist durchaus in der Lage, das passende Geld für

I: [gibt Sven die Geldschachtel] *Nimmst du mal das Geld für einen Pinsel raus?*
Sven: *Mhm. Eins, zwei, drei, vier.*
I: *Mhm.*
Sven: *So. Vier.* [nimmt einzeln vier 1-DM-Stücke aus der Schachtel und stapelt sie] *Noch mal vier. Drei, vier. Eins, zwei, drei, vier.* [nimmt einen Stoß 1-DM-Stücke, zählt vier ab und stapelt sie] *So jetzt hab' ich schon mal zwei. Eins, zwei, drei, vier.* [nimmt wiederum einen Stoß 1-DM-Stücke, zählt vier ab und stapelt sie] *Jetzt hab' ich schon mal drei. Hm, hm.*
I: *Mhm.*
Sven: *Noch mal vier.* [nimmt erneut einen Stoß 1-DM-Stücke, zählt vier ab und stapelt sie] *So. Vier und vier sind acht. Oh, komm' ich nicht drauf.*
I: *War doch bis jetzt richtig. Lass mal ruhig liegen.*
Sven: *Vier und vier kosten zwei, acht.*
I: *Mhm.*
Sven: *Und noch mal vier und vier. Kosten noch mal acht.*
I: *Aha.*
Sven: *Achtzig.*
I: *Guck mal das Geld, was du jetzt herausgeholt hast. Für wie viele Pinsel ist das denn?*
Sven: *Eins, zwei, drei, vier.* [tippt mit dem Stift die Geldstapel an] *Eins, eins, zwei, drei, vier.* [tippt mit dem Stift die Pinsel an] *Eh, da fehlt noch einer.* [nimmt weitere vier 1-DM-Stücke] *So.*
I: *Das ist jetzt das Geld für alle Pinsel?*
Sven: *Ja.*
I: *Mhm. Dann sag' mir mal, wie viel das ist.*
Sven: *Mach' ich eben so. Acht* [zeigt auf den Geldstapel für den 5. Pinsel] *noch mal acht* [zeigt auf den Geldstapel für den 4. Pinsel] *sind acht, vier, mh, vier und noch mal vier,* [zeigt mit dem Stift auf dieselben Geldstapel] *sind acht. Vier* [zeigt mit dem Stift auf den Geldstapel für den 3. Pinsel] *und noch mal vier* [zeigt mit dem Stift auf den Geldstapel für den 2. Pinsel] *sind noch mal acht. Und einmal* [zeigt auf den Geldstapel für den 1. Pinsel] *sind zehn. Sind zehn Mark. Ich komm' nicht drauf.*
I: *Wie kannst du das denn jetzt 'rauskriegen, wie viel Geld das ist?*
Sven: *Mhm.* [überlegt]
I: *Kannst du's auch abzählen?*
Sven: *Ein,* [zeigt mit dem Stift auf den Geldstapel für den 5. Pinsel] *eins, zwei, drei, vier, vier ...* [zählt die einzelnen 1-DM-Stücke, indem er sie von den einzelnen Stapeln zu einem neuen Stapel legt; zählt dabei laut bis 20] *Sind zwanzig. Eh, was mach' ich denn?* [was er notieren will, ist nicht zu erkennen] *Verkehrt.* [notiert 20]

die fünf Pinsel zu entnehmen. Beim Berechnen des Gesamtpreises zeigen sich wiederum Schwierigkeiten: Er weiß zwar, dass zwei Pinsel acht Mark kosten, dass dies auch für zwei weitere gilt und dass noch weitere vier Mark hinzuaddiert werden müssen. Die Addition entstehender Aufgaben kann er jedoch nicht bewältigen (8 + 8 = 80; 8 + 4 = 10). Erst die Aufforderung der Interviewerin, die Gesamtzahl der 1-DM-Stücke *abzuzählen,* führt zur richtigen Lösung.

Häufig gelingt das Zusammenfassen von Summanden im Zahlenraum bis 10 sicher, nur gelegentlich offenbaren sich falsche Abspeicherungen, wie etwa 4 + 4 = 9. Unsicherheiten können sich dann bei Additionen zeigen, die über den Zehner hinausgehen: *„Vier und vier sind acht ... und noch mal vier und vier sind wieder acht und einmal sind ... zehn ... Zehn Mark!“* Probleme bzw. falsche Abspeicherungen können z. B. auch bei der Aufgabe 8+8 auftreten (Ergebnis 18 oder 80). Im Zahlenraum über 10 nutzen Kinder häufiger das Zählen bzw. Rechnen mithilfe der Finger. Überwiegend werden jeweils vier Finger einer Hand ausgestreckt, dabei bis 20 gezählt. Dies kann zu ±-Fehlern bei der Koordination des Zählens und Handelns führen (z. B. 4, 8, 12, 16, 21 oder bei mehreren Schritten 4, 8, 13, 18, 22).

Ohne Zuhilfenahme der Finger kann sich ein fehlerhaftes strukturiertes Zählen offenbaren (z. B. 4, 8, 9, 10, 11 bzw. 4, 8, 12, 16, 24) oder das Zurückfallen in Zweier-Schritte (4, 8, 12, 16, 18 bzw. 8, 12, 14, 18 oder 8, 12, 16, 18). Gelegentlich ist auch die Vermischung mehrerer Fehlerquellen festzustellen.

Die gegebene Anzahl von fünf Objekten ist noch recht überschaubar, dennoch müssen manche Kinder mehrmals nachzählen. Andere fixieren die gezählten Objekte mit den Fingern oder streichen sie durch, um den Überblick zu behalten.
Bei Verwendung von Rechengeld sollten die Kinder explizit aufgefordert werden, zunächst das Geld für einen Pinsel herauszunehmen. So kann vermieden werden, dass sie ihr vorheriges möglicherweise falsches Ergebnis veranschaulichen. Dies hat meistens zur Folge, dass der Betrag für die Pinsel ausschließlich in 1-DM-Stücken gelegt wird.
Das Einbeziehen zuvor erhaltener Ergebnisse muss aber nicht immer ein Nachteil sein: Christian konnte korrekt die Addition für drei Pinsel im Kopf bewältigen, musste dann die Finger zu Hilfe nehmen und kam über das Zwischenergebnis 16 zum Ergebnis 18. Bei Aufforderung, seine Lösung zu erklären, verwendete er die gleiche Strategie, kam wiederum zum Zwischenergebnis 16, aber zum Endergebnis 19. Zur Veranschaulichung mit Geld nahm er dann nur vier 1-DM-Stücke, kontrollierte durch erneutes Nachrechnen sein Zwischenergebnis 16 und bestimmte dann mithilfe der vor ihm liegenden Geldstücke den Gesamtbetrag von 20 DM. Das Zwischenergebnis 16 erschien ihm recht sicher, sodass er nur den Teil der Aufgabe veranschaulichen musste, der Widersprüche ausgelöst hatte.
Bemerkenswert ist häufig, welche Strategien die Kinder verwenden, um den Überblick über entnommene Geldstücke bzw. gezählte Pinsel nicht zu verlieren: Das Legen der Geldstücke auf den entsprechenden Pinsel oder die Anordnung der entnommenen Geldstücke in Würfelmuster. Es kommt aber auch ein unstrukturiertes Legen in einer Reihe ohne jegliche Untergliederung vor. Die fehlende Untergliederung macht dann häufig ein nochmaliges Nachzählen erforderlich.

2.2.4 Fördermöglichkeiten im Unterricht

An dieser Stelle sei analog zu Kap. 2.1.4 auf die Kap. 3 und 4 verwiesen. Die Inhalte der Aufgabengruppen 1 und 2 werden in Kap. 3 bei Orientierungsübungen weiter thematisiert. Die Aufgabengruppen 3, 4 und 5 behandeln Operationen, die in Kap. 4 ausführlich besprochen werden. Die Aufgabengruppe 5 wird darüber hinaus in Band 3 thematisiert.
Angemerkt sei aber noch einmal, dass bei Schwierigkeiten mit den Aufgabentypen 3, 4 und 5 die mangelnden Basisfertigkeiten eine Fehlerquelle darstellen und nicht unbedingt ein mangelndes Operationsverständnis vorliegen muss. Was nun die Verwendung von Veranschaulichungen angeht, so stellen diese erfahrungsgemäß einen individuell unterschiedlichen Schwierigkeitsgrad dar (vgl. Schipper 1982, 107ff). Daher gilt es zu berücksichtigen, dass einige Kinder in den Interviews bei der Wahl einer anderen Veranschaulichung evtl. zu richtigen Lösungen kommen könnten. Im weiteren Unterricht bzw. in der Förderung sollte diese Möglichkeit auf jeden Fall abgeklärt werden und im Rahmen der Orientierungsübungen (Kap. 3) überprüft werden.

2.3 Kopiervorlagen zur Lernstandserfassung

2.3.1 Testaufgaben

TESTAUFGABE 1a/2

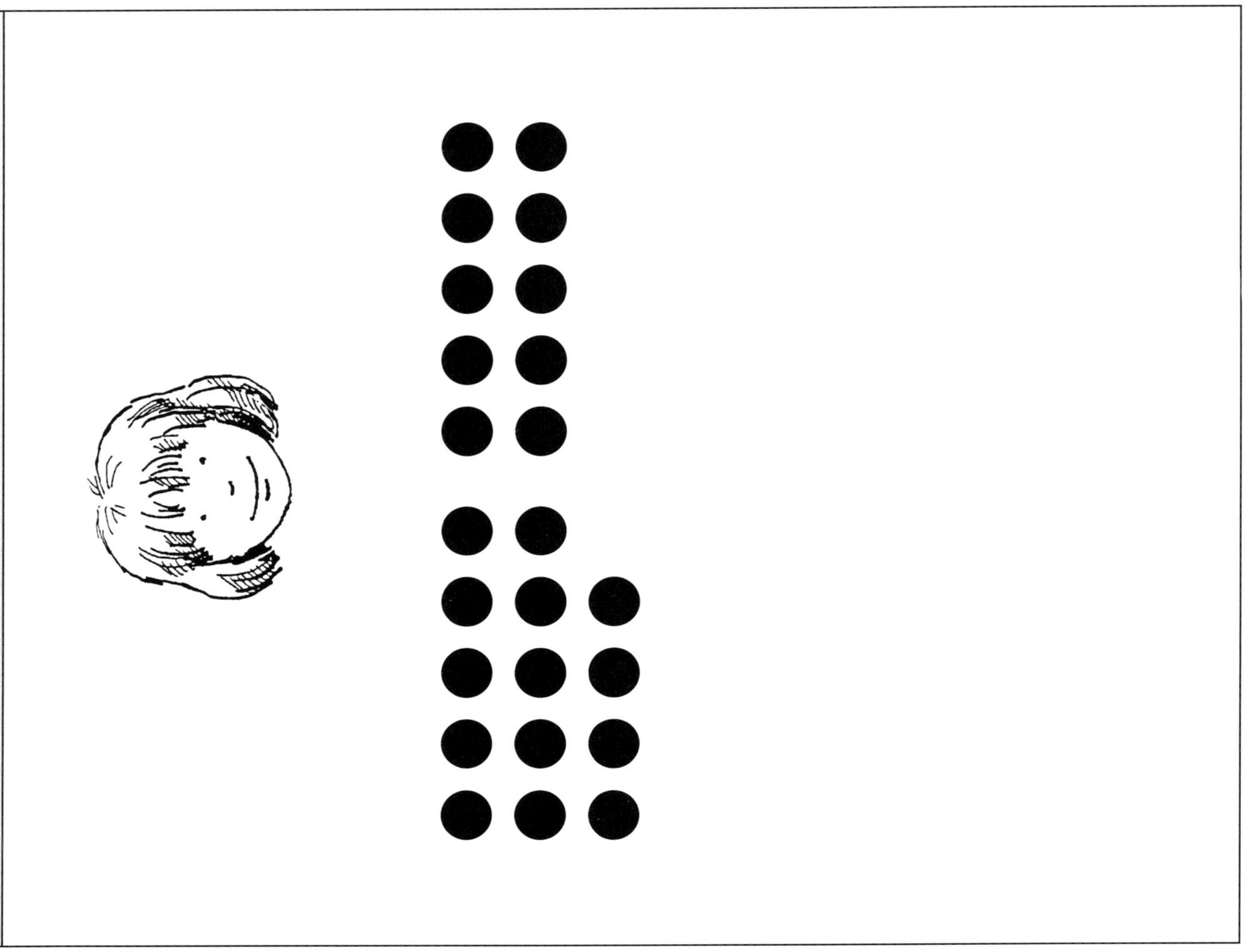

TESTAUFGABE 1a/1

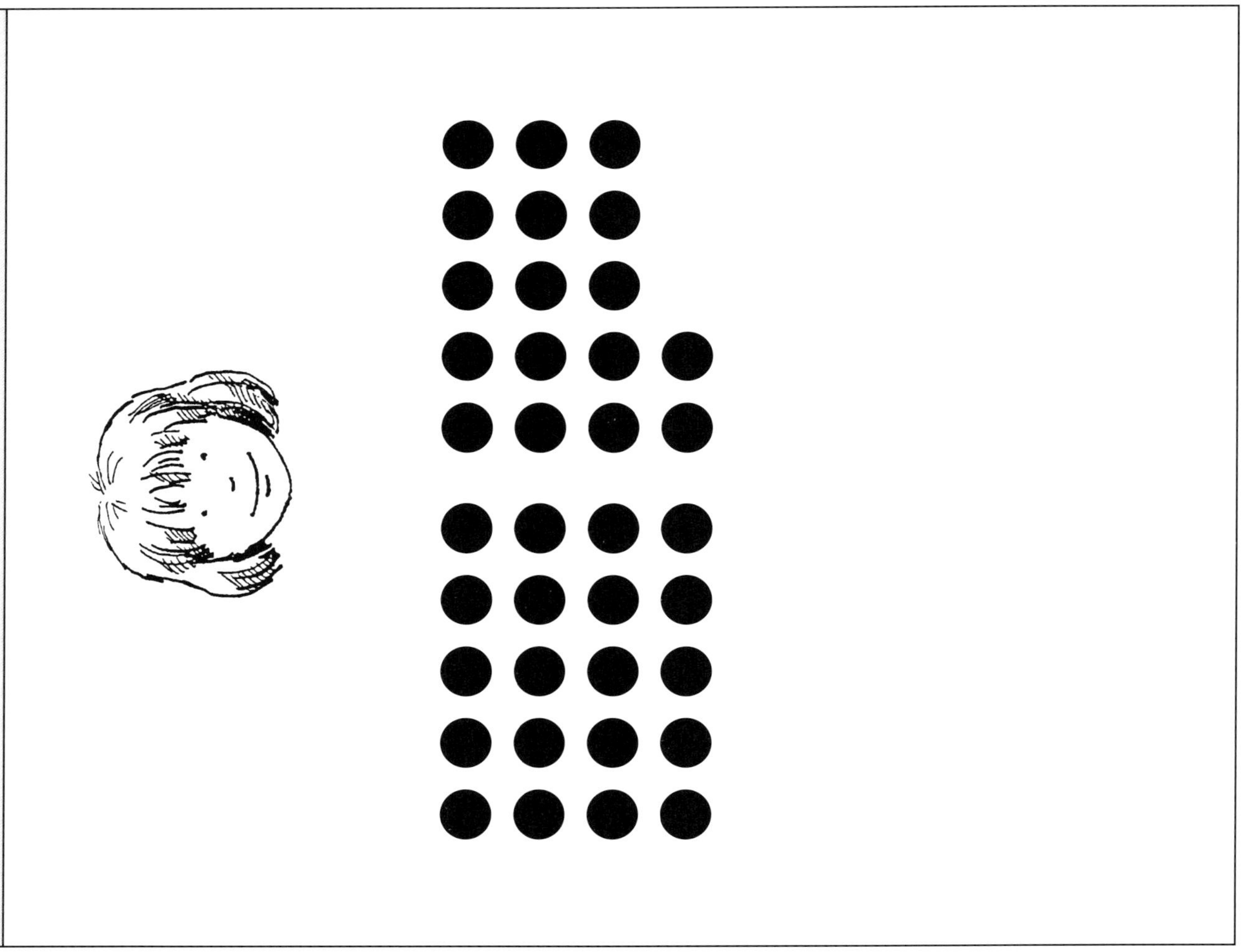

TESTAUFGABE 1a/4

TESTAUFGABE 1a/3

TESTAUFGABE 1a/5

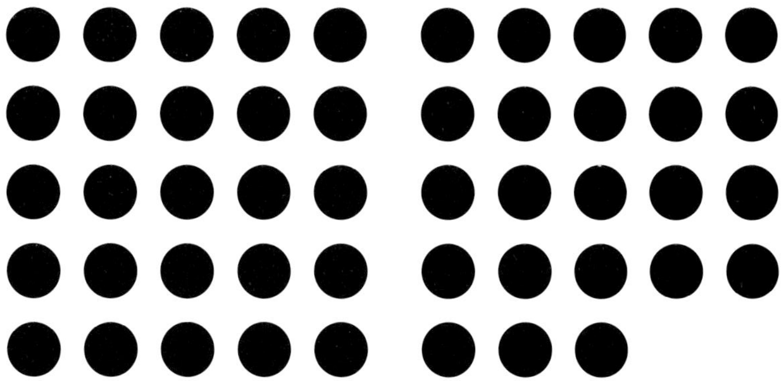

TESTAUFGABE 1b/1

TESTAUFGABE 1b/2

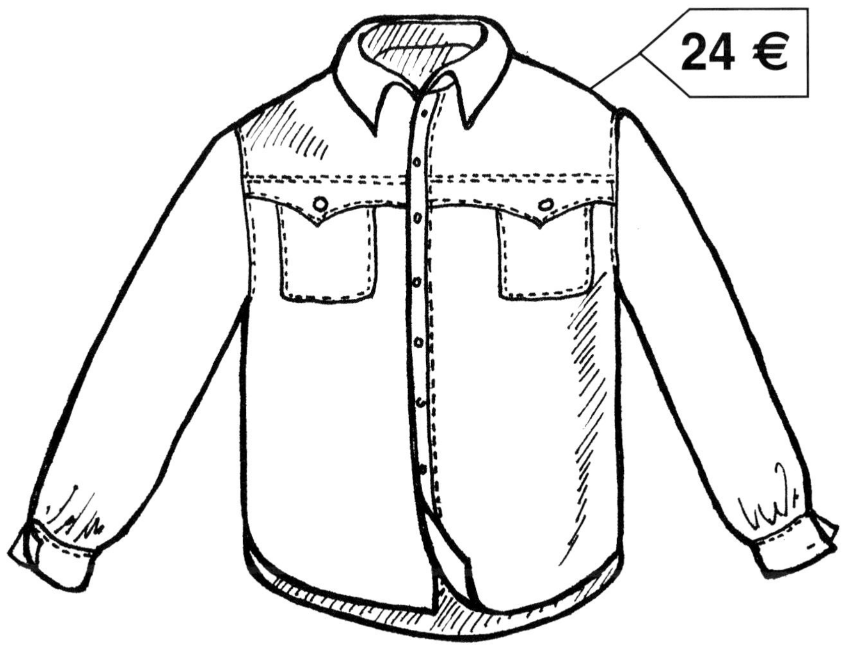

TESTAUFGABE 1b/3

TESTAUFGABE 1b/4

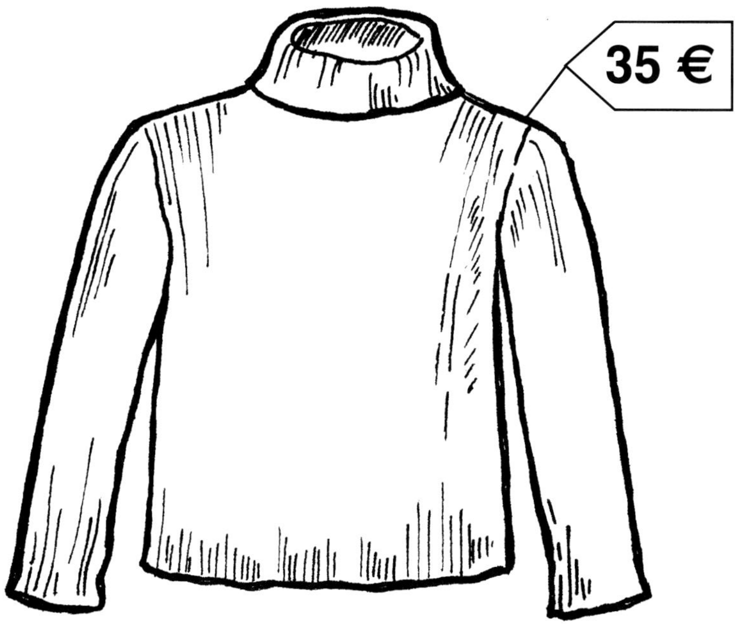

TESTAUFGABE 1b/5

TESTAUFGABE 1b/Interview

TESTAUFGABE 2a/2

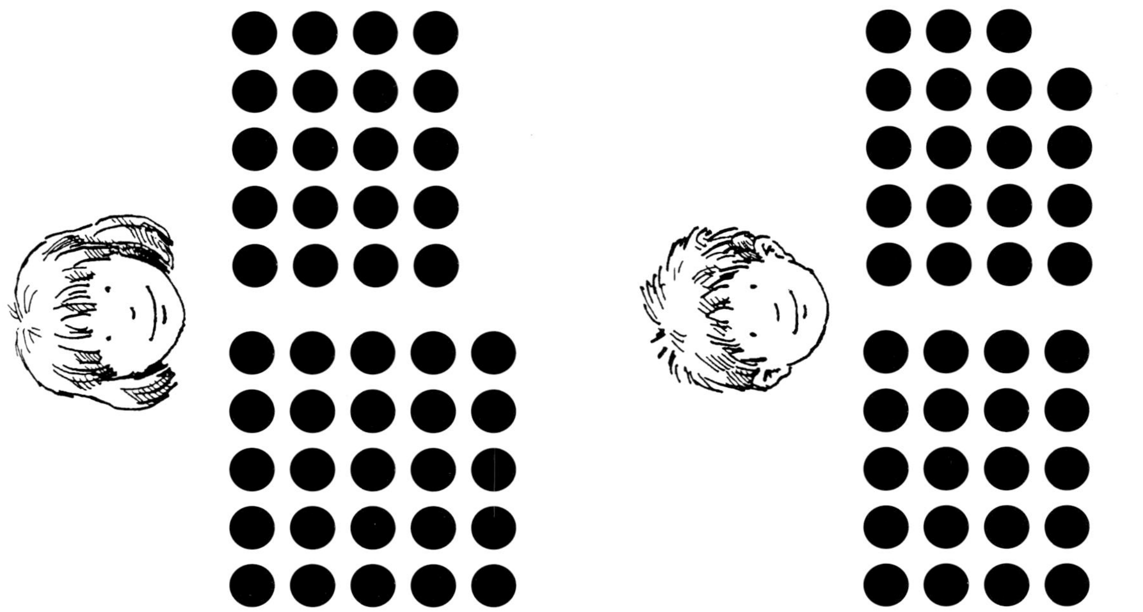

TESTAUFGABE 2a/1

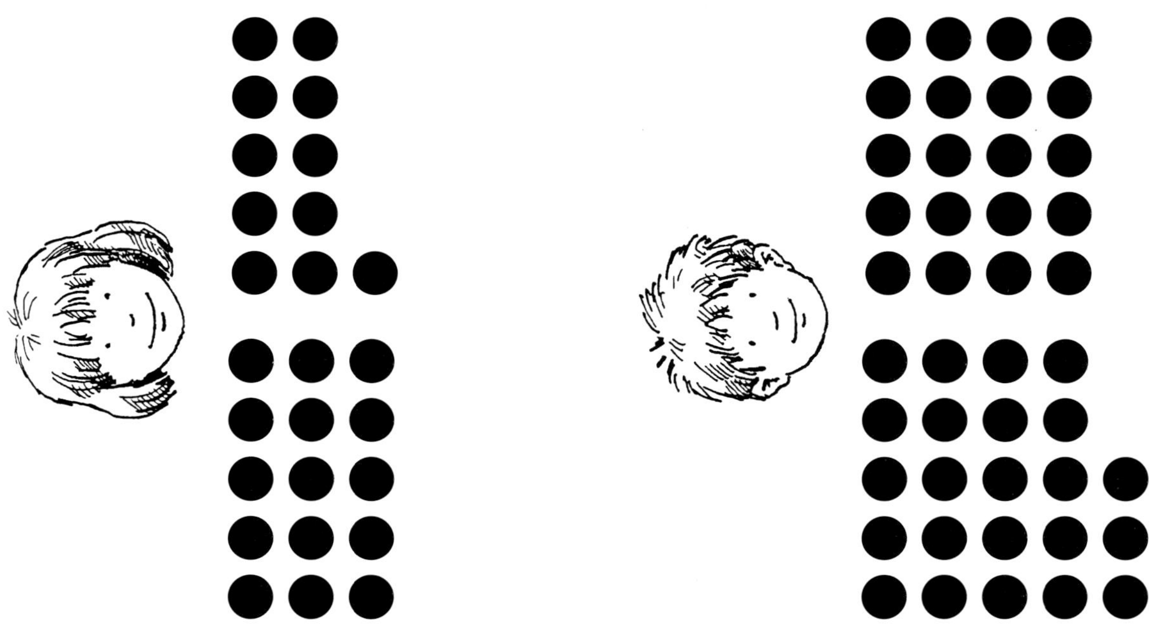

TESTAUFGABE 2a/4

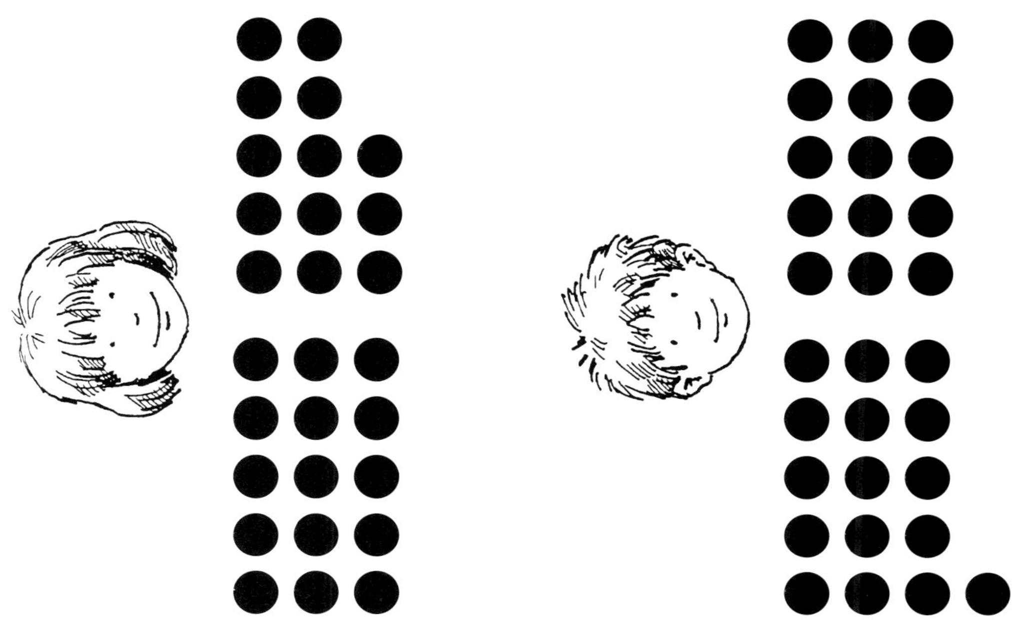

TESTAUFGABE 2a/3

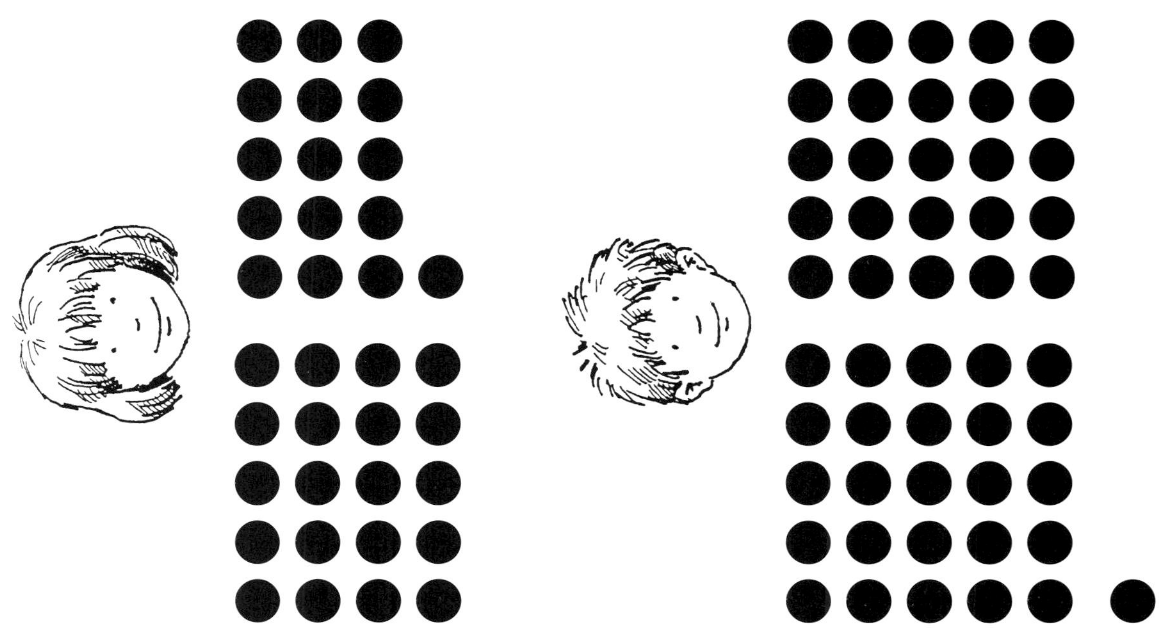

TESTAUFGABE 2a/6

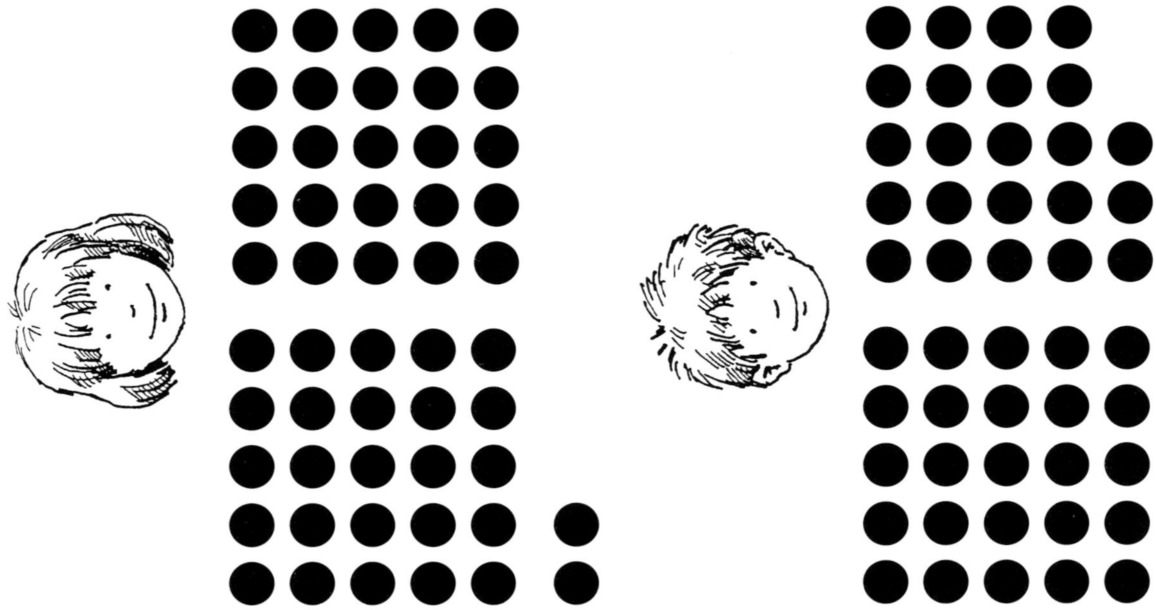

TESTAUFGABE 2a/5

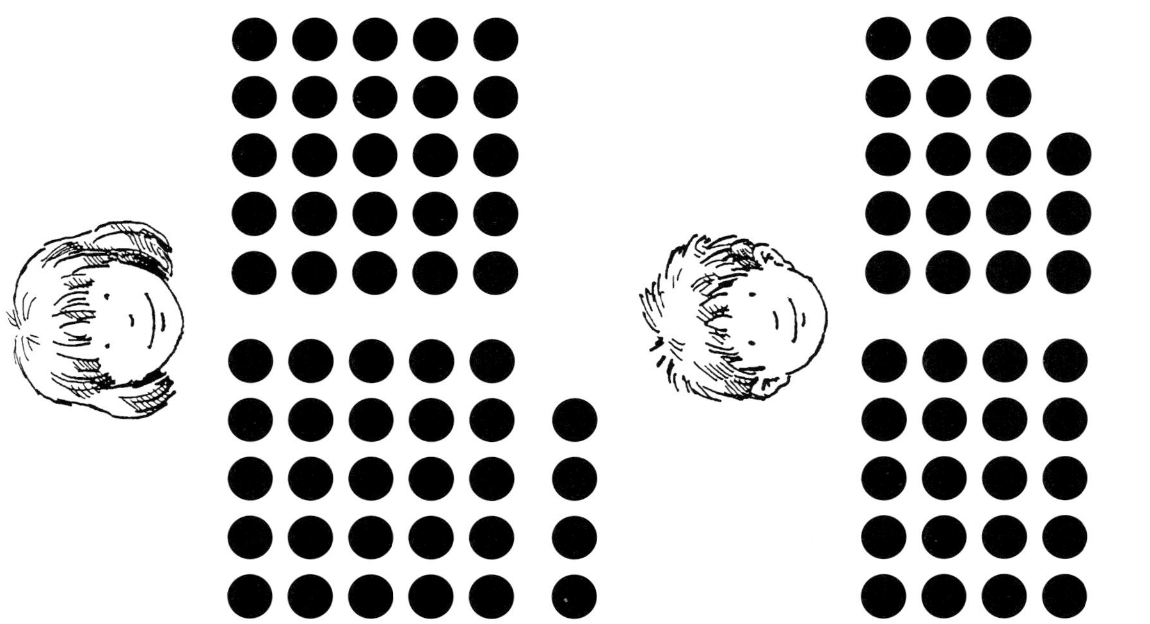

TESTAUFGABE 2a/8

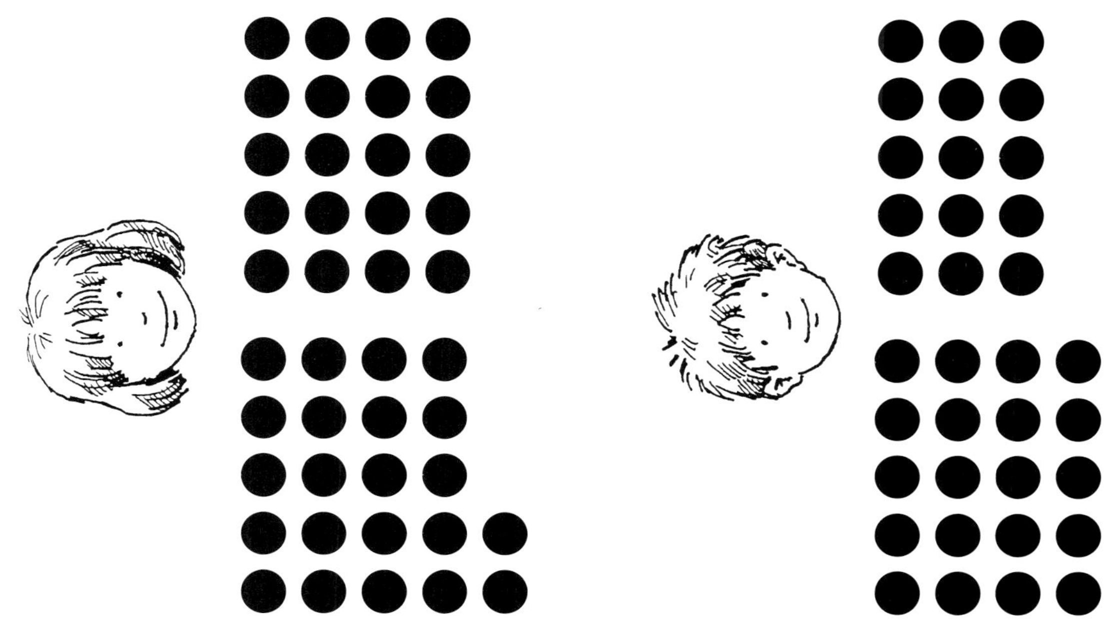

TESTAUFGABE 2a/7

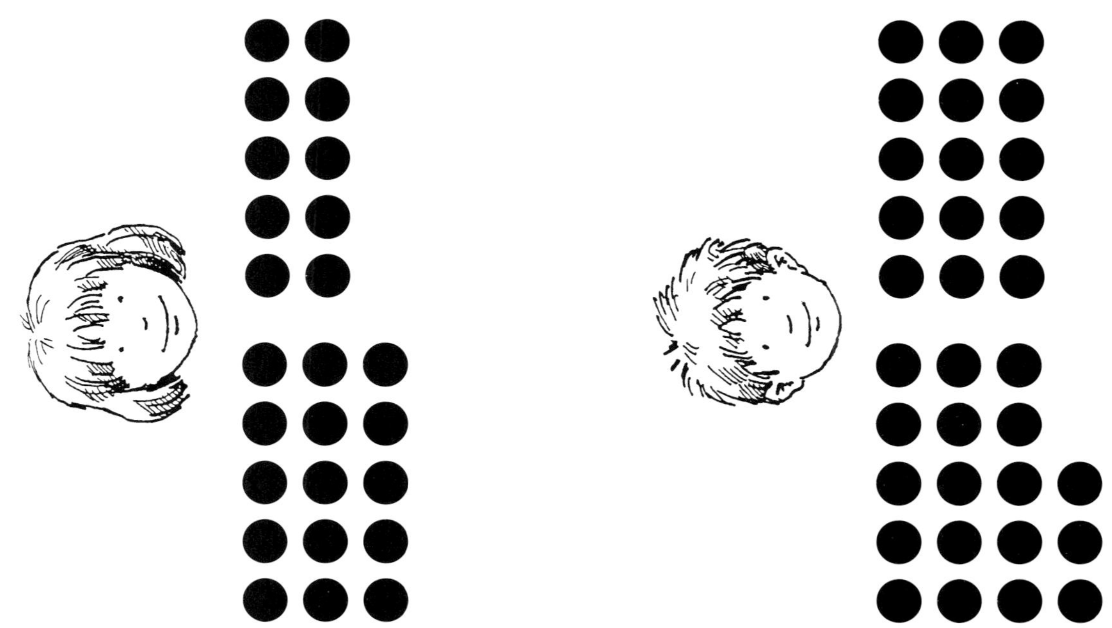

TESTAUFGABE 2a/10

TESTAUFGABE 2a/9

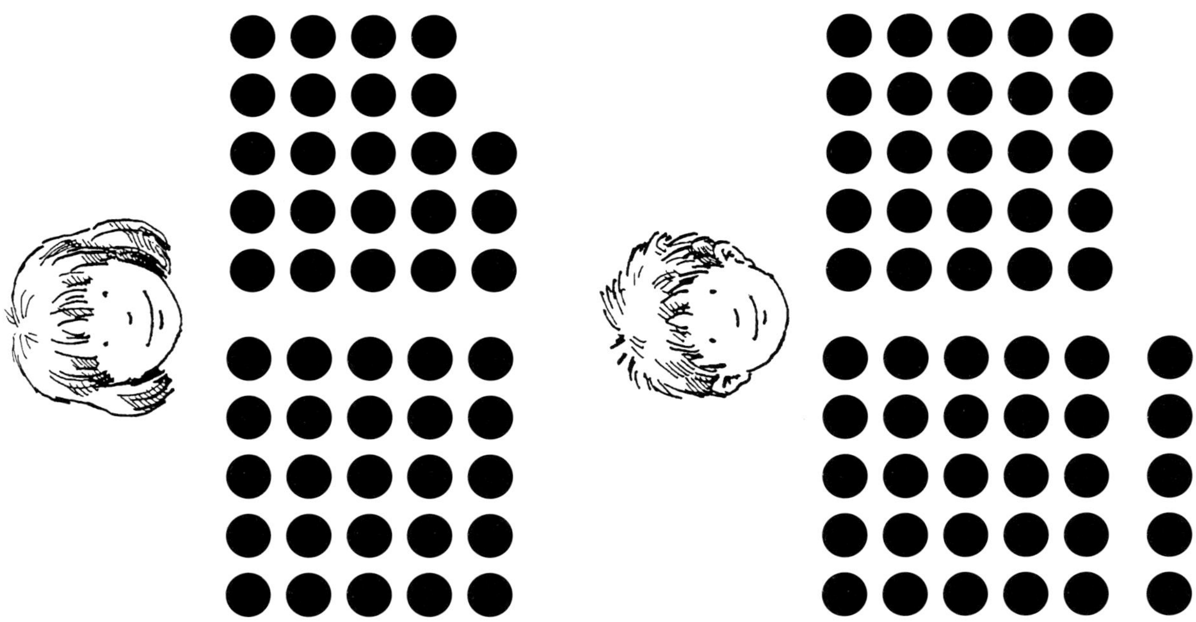

TESTAUFGABE 2b/1

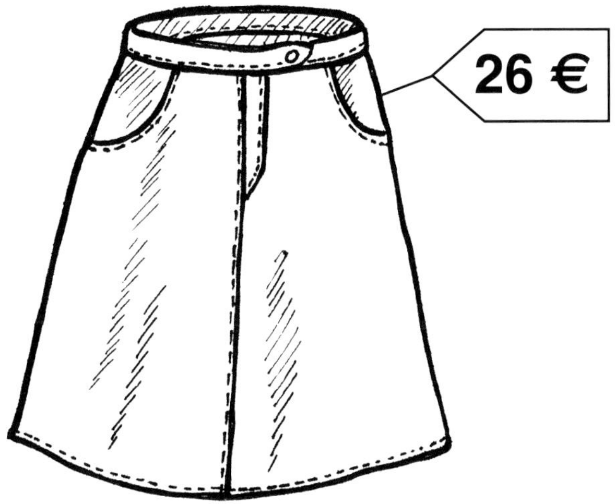

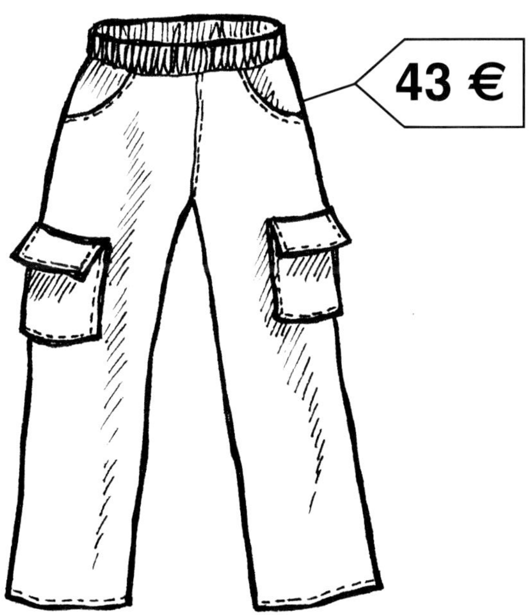

TESTAUFGABE 2b/2

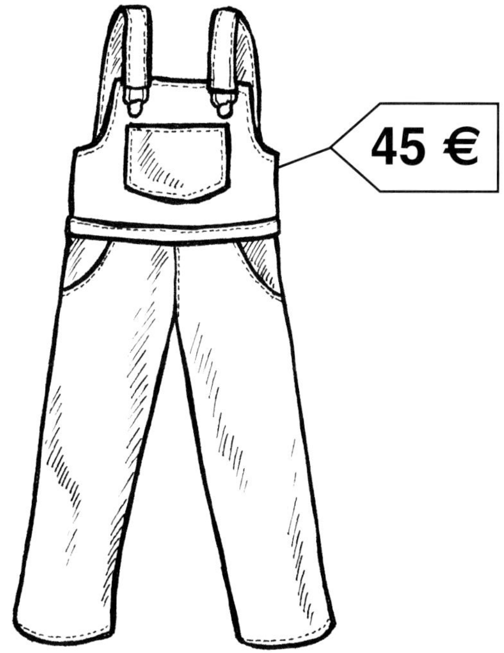

TESTAUFGABE 2b/3

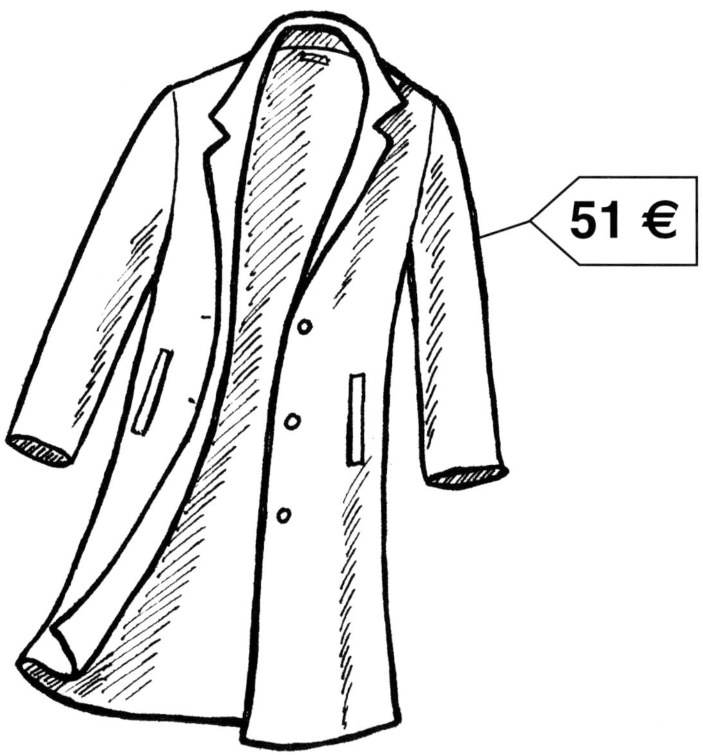

TESTAUFGABE 2b/4

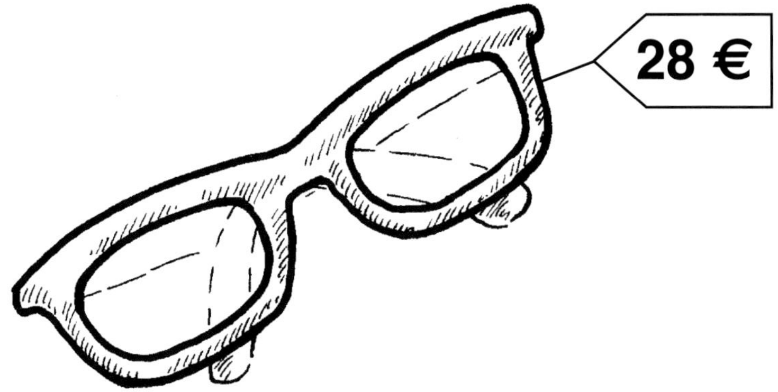

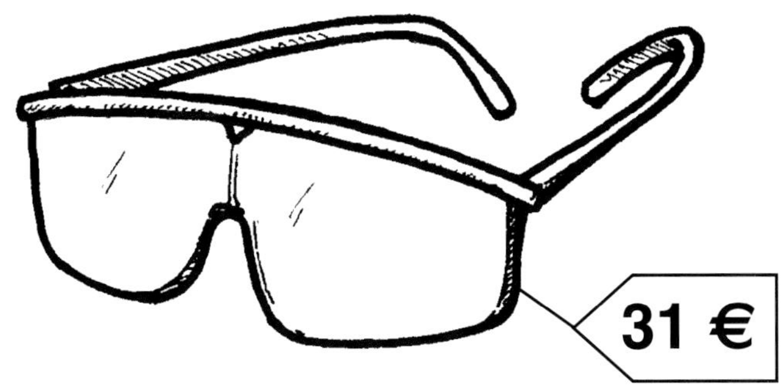

TESTAUFGABE 2b/5

54 €

38 €

TESTAUFGABE 2b/6

52 €

48 €

TESTAUFGABE 2b/7

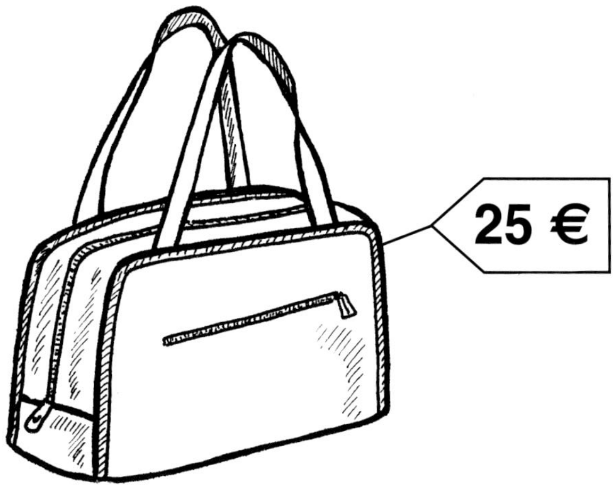

TESTAUFGABE 2b/8

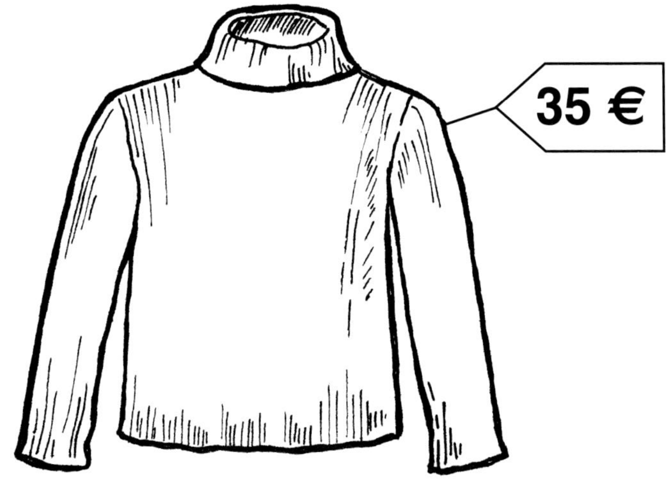

TESTAUFGABE 2b/9

TESTAUFGABE 2b/10

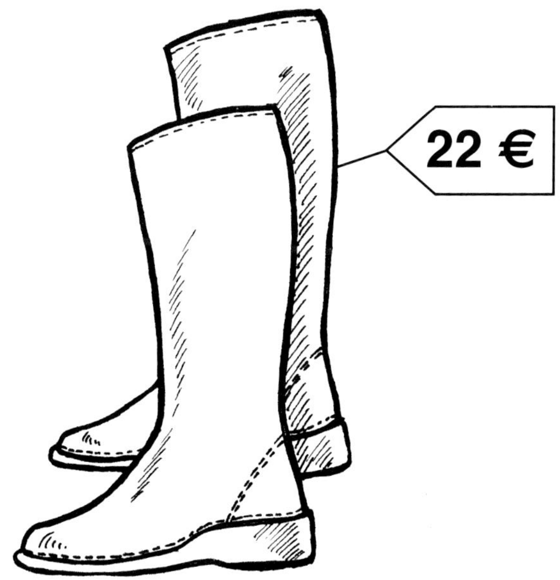

TESTAUFGABE 2c/2

45 39

TESTAUFGABE 2c/1

26 43

TESTAUFGABE 2c/4

28 31

TESTAUFGABE 2c/3

36 51

TESTAUFGABE 2c/6

52 48

TESTAUFGABE 2c/5

54 38

TESTAUFGABE 2c/8

42 35

TESTAUFGABE 2c/7

25 33

TESTAUFGABE 2c/10

41 22

TESTAUFGABE 2c/9

48 55

TESTAUFGABE 3a/2

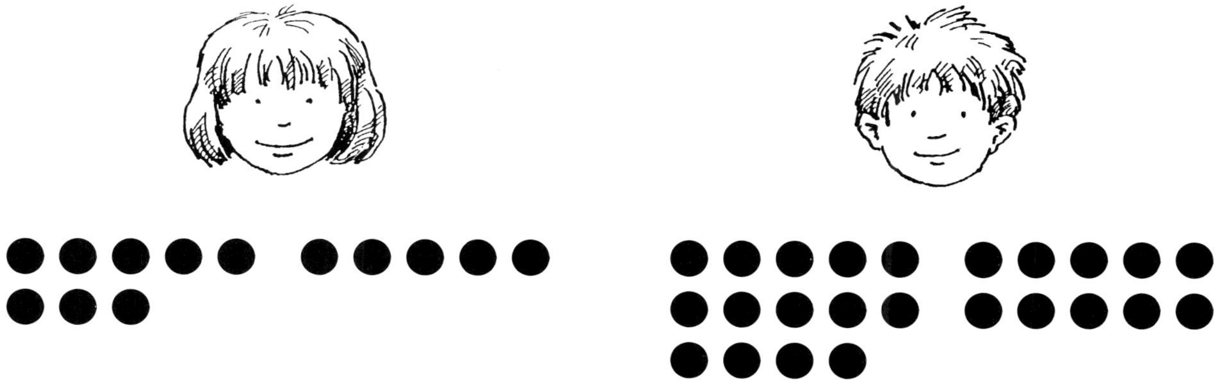

TESTAUFGABE 3a/1

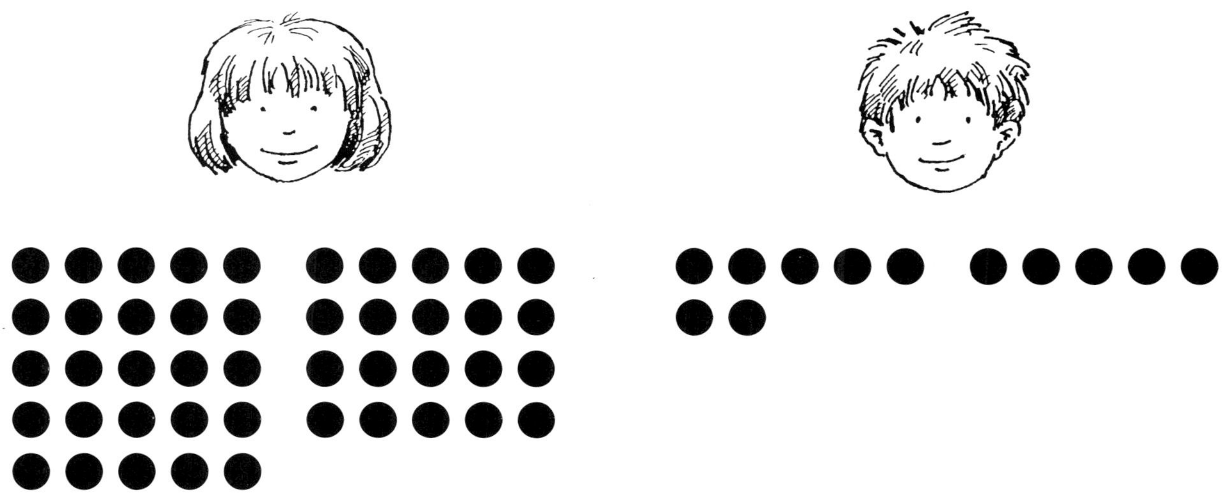

TESTAUFGABE 3a/4

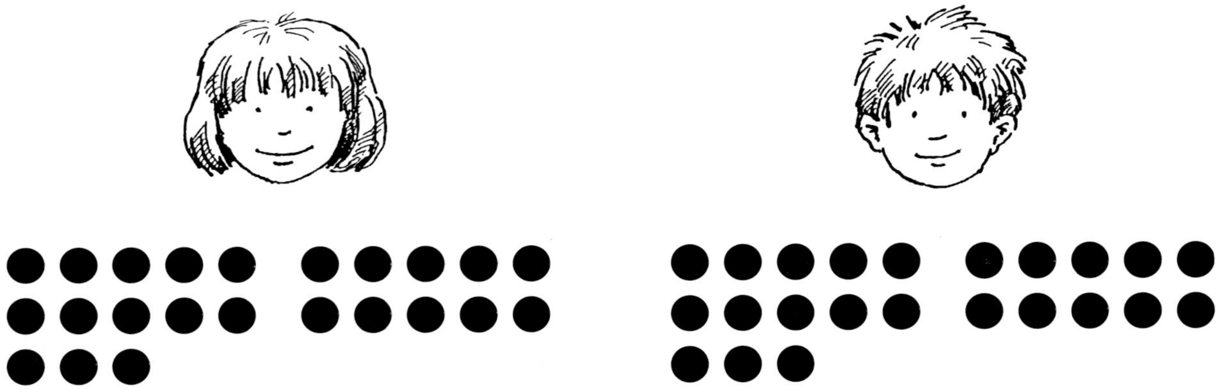

TESTAUFGABE 3a/3

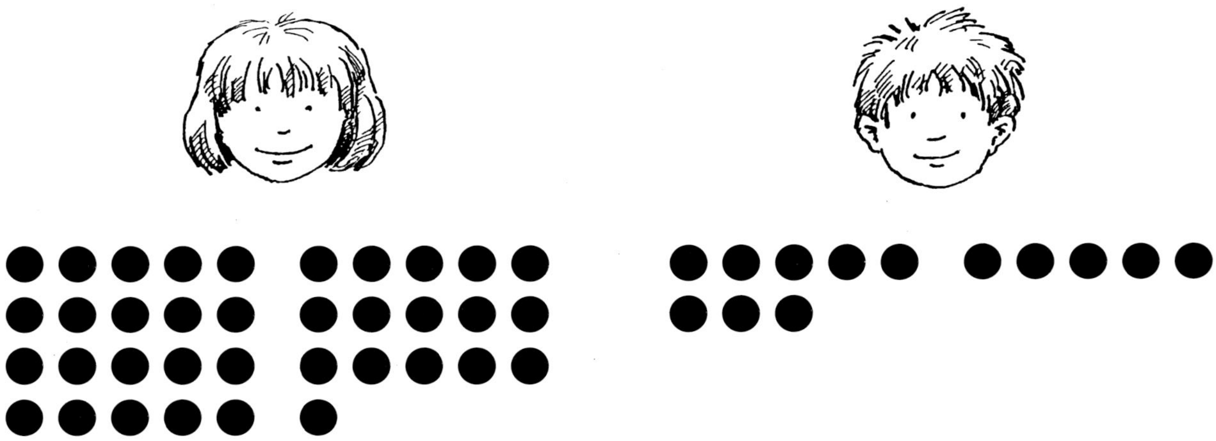

TESTAUFGABE 3a/5

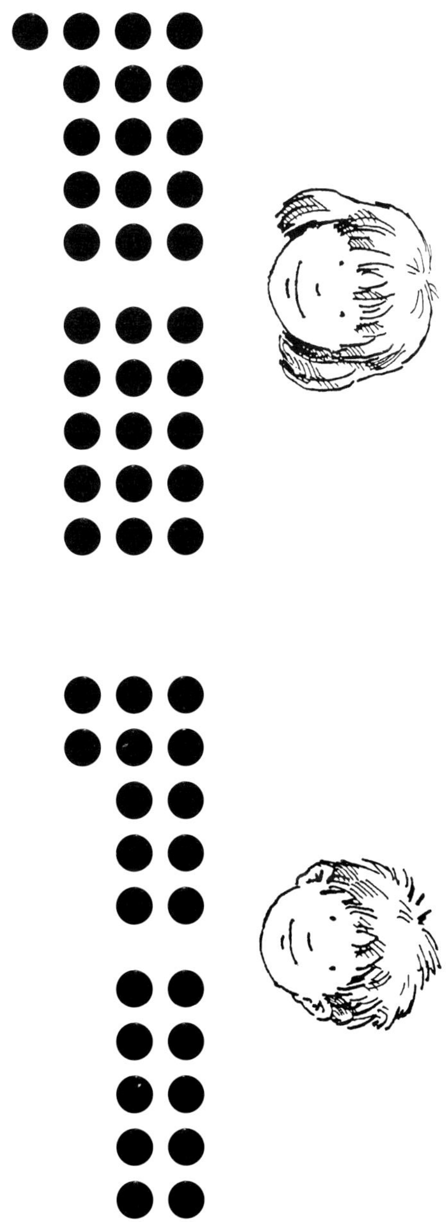

TESTAUFGABE 3b/1

TESTAUFGABE 3b/2

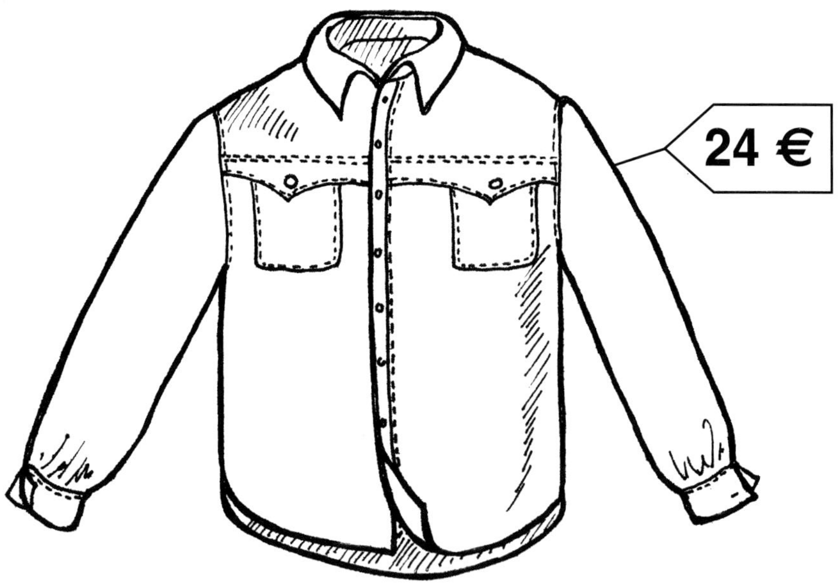

TESTAUFGABE 3b/3

TESTAUFGABE 3b/4

TESTAUFGABE 3b/5

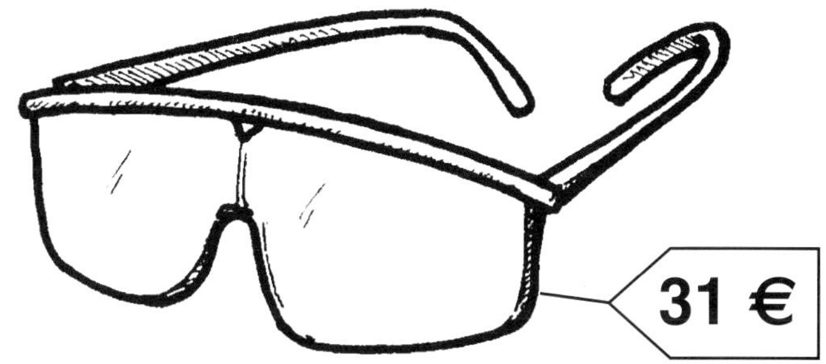

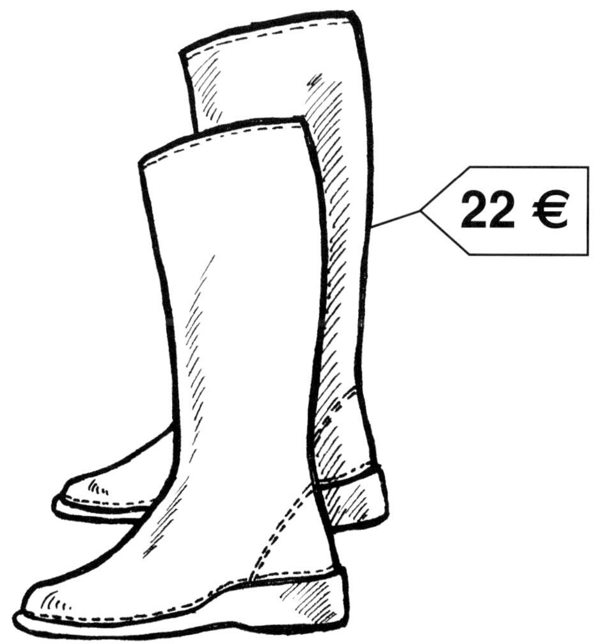

TESTAUFGABE 3c/2

$$13 + 24 =$$

TESTAUFGABE 3c/1

$$45 + 12 =$$

TESTAUFGABE 3c/4

$$23 + 23 =$$

TESTAUFGABE 3c/3

$$36 + 13 =$$

TESTAUFGABE 4a/1

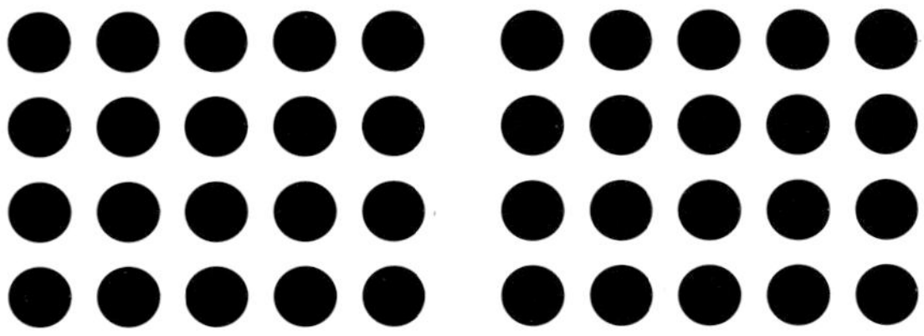

TESTAUFGABE 3c/5

31 + 22 =

TESTAUFGABE 4a/3

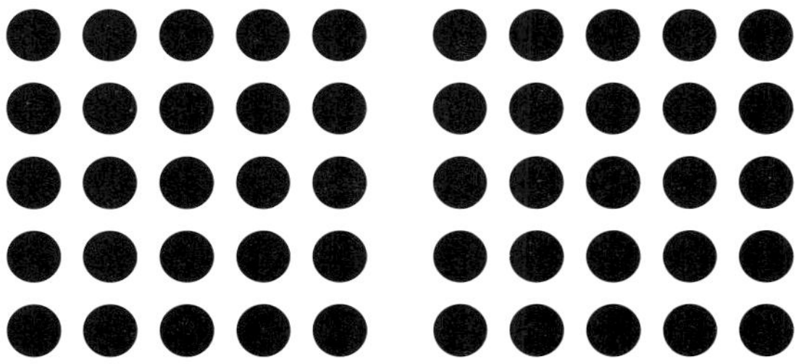

TESTAUFGABE 4a/2

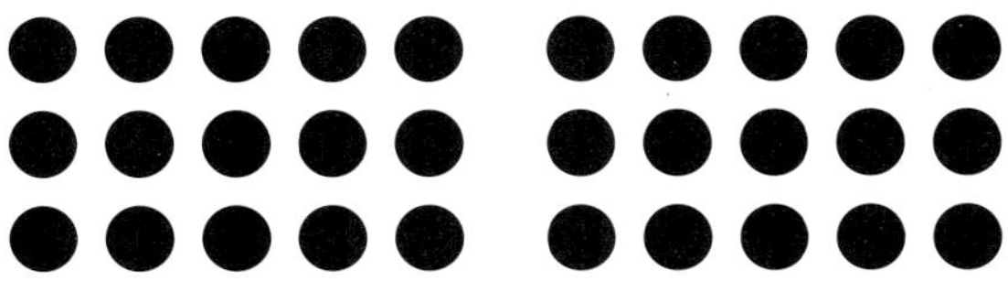

TESTAUFGABE 4a/5

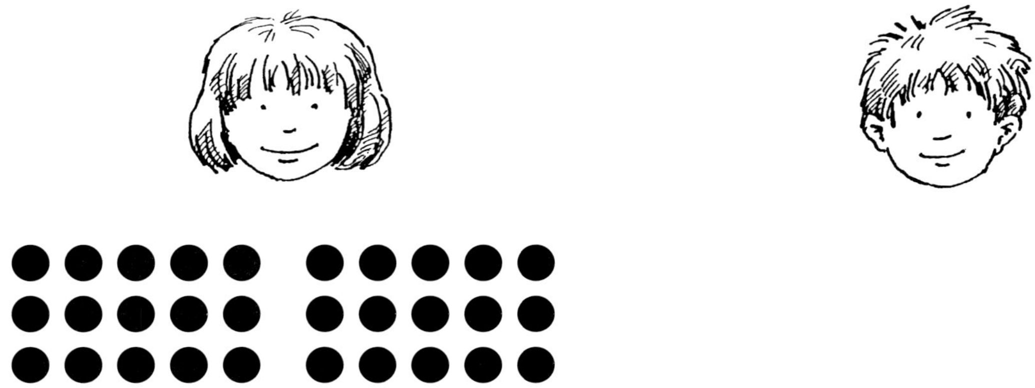

TESTAUFGABE 4a/4

TESTAUFGABE 4b/1

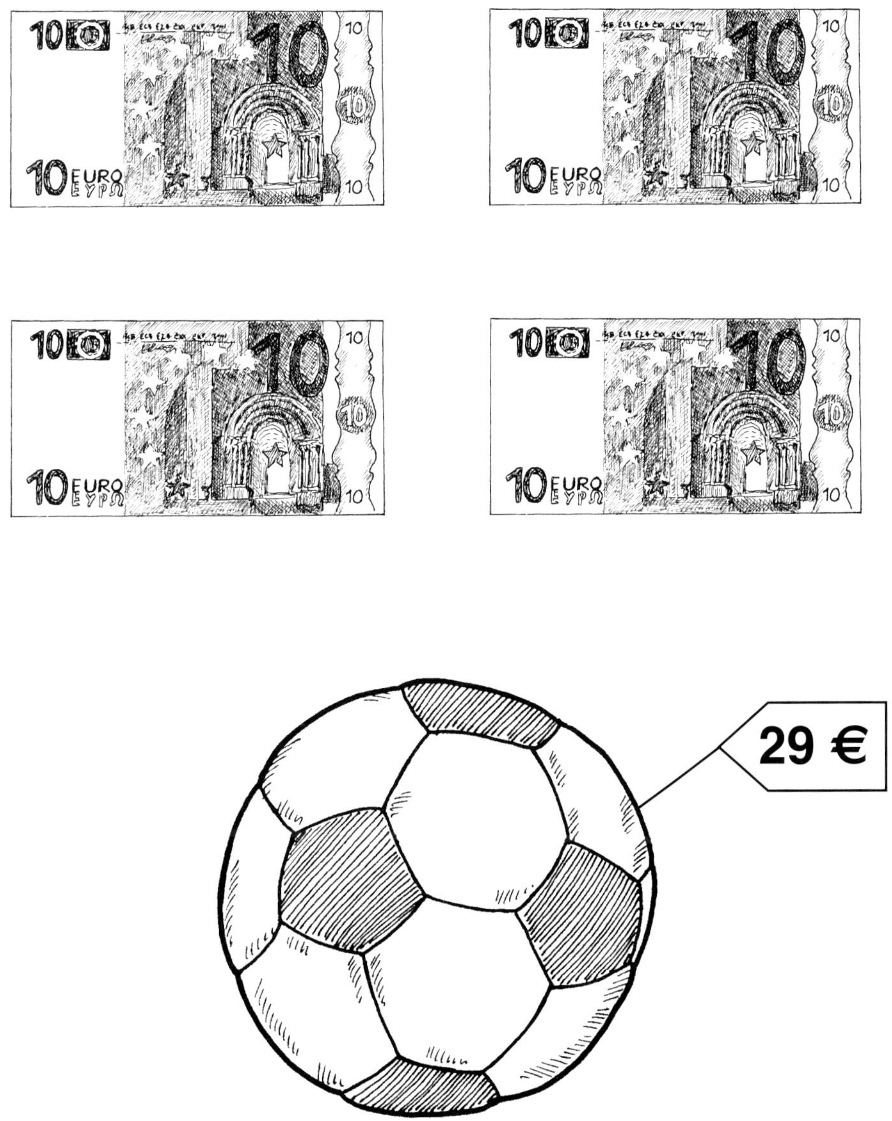

TESTAUFGABE 4b/2

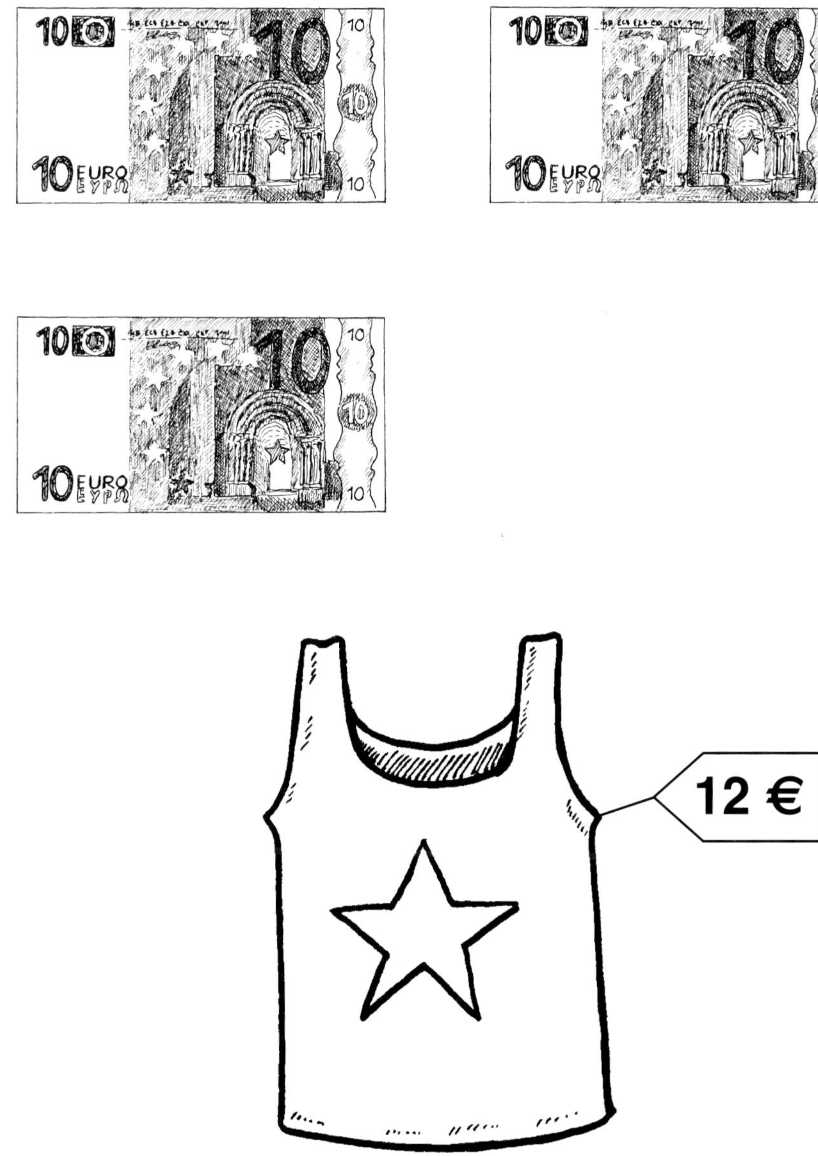

TESTAUFGABE 4b/3

TESTAUFGABE 4b/4

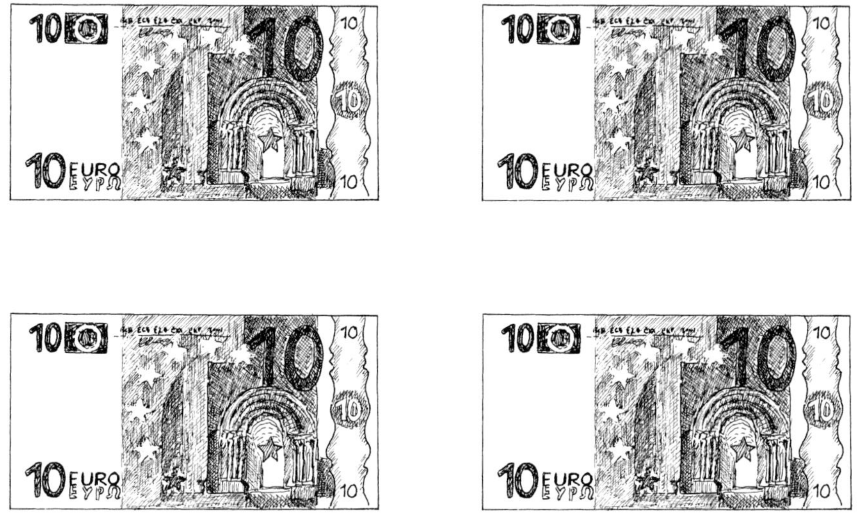

TESTAUFGABE 4c/1

40 – 29 =

TESTAUFGABE 4b/5

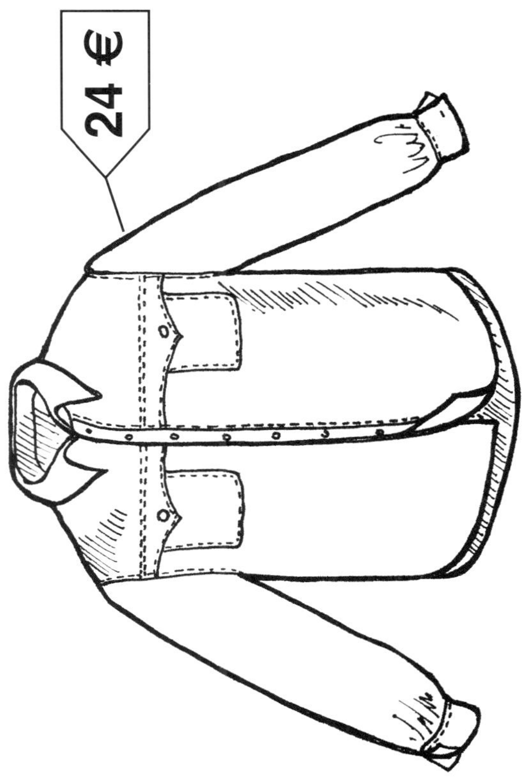

TESTAUFGABE 4c/3

50 – 46 =

TESTAUFGABE 4c/2

30 – 12 =

TESTAUFGABE 4c/5

30 – 24 =

TESTAUFGABE 4c/4

40 – 17 =

TESTAUFGABE 5a/1

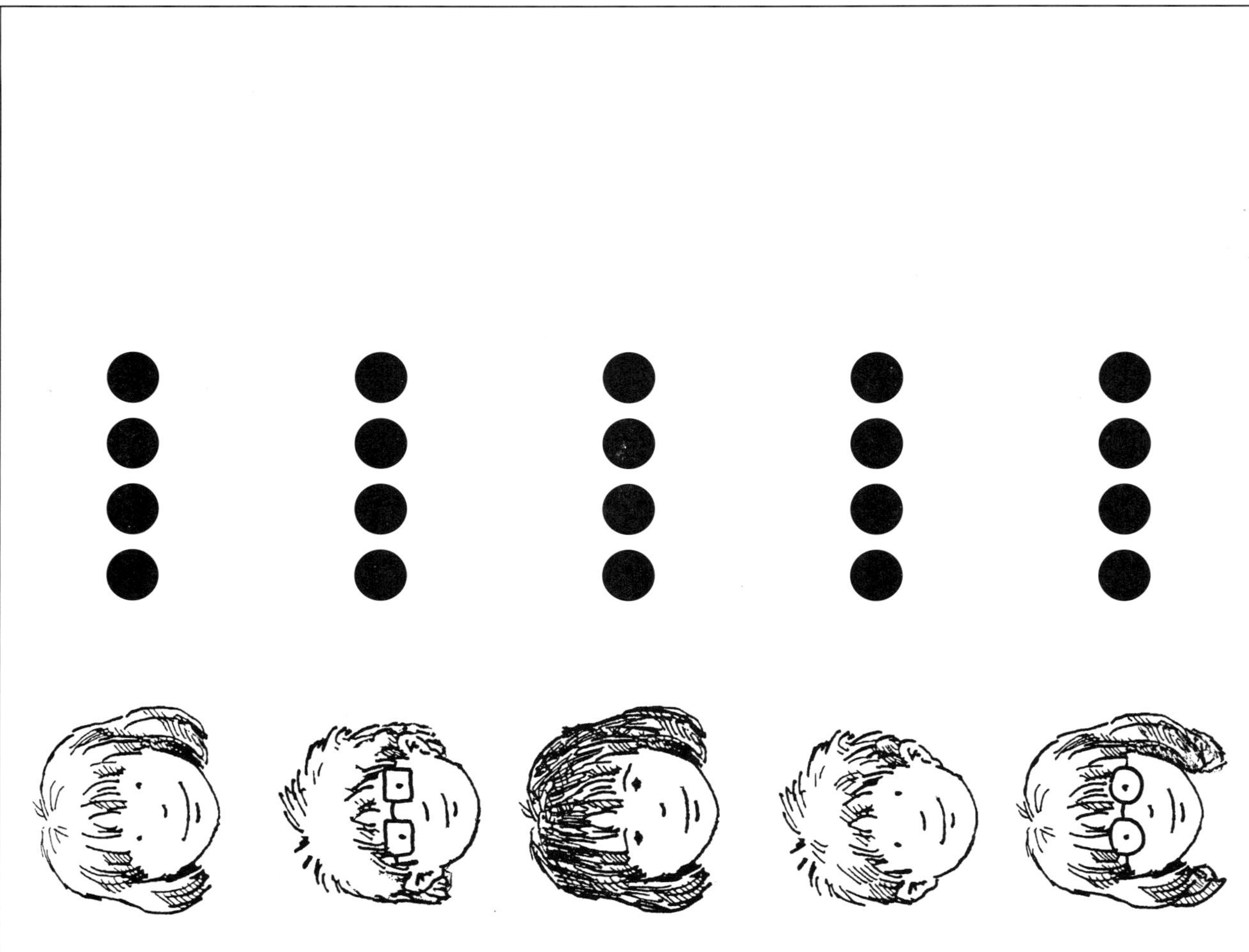

TESTAUFGABE 5a/2

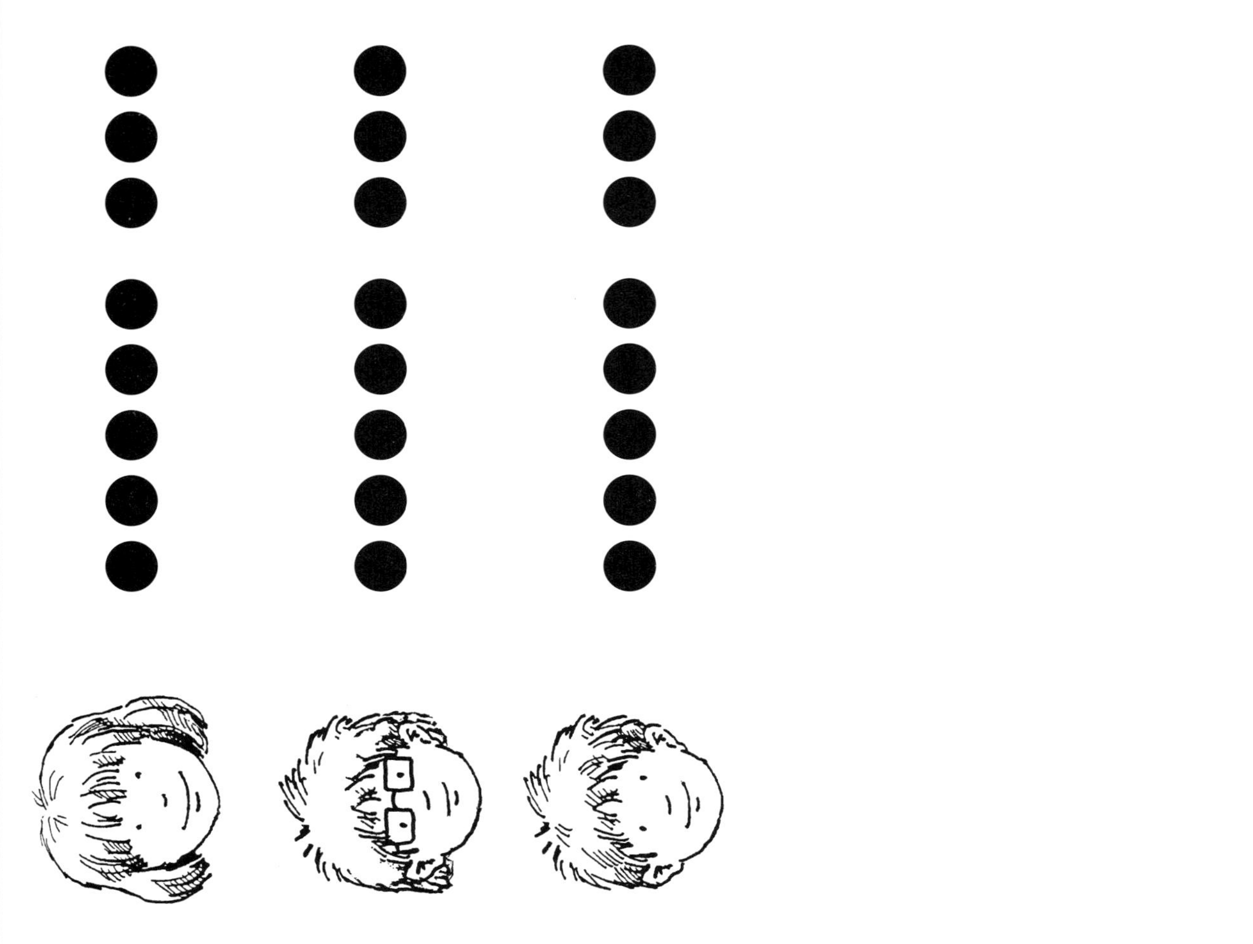

TESTAUFGABE 5a/4

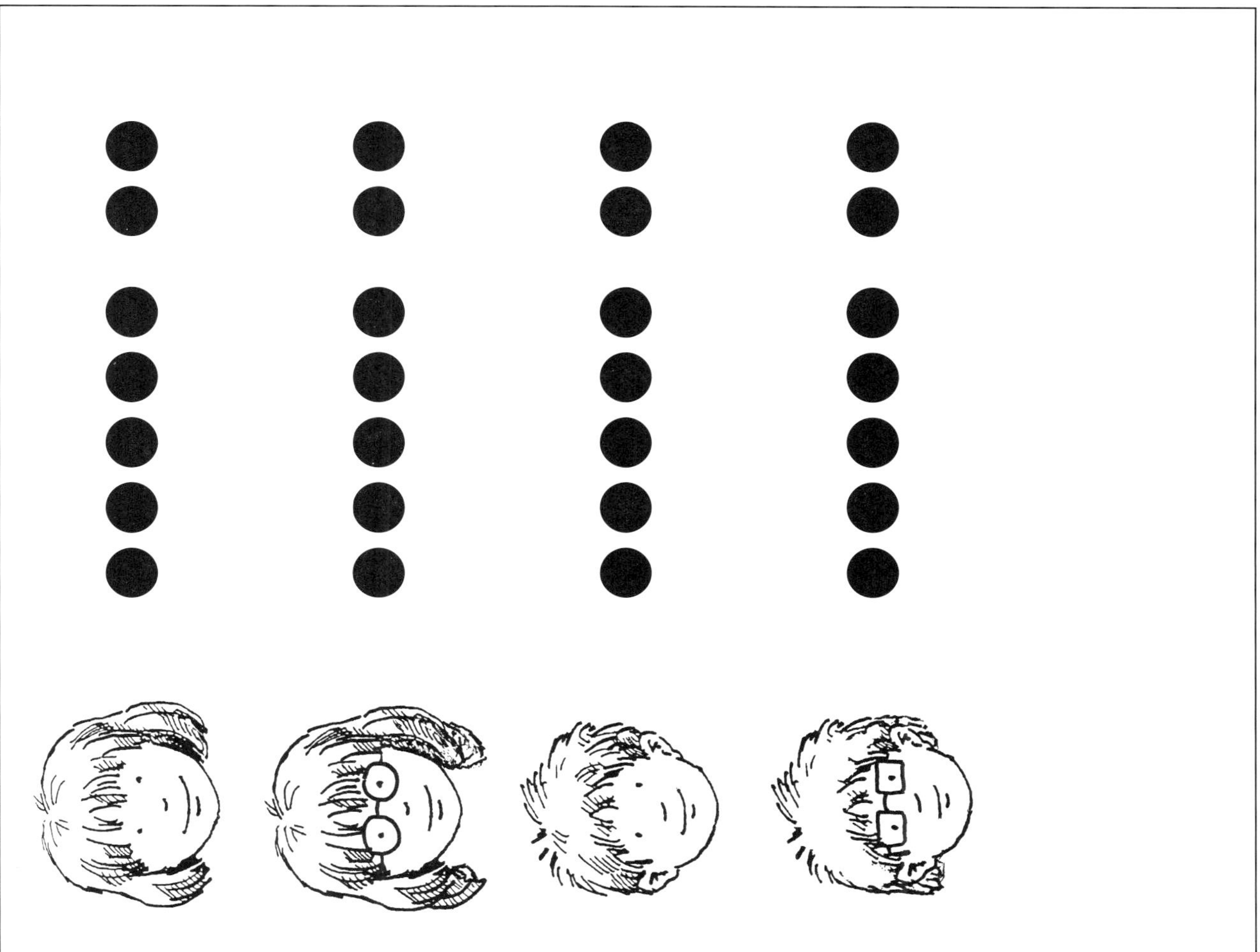

TESTAUFGABE 5a/3

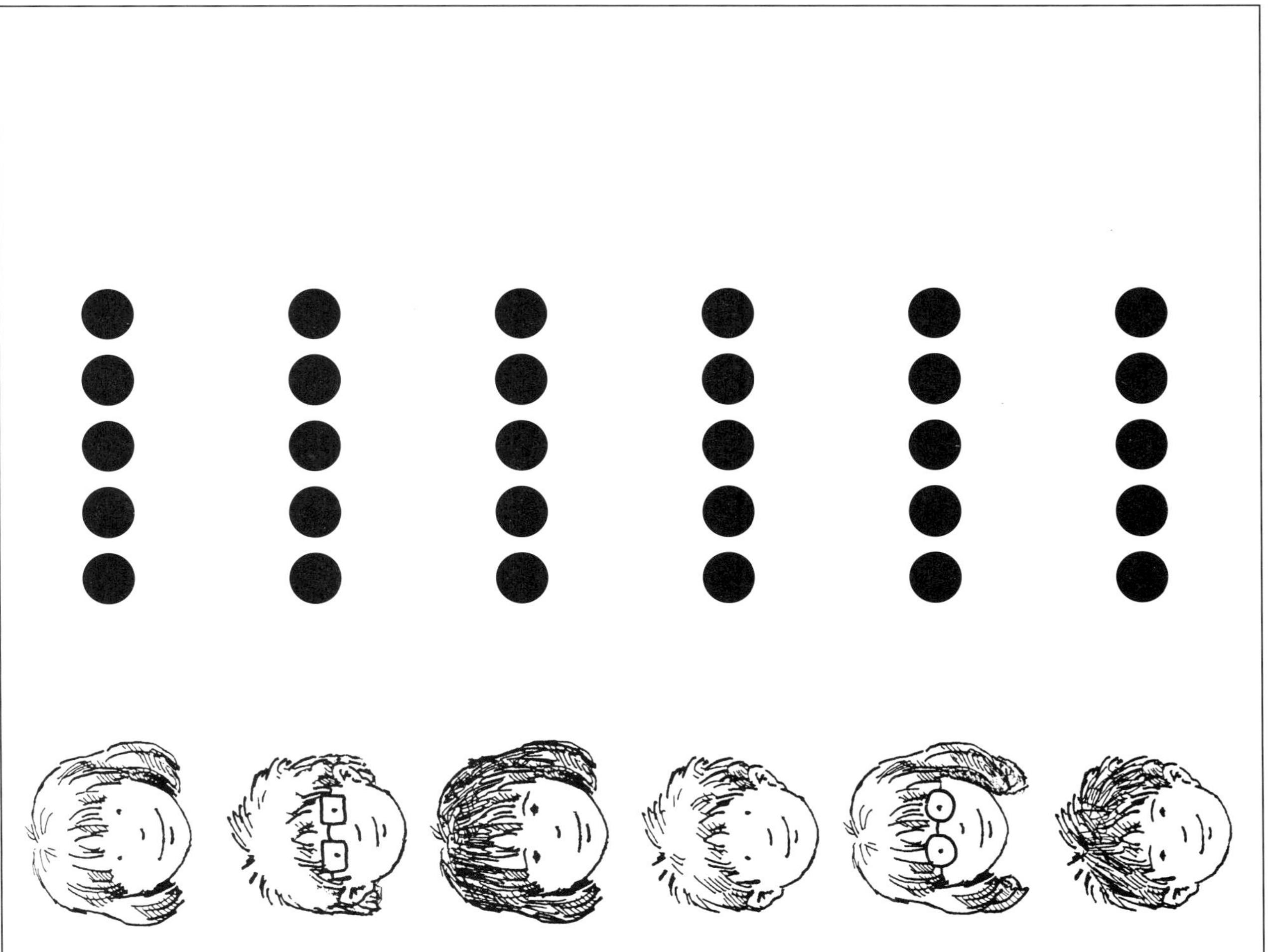

TESTAUFGABE 5a/5

TESTAUFGABE 5b/1

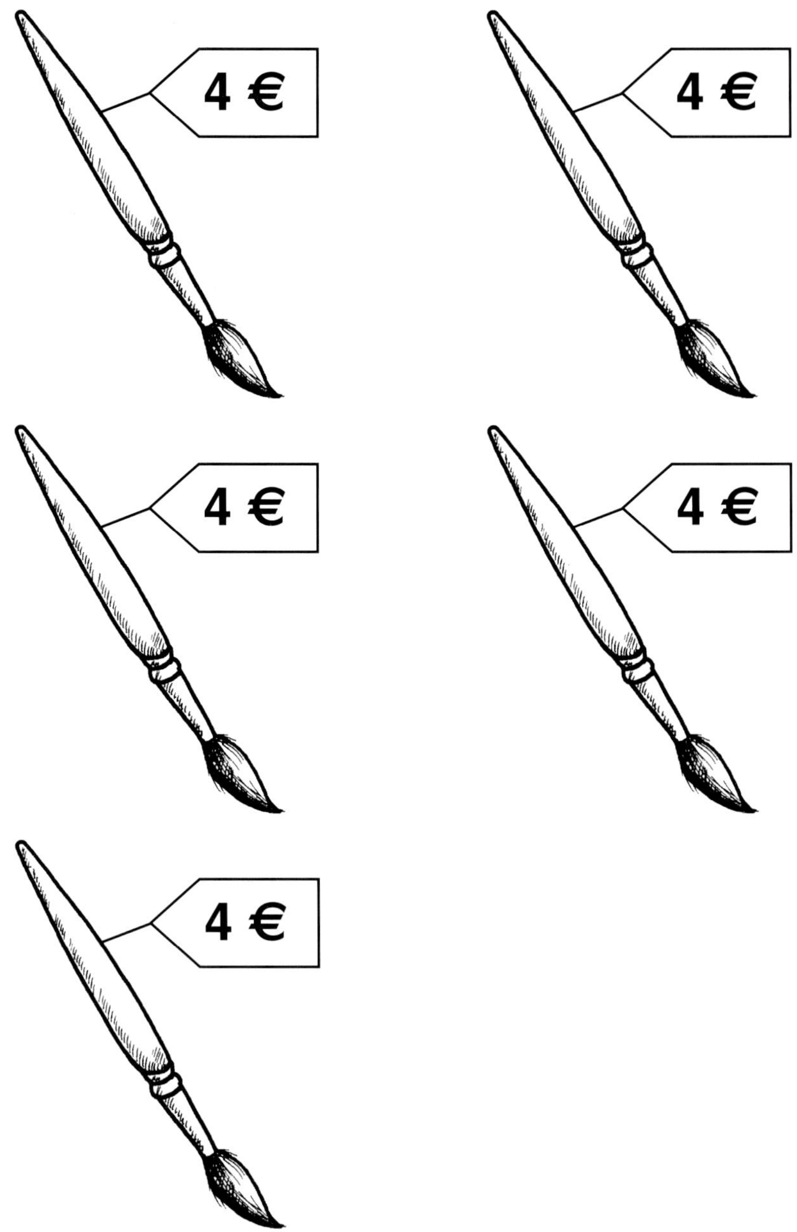

TESTAUFGABE 5b/2

TESTAUFGABE 5b/3

TESTAUFGABE 5b/4

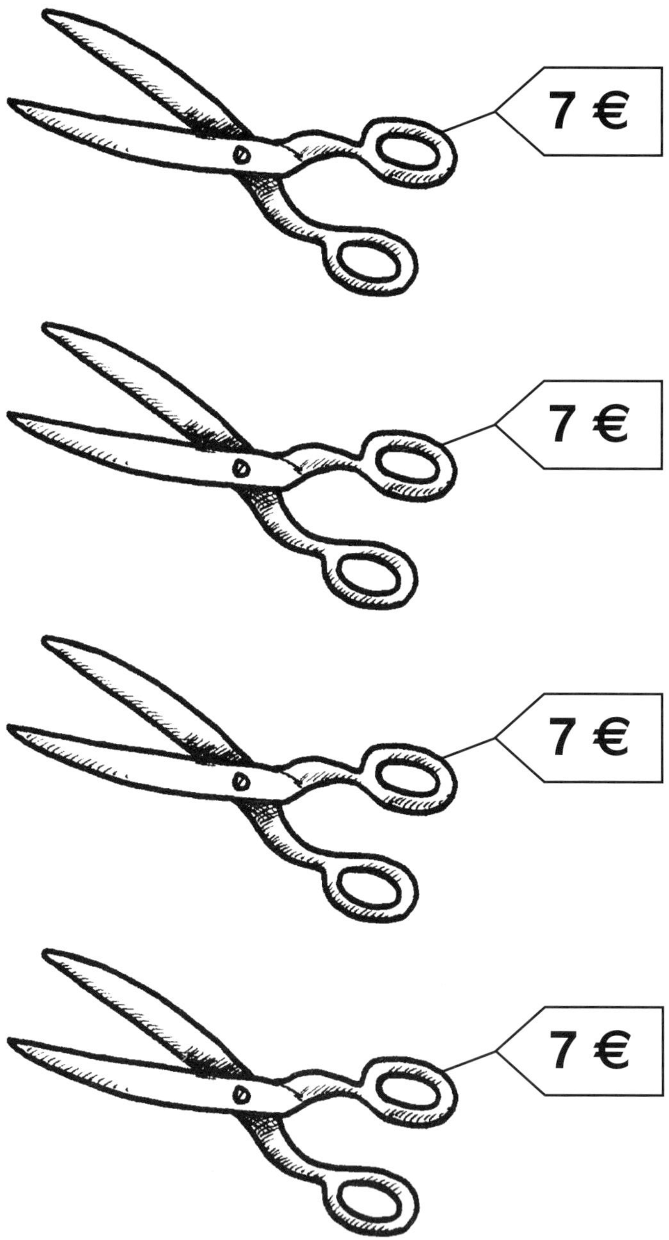

TESTAUFGABE 5b/5

2.3.2 Protokoll- und Auswertungsbögen

Protokollbogen zum Test zu grundlegenden Kompetenzen im Hunderterraum: Addition und Subtraktion

___. Sitzung Datum: ______________________

Beginn: ______________________ Ende: ______________________

Name: ______________________ Klasse: ______________________

1					
2					
3					
4					
5					
6					
7					
8					
9					
10					

Kommentare:

Auswertungsbogen zum Test zu grundlegenden Kompetenzen im Hunderterraum: Addition und Subtraktion

Name: ______________________ Klasse: ______________________

Aufgabe 1a Anzahlbestimmung	1a/1 37	1a/2 24	1a/3 41	1a/4 35	1a/5 48					
Lösung										
Aufgabe 1a* Schreiben von Zahlen	1a*/1 Lösung 1a/1	1a*/2 Lösung 1a/2	1a*/3 Lösung 1a/3	1a*/4 Lösung 1a/4	1a*/5 Lösung 1a/5					
Lösung										
Aufgabe 1b Lesen von Zahlen	1b/1 37	1b/2 24	1b/3 41	1b/4 35	1b/5 48					
Lösung										
Aufgabe 2a Anzahlvergleich	2a/1 26 43	2a/2 45 39	2a/3 36 51	2a/4 28 31	2a/5 54 38	2a/6 52 48	2a/7 25 33	2a/8 42 35	2a/9 48 55	2a/10 41 22
Lösung										
Aufgabe 2b Kontextbezogener Größenvergleich	2b/1 26 43	2b/2 45 39	2b/3 36 51	2b/4 28 31	2b/5 54 38	2b/6 52 48	2b/7 25 33	2b/8 42 35	2b/9 48 55	2b/10 41 22
Lösung										
Aufgabe 2c Kontextfreier Größenvergleich	2c/1 26/43	2c/2 45/39	2c/3 36/51	2c/4 28/31	2c/5 54/38	2c/6 52/48	2c/7 25/33	2c/8 42/35	2c/9 48/55	2c/10 41/22
Lösung										
Aufgabe 3a Abzählbare Addition	3a/1 45 + 12	3a/2 13 + 24	3a/3 36 + 13	3a/4 23 + 23	3a/5 31 + 22					
Lösung										
Aufgabe 3b Kontextbezogene Addition	3b/1 45 + 12	3b/2 13 + 24	3b/3 36 + 13	3b/4 23 + 23	3b/5 31 + 22					
Lösung										
Aufgabe 3c Kontextfreie Addition	3c/1 45 + 12	3c/2 13 + 24	3c/3 36 + 13	3c/4 23 + 23	3c/5 31 + 22					
Lösung										
Aufgabe 4a Abzählbare Subtraktion	4a/1 40 – 29	4a/2 30 – 12	4a/3 50 – 46	4a/4 40 – 17	4a/5 30 – 24					
Lösung										
Aufgabe 4b Kontextbezogene Subtraktion	4b/1 40 – 29	4b/2 30 – 12	4b/3 50 – 46	4b/4 40 – 17	4b/5 30 – 24					
Lösung										
Aufgabe 4c Kontextfreie Subtraktion	4c/1 40 – 29	4c/2 30 – 12	4c/3 50 – 46	4c/4 40 – 17	4c/5 30 – 24					
Lösung										
Aufgabe 5a Abzählbare Multiplikation	5a/1 5 · 4	5a/2 3 · 8	5a/3 6 · 5	5a/4 4 · 7	5a/5 6 · 6					
Lösung										
Aufgabe 5b Kontextbezogene Multiplikation	5b/1 5 · 4	5b/2 3 · 8	5b/3 6 · 5	5b/4 4 · 7	5b/5 6 · 6					
Lösung										

3. Orientierungsübungen

Die Orientierungsphase hat – wie bei jeder Zahlenraumerweiterung – zentrale Bedeutung, auch wenn die Kinder schon rechnen können (vgl. auch Kap. 1). In diesem neuen Zahlenraum kommt nun die *dekadische Gliederung* zur Geltung, die helfen kann, das zählende Rechnen zu vermeiden. Gerade das zählende Rechnen – häufig mithilfe der Finger – ist eines der Hauptprobleme lernschwacher Kinder im Mathematikunterricht. Bei dieser Größenordnung von Zahlen ist offensichtlich, dass eine derartige Strategie zu vielen Fehlern und letztlich in eine Sackgasse führt. Es ist daher wichtig, dass die Kinder jetzt ausreichend Zeit haben, innere Zahlvorstellungen aufzubauen. Hat man darauf schon im Zwanzigerraum sehr viel Wert gelegt, so wird die Verinnerlichung der Zehner-Struktur um so besser gelingen. Entsprechende Übungen dürfen jedoch auch in den höheren Zahlenräumen nicht vernachlässigt werden. Der Übergang zum Rechnen sollte fließend sein, d.h. dass auch bei Orientierungsübungen schon mentale Operationen vorbereitet werden können.
Neben den genannten Aktivitäten sei auch auf verschiedene Spiele des Anfangsunterrichts zur Erschließung des Zwanzigerraums verwiesen, die auf den Hunderterraum übertragen werden können: Dies sind z. B. ‚Räuber und Goldschatz', ‚Dreiecksmemory' oder auch das ‚NIM-Spiel' (vgl. hierzu Müller/Wittmann 1998a; Scherer 1999; Wittmann/Müller 1990, 80f.).

Schreiben zweistelliger Zahlen

An dieser Stelle seien noch Anmerkungen zum Schreiben zweistelliger Zahlen gemacht. Ein häufig anzutreffender Fehler ist das invertierte Notieren der Zahlen, etwa 35 anstelle von 53 (vgl. hierzu auch die Ausführungen zur Lernstandserfassung in Kap. 2). Begründet sind diese Schwierigkeiten, wie bereits ausgeführt, in unserer *Zahlwortbildung*, die nicht mit dem *Zahlsymbol* übereinstimmt. Gelegentlich wird in solchen Fällen empfohlen, die Reihenfolge des Aufschreibens der Ziffern zu ändern: Wenn 53 zu notieren ist, sollen die Kinder nicht von links nach rechts schreiben, sondern mit der 3 beginnen, mit der Ziffer, die sie zuerst hören. Diese Empfehlung mag kurzfristig erfolgreich sein, langfristig können aber andere Schwierigkeiten ausgelöst werden. Wenn Kinder diese Vorgehensweise eher mechanisch verinnerlichen, also immer Zahlen von rechts nach links notieren, haben sie möglicherweise in den weiteren Zahlenräumen beim Schreiben drei- und mehrstelliger Zahlen große Probleme: Sie notieren dann die verbal gegebene Zahl *„dreihundertfünfundachtzig"* als 853. Zudem haben diese Kinder meistens Schwierigkeiten im Umgang mit dem Taschenrechner oder Computer, bei dem die Zahlen gemäß der üblichen Schreibrichtung von links nach rechts eingegeben werden müssen.

3.1 Aktivitäten am Hunderterpunktfeld

Das Hunderterpunktfeld (vgl. auch Abb. 1/3) stellt die konsequente Fortführung des Zwanzigerfelds dar. So kann in natürlicher Weise der bekannte Zahlenraum bzw. Lerninhalt mit dem Neuen verbunden werden. Im Hunderterraum kommt es nun insbesondere auf das Erfassen und flexible Nutzen der Fünfer- und Zehner-Struktur an, um so eine wichtige Grundlage für das spätere Rechnen zu schaffen. Ist schon im Zwanzigerraum die Simultanerfassung oder strukturierte Zahlerfassung und der Aufbau innerer Bilder geschult worden, wird der Übergang zum und die Orientierung im Hunderterraum um so besser gelingen. Andere Materialien, die zwar die gleiche Struktur aufweisen wie etwa ‚Hundert be-greifen' oder der Rechenrahmen ermöglichen prinzipiell diese verschiedenen Darstellungen auch, aber einige der Wege liegen ziemlich fern. Mit dem Punktfeld lassen sich daher am flexibelsten die individuellen Vorstellungen und Sichtweisen der Kinder feststellen. So können beispielsweise 12 Punkte u. a. in folgender Form repräsentiert werden (Abb. 3/1a bis 3/1d).

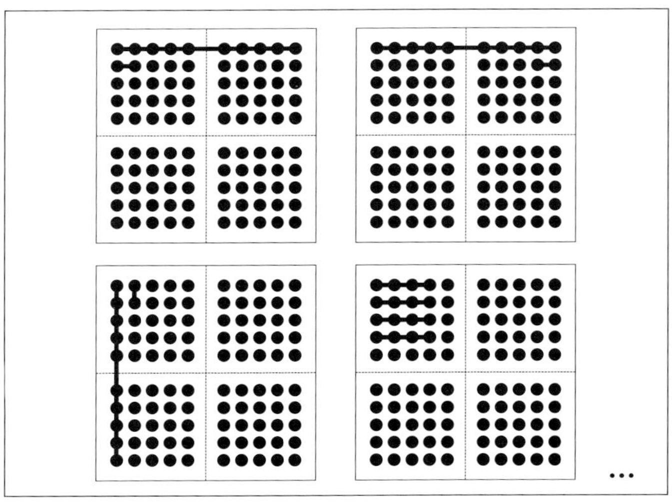

Abb. 3/1a bis 3/1d: Darstellung von 12 Punkten am Hunderterpunkfeld

Gefördert wird bei den folgenden Aktivitäten das Erfassen von Anzahlen unter Ausnutzen der dekadischen

Gliederung. Dabei soll das einzelne Abzählen möglichst vermieden werden. Zunächst werden diese Übungen am Overhead-Projektor durchgeführt, anschließend können die entsprechenden Arbeitsblätter 3/1 bis 3/3 bearbeitet werden.

Einführung: Zeigen von Anzahlen

Bei der Einführung des Punktfelds geht es zunächst um das *Erfassen von Anzahlen,* demonstriert am Overhead-Projektor an einem Hunderterpunktfeld auf Folie mit dem Zahlwinkel aus Karton (vgl. auch Winter 1996, 32f.; Wittmann/Müller 1990, 11f.). Es werden zunächst glatte Zehner-Zahlen gezeigt, die die Kinder benennen. Daneben wird immer die Frage gestellt: *„Wie viele Zehner sind in 100 (in 50, 60 ...)?“* Später kann auch die Frage gestellt werden: *„Wie viele Fünfer, Zwanziger, Fünfundzwanziger, Fünfziger ... sind in 100?“*. Anschließend werden mit dem Zahlwinkel auch gemischte Zehner-Zahlen dargestellt. Zahlen aus dem bekannten Zwanzigerraum können auch in Form der Blitzrechenübung ‚Wie viele?‘ (s. u.), d. h. nur kurze Zeit, präsentiert werden.
Die Kinder zeigen anschließend die Zahlen auch an ihrem eigenen Hunderterpunktfeld mithilfe des Zahlwinkels (Schülermaterial). Zunächst zeigen sie Zahlen, die von der Lehrerin vorgegeben werden *(„Zeige 20, 35, 50 ... Punkte!“).* Anschließend können in Partnerarbeit gegenseitig Anzahlen gezeigt werden, die der Partner bestimmen muss.

Offene Aufgabe

Am Ende einer ersten Stunde kann den Kindern die Aufgabe gestellt werden: *„Finde selbst Aufgaben: Das Ergebnis soll 100 sein!“* Eine derartige Aufgabe kann unterschiedliche Ziele verfolgen: Einerseits hat sie eine diagnostische Funktion, da die Lehrerin Informationen erhält, welche Aufgaben die Kinder spontan wählen, welche Vorlieben bestehen und was sie sich selbst zutrauen. Andererseits sind hier gute Differenzierungsmöglichkeiten gegeben, weil das individuelle Lerntempo (Anzahl der gefundenen Aufgaben) und Leistungsniveau (Schwierigkeitsgrad der Aufgaben) in natürlicher Weise berücksichtigt werden (vgl. auch Scherer 1999, 236ff.; auch Kap. 4.5.4) Das Hunderterpunktfeld sollte als Unterstützung zur Hand sein (ggf. auf einem Arbeitsblatt), sodass die Kinder Zerlegungen entweder mithilfe des Folienzahlwinkels oder durch Einkreisen von Punkten finden können. Es ist häufig nicht nachzuhalten, ob Kinder, die weder Einkreisungen vornehmen noch den Zahlwinkel verwenden, die Aufgaben ohne Zuhilfenahme der Veranschaulichung notieren. Oftmals ist auch das *Wahrnehmen/Sehen* des Punktfelds schon ausreichend für das *Finden einer Zerlegung.* Gerade bei einem systematischen Vorgehen kann das Finden der ersten Aufgabe durch Einkreisen oder mithilfe des Zahlwinkels erfolgen, und die weiteren Aufgaben werden dann ohne Hilfsmittel konstruiert.

Viele Kinder wagen sich zunächst nur an die leichten Zerlegungen mit glatten Zehnern. Dies wäre kein Anlass zur Sorge, denn manchmal stellen diese nicht allzu schwierigen Einstiegsaufgaben eine erforderliche Stufe dar, um später auf ein anspruchsvolleres Niveau zu gelangen.

Schülerbeispiele

Ikram fand neben vier Zerlegungen in je zwei glatte Zehner auch die Aufgaben 99 + 1 und 100 + 0 (Abb. 3/2). Diese möglicherweise als trivial angesehenen Aufgaben können wichtig sein im Hinblick auf das Überprüfen bekannter Prinzipien (aus dem Zwanzigerraum; vgl. auch Kap. 1, Abb. 1/1). Zudem ist es positiv, dass Aufgaben mit 0, die in nicht seltenen Fällen Probleme auslösen, hier in natürlicher Weise selbst gewählt werden. Ikram notiert außerdem eine Aufgabe mit drei Summanden, ein Aufgabentyp, der in Lehrwerken eher selten zu finden ist.

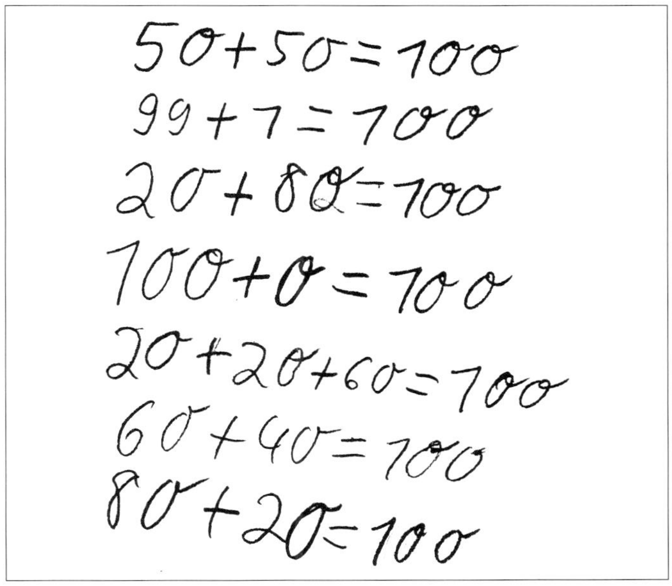

Abb. 3/2: Ikrams Aufgaben

Auch Stefan wählte zunächst glatte Zehnerzerlegungen und den Aufgabentyp ZE + E (Abb. 3/3, s. Seite 86). Bei ihm finden sich aber auch Subtraktionen, und dies ist umso erstaunlicher, da für diesen Aufgabentyp die Anschauungsgrundlage fehlt. Seine Subtraktionen wirken ein wenig wie ein Spiel mit den Zahlen, da er auch verwandte Aufgaben notiert. Der ‚Fehler‘ bei der letzten Aufgabe, das Ergebnis 1000, ist möglicherweise auf eben dieses Spiel zurückzuführen.

Auch Shirin (Abb. 3/4, s. Seite 86) startete mit ähnlichen Aufgaben wie Ikram und Stefan, um dann zu mehrgliedrigen Summen überzugehen. Während die Aufgabe 20 + 20 + 20 + 20 + 20 korrekt ist, zeigt die nächste Summe einen Fehler: Shirin notiert die Summe 30 + 30 + 30 + 30 + 1; möglicherweise erhält sie als mentales Zwischenergebnis 90 und will dann 99 erzeugen. Die Aufgabe erscheint jedoch in diesem Moment zu komplex.

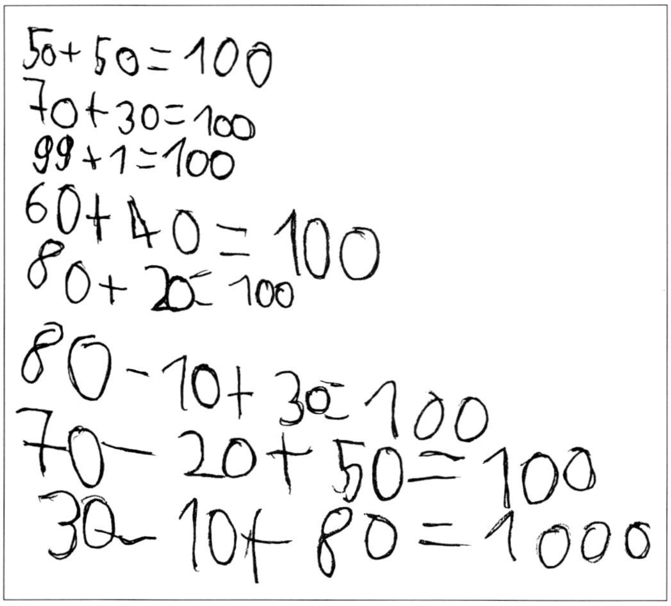

Abb. 3/3: Stefans Aufgaben

Berücksichtigt man, dass diese Aufgabentypen in den Lehrwerken häufig unterrepräsentiert sind (vgl. auch Wagner/Kornmann 1992) und zudem durch die Verwendung des Folienzahlwinkels durchaus nicht nahegelegt werden, so ist es schon beachtlich, wenn Kinder sie von sich aus finden.

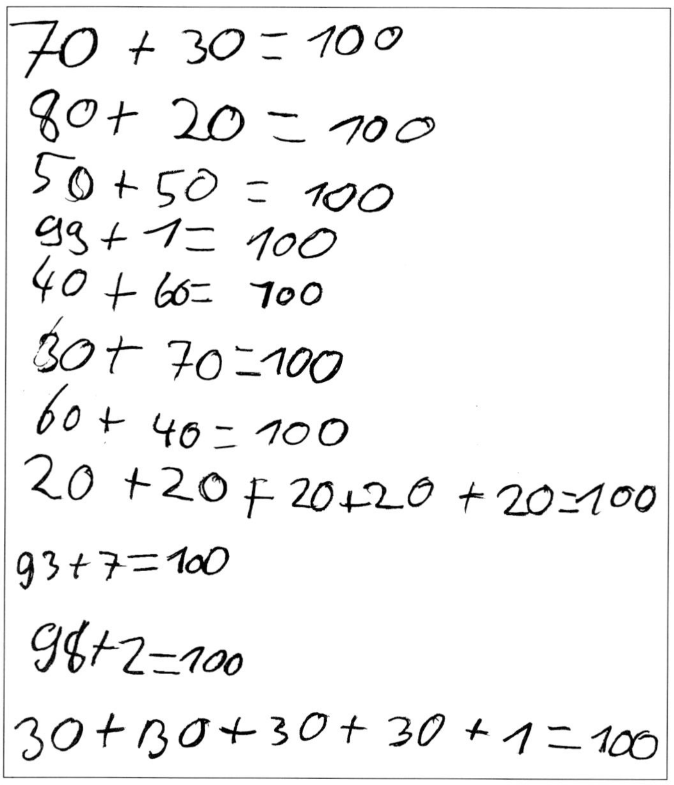

Abb. 3/4: Shirins Aufgaben

Einige Kinder kommen mit einer derartigen offenen Aufgabenstellung nicht auf Anhieb zurecht und finden keine oder nur sehr wenige Beispiele. Dies ist oftmals auf die mangelnde Erfahrung und die daraus resultierenden Unsicherheiten im Umgang mit möglichen Freiheiten zurückzuführen. Diesen Kindern können dann Zerlegungen mithilfe des Folienzahlwinkels gezeigt werden, sodass sie die entsprechenden Aufgaben notieren können (vgl. auch die Anmerkungen in Kap. 4.5.4).

Vorgabe markierter Punkte

Bei der Vorgabe einer bestimmten eingekreisten Anzahl von Punkten sollte die konventionelle Sichtweise (horizontale Leserichtung) genutzt werden, Zehner und Einer horizontal anzuordnen, letztere von links beginnend (Abb. 3/1a; auch Arbeitsblatt 3/1 bzw. Leerformular-Arbeitsblatt 3/2). Bezüglich des Zahlenmaterials sollten glatte und gemischte Zehner, aber auch Einer gewählt werden, um die Aufmerksamkeit der Schülerinnen und Schüler immer anzusprechen. Es bietet sich auch an, die invertierten Formen einer zweistelligen Zahl gleichzeitig zu präsentieren (vgl. zu dieser Schwierigkeit Kap. 2.1 und 2.2).

Schülerbeispiele

Alis erste Lösung des linken Beispiels (Abb. 3/5) zeigt einen häufig auftretenden Fehler: Der Schüler orientiert sich am Zeilenanfang, um die Anzahl der Zehner zu bestimmen (hier 30). Dabei bleibt unberücksichtigt, dass die letzte Zehnerzeile nicht komplett gefüllt ist. Ali zählt zu 30 die Einer hinzu und erhält als Ergebnis 34. Zur Korrektur dieses Fehlers kann einerseits das Einzeichnen der Zehner helfen wie bei André (Abb. 3/7). Manchmal wird den Kindern der Fehler aber selbst bewusst, wenn sie ein anderes Zahlenbeispiel bearbeiten: Ali hätte im rechten Beispiel mit seiner fehlerhaften Strategie 52 als Resultat erhalten. Dies hätte jedoch einen Widerspruch zu seinem ganzheitlichen Eindruck ausgelöst, dass die gestrichelte Linie einen kompletten Fünfziger abtrennt. Das eingekreiste Feld liegt innerhalb der gestrichelten Linie, sodass die Zahl kleiner sein muss. Denkbar wäre daneben auch, Ali mit seinem eigenen falschen Ergebnis (34) zu konfrontieren, entweder als vorgegebene eingekreiste Anzahl oder als Aufforderung diese Anzahl selbst einzukreisen. Häufig kommt es dann beim Vergleich mit dem ersten Ergebnis zu Konflikten, und der Fehler wird von den Kindern selbst erkannt.

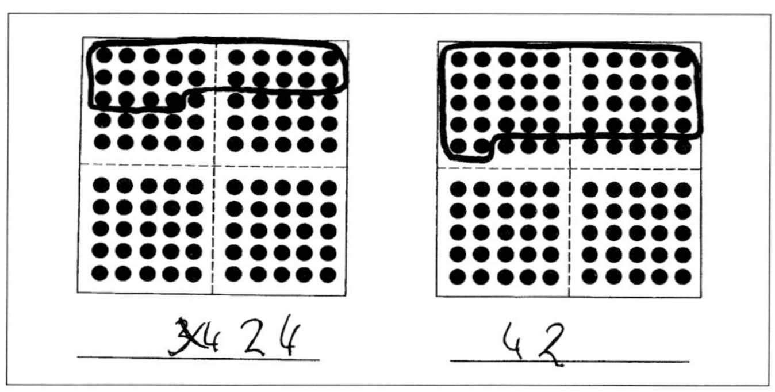

Abb. 3/5: Alis Anzahlbestimmung

Michaela (Abb. 3/6) notiert für das linke Beispiel die korrekte Lösung 24 und kommt auch für das rechte Beispiel zu dem gleichen Resultat. Hier zeigt sich, dass die *gleichzeitige Präsentation* solcher invertierter Formen hilfreich sein kann, um einen Konflikt zu erzeugen und richtige Lösungen herauszufordern.

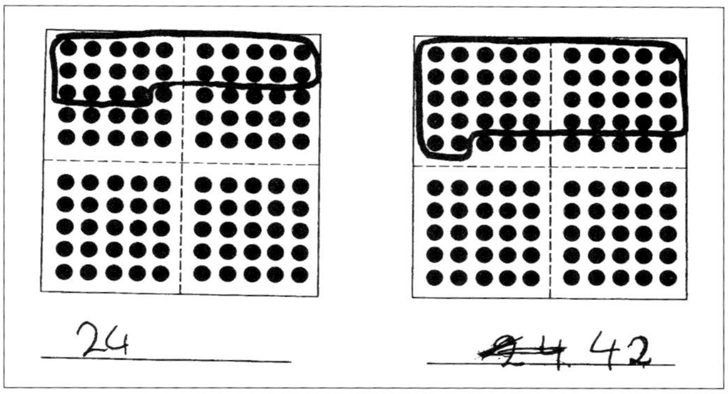

Abb. 3/6: Michaelas Anzahlbestimmung

Andrés Bearbeitung zeigt, dass das manchmal hilfreiche Markieren der Zehner andererseits auch Fehler auslösen kann (Abb. 3/7): Er fokussiert zu stark auf die glatten Zehner und vernachlässigt im rechten Beispiel die mit eingekreisten Einer.

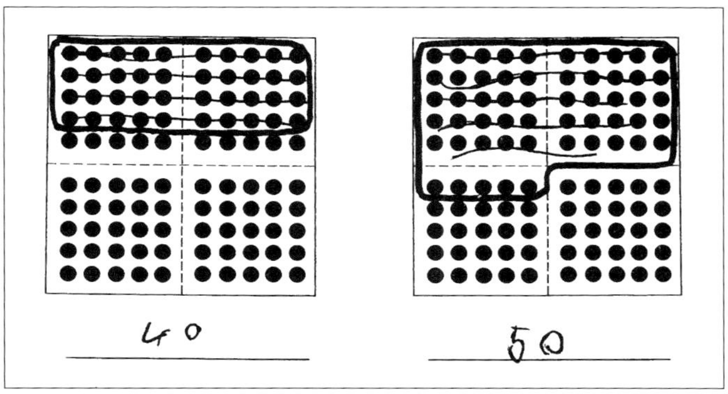

Abb. 3/7: Andrés Anzahlbestimmung

Manche Schüler bestimmen bei dieser Aktivität sowohl die eingekreisten als auch die verbleibenden Punkte und notieren dies in Form von Additionen (Abb. 3/8) oder durch zwei Zahlen (Abb. 3/9), was natürlich auch korrekt ist. Dabei finden sie häufiger eigene Strukturierungshilfen wie etwa das Verbinden von zwei Fünferzeilen, um die Zehner besser zu identifizieren, u. a. dann, wenn sich die Fünfer nicht in einer horizontalen Linie befinden (rechtes Beispiel in Abb. 3/9).

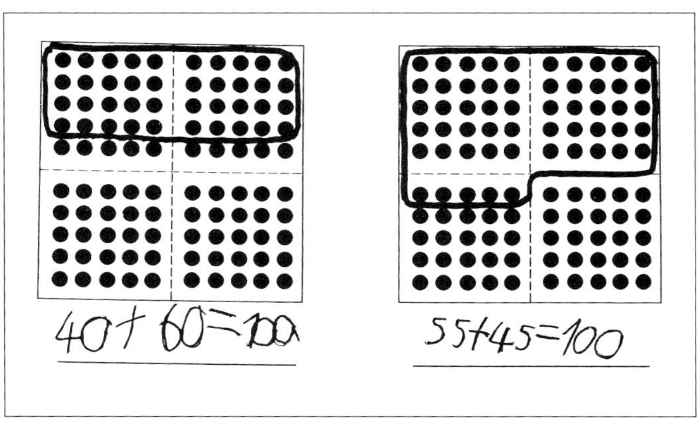

Abb. 3/8: Markus Anzahlbestimmung mit Addition

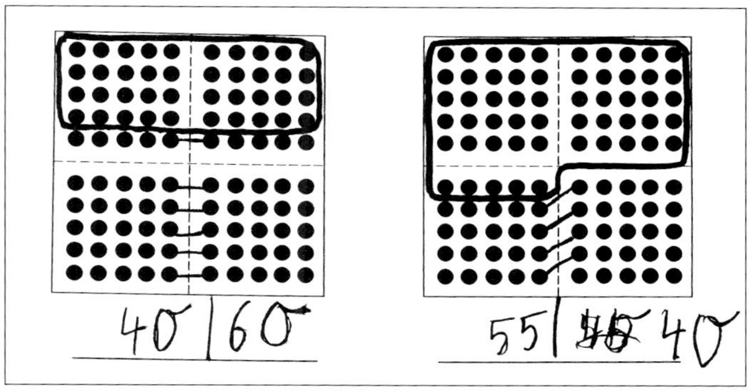

Abb. 3/9: Ümits Anzahlbestimmung

„Kreise Punkte ein!" (Vorgegebene Zahlen)

Bei dieser Aktivität wird eine bestimmte Zahl vorgegeben, und die Kinder zeigen die entsprechende Anzahl von Punkten mit dem Zahlwinkel oder kreisen diese ein (Arbeitsblatt 3/3 bzw. das Leerformular in Arbeitsblatt 3/4). Auch hier sind insbesondere die invertierten Formen, Zahlen mit gleichen Ziffern bzw. Zahlen, bei denen die Differenz zwischen Zehnern und Einern 1 beträgt, zu wählen, um das Sprechen und Schreiben dieser Zahlen weiter zu festigen (vgl. die Erkenntnisse der Lernstandserfassung in Kap. 2).
Die Strategien, d. h. in diesem Falle die Sichtweise auf die Zehner, ist hier freigestellt. Die in Abb. 3/10a und 3/10b dargestellten Bearbeitungen entsprechen dabei nicht der konventionellen Sichtweise (Zehner horizontal, Einer von links beginnend). Langfristig empfiehlt sich für den Unterricht eine Art Kompromisslösung: Bei dieser Aktivität können die Schüler ihre *eigene Sichtweise* einbringen, während bei der vorangegangenen Übung (Vorgabe eingekreister Punkte) die *konventionelle Sichtweise* gewählt wird. Manche Schüler werden nach und nach zur Konvention übergehen, andere werden ihre Strategie beibehalten. Dies ist auch nicht weiter problematisch, solange die Schüler flexibel und ohne Schwierigkeiten zwischen verschiedenen Vorstellungen wechseln können. In jedem Fall bieten die unterschiedlichen Sichtweisen der Kinder Anlass zur Diskussion, entweder innerhalb der gesamten Gruppe oder aber in der Schüler-Lehrer-Interaktion. Die Kinder sollten dabei durchaus Vergleiche von Strukturierungen vornehmen und z. B. unterscheiden, wann oder warum die eine oder andere Strukturierung sinnvoll ist.

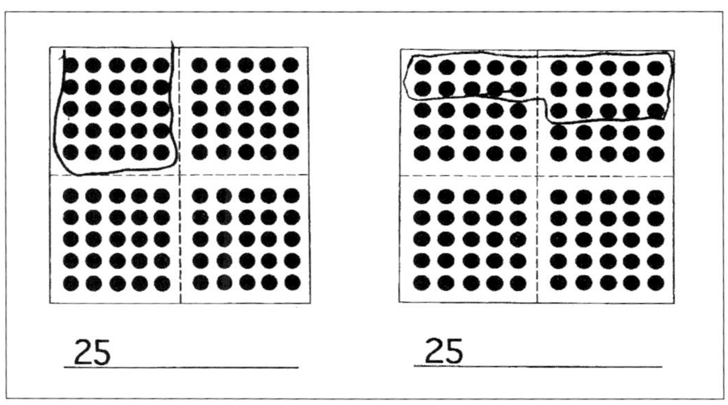

Abb. 3/10a und 3/10b: Michaelas und Yildirays Strategien beim Einkreisen von Punkten

Selbst gewählte Zahlenbeispiele

Die Kinder sollen auch *eigene Beispiele* wählen (Arbeitsblatt 3/4), unter denen sich dann ganz leichte Zahlenbeispiele, wie bei Stefan (Abb. 3/11), finden können. In einem solchen Fall muss nicht unbedingt eine Anforderungsvermeidung vorliegen, der Auslöser kann auch ein temporärer Rückzug (ohne weiterreichende Bedeutung) auf vertrautes Terrain mit einer gewissen ‚Erholungsfunktion' oder einfach ein Spiel mit ‚leichten' Zahlenwerten sein. Derartige leichte, selbst gewählte Aufgaben können sehr hilfreich sein, sofern bei Kindern das entsprechende Verständnis vorliegt: „Kinder, die mit Verständnis arbeiten, werden nicht verwirrt werden bei Aufgaben wie 4 · 0, 4 · 1, 4 + 0, einer Standardfalle für viele Schulkinder" (Whitney 1985, 229; Hervorhebung im Original; Übersetzung PS).

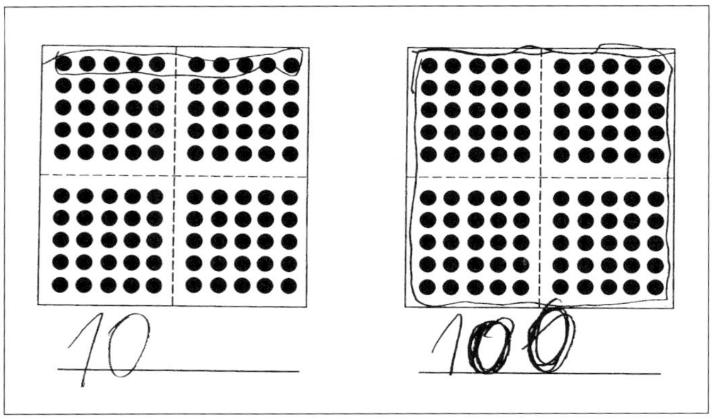

Abb. 3/11: Stefans selbst gewählte Beispiele

Falls aber Kinder langfristig und vorrangig leichte Beispiele wählen, kann auf dem Arbeitsblatt 3/4 eine Unterscheidung getroffen werden ‚Meine leichten Beispiele' und ‚Meine schweren Beispiele' (vgl. auch die Entsprechungen für Zahlenmauern in Scherer 1999, 220). Die Kinder können anschließend die getroffene Entscheidung in (ihrer Meinung nach) leichte und schwere Aufgaben begründen. Die Lehrerin erhält dadurch aufschlussreiche Informationen über Leistungsstände bzw. über subjektive Einschätzungen der Kinder und regt möglicherweise das Nachdenken über Schwierigkeitsgrade erst an.

Blitzrechenübung „Wie viele?"

Bei dieser Übung werden Zahlen am Overhead-Projektor am Hunderterpunktfeld mithilfe des Zahlwinkels gezeigt (vgl. Wittmann/Müller 1990, 149). Die Zahlen werden nur kurze Zeit präsentiert, und die Schüler sollen die jeweiligen Zahlen möglichst unter Ausnutzung der Fünfer- bzw. Zehner-Struktur nennen. Bei der Auswahl der Zahlen empfiehlt sich das Nutzen operativer Zusammenhänge (z. B. immer 1, 2, ..., 10, 11 ... mehr; fortlaufendes Erhöhen, z. B. 1, 2, 4, 7, 11 ...). Diese Übung kann im Verlauf ihrer Behandlung auf die Steigerung der Schnelligkeit abzielen, allerdings sollte für die Kinder dabei kein zu großer Druck entstehen.

Ausschnitte des Hunderterpunktfelds können auch mithilfe des 1 x 1-Winkels gezeigt werden. Bei dieser Übung geht es dann nicht unbedingt um das Erfassen der 1x1-Aufgabe, sondern um die dargestellte Zahl. Nach der Behandlung des 1 x 1 kann dann auch das Erfassen der jeweiligen Multiplikationsaufgabe mit ihrem dazugehörigen Ergebnis im Vordergrund stehen (vgl. auch Bd. 3).

Weiterführung

Weitere Arbeitsblätter können von der Lehrerin leicht selbst erstellt werden. Hier können Zahlenbeispiele individuell gewählt werden, je nachdem, welche Beziehungen besonders zu üben sind.

Differenzierung

Durch die Wahl der Zahlenbeispiele können die genannten Übungen natürlich differenziert eingesetzt werden. Falls das einzelne Abzählen dominiert, sollten Kindern auch Strukturierungshilfen gegeben werden.

Bei den offenen Aufgaben, ‚selbst gewählte Zahlenbeispiele' und ‚Ergebnis 100', ist die Anzahl der gefundenen Aufgaben sehr unterschiedlich. Daneben differiert auch der Schwierigkeitsgrad der gewählten Aufgaben von selbst. Die unterschiedlichen Voraussetzungen der Kinder können durch diese Übungsform berücksichtigt werden, ohne das Bearbeitungsniveau *vorab* festzulegen: Viele Kinder finden Aufgaben mit glatten Zehner-Zahlen, häufig unter Ausnutzung des Kommutativgesetzes und durch systematisches Vorgehen, wie das gegensinnige Verändern der Summanden um 10. Gelegentlich werden Aufgaben doppelt notiert oder es treten Notationsfehler auf, was aber nicht weiter tragisch ist. Solche Dopplungen könnten Ausgangspunkt für einen weiteren Arbeitsschritt sein, der darin besteht, die Aufgaben zu ordnen und auf Dopplungen hin zu überprüfen.

3.2 Aktivitäten an der Hundertertafel

In der Hundertertafel (vgl. Abb. 1/5a) wird die dekadische Struktur nicht so stark betont wie etwa beim Punktfeld, und so kann dieses Arbeitsmittel einige Kinder zum zählenden Rechnen verleiten (vgl. auch Kap. 4.1). Für die Phase der Orientierung ist aber die Darstellung aller Zahlen des Hunderterraums mit all ihren Beziehungen von zentraler Bedeutung.

Ziel dieser Übungen ist in erster Linie das Verinnerlichen von Zahlbeziehungen, d. h. des Aufbaus des dekadischen Zahlsystems. Geübt werden daneben auch das Lesen und Schreiben von Zahlen sowie das Erfassen der dekadischen Struktur und das Erkennen von Mustern.

Aktivitäten an der ausgefüllten Hundertertafel (am Overhead-Projektor)

In einer ersten Phase können sich die Kinder zur Hundertertafel äußern, die als Folie auf dem Overhead-Projektor liegt. Sie nennen bekannte Zahlen etc., suchen die kleinste und größte Zahl, nennen evtl. auch Auffälligkeiten zur Struktur. Die Kinder lesen anschließend durch transparente Plättchen markierte oder eingekreiste Zahlen. Sie benennen durch Wendeplättchen verdeckte Zahlen bzw. suchen verbal oder auf Kärtchen schriftlich gegebene Zahlen in der Tafel. Eine weitere Aktivität kann das Suchen von Nachbarzahlen (Vorgänger/Nachfolger) oder auch von Nachbarfünfern und -zehnern sein.
Anschließend können die Kinder an ihrer eigenen Hundertertafel (Schülermaterial, Arbeitsblatt 3/5) die Übungen durchführen, d.h. eine verbal gegebene Zahl in der Hundertertafel suchen. Beispielsweise gibt die Lehrerin die Aufgabe, ein Plättchen auf eine bestimmte Zahl zu legen, dann den Vorgänger bzw. Nachfolger zu bestimmen.

Blitzrechenübung „Zählen bis 100" (vgl. Wittmann/Müller 1990, 149)

Hier geht es um das flexible Zählen vorwärts und rückwärts, von einer beliebigen Zahl an und in beliebigen Schritten (Zweier, Fünfer, Zehner etc.). Die vorgegebenen ebenso wie die von den Schülern zu nennenden Zahlen können zunächst am Punktfeld, an der Hundertertafel, der Zahlreihe oder am Zahlenstrahl gezeigt werden. Die beschriebenen sprachlichen Auffälligkeiten und Schwierigkeiten bei der Zahlwortreihe sollten hier beachtet werden.
Später können diese Übungen auch ohne visuelle Unterstützung durchgeführt werden.

Invertierte Zahlen

Die invertierten Versionen von Zahlen sind beim Einstieg in den Hunderterraum besonders zu üben: Aus je zwei Ziffernkärtchen (Ziffern 1 bis 9) werden beide möglichen Kombinationen für zweistellige Zahlen gelegt und die entsprechenden Zahlen in der Hundertertafel gesucht. Um ein mechanisches Abspeichern der Zahlennamen zu verhindern, sollte immer die mündliche Zerlegung in Zehner und Einer bzw. die Übersetzung in eine andere Veranschaulichung erfolgen (z.B. Hunderterpunktfeld; vgl. auch Kap. 3.1).

Aktivitäten mit Zahlenkärtchen

Zahlenkärtchen werden gezeigt, bei denen die Einer- oder Zehnerstelle verdeckt ist (Abb. 3/12). Durch Fragen wie *„Welche Zahl kann hier stehen?"* bzw. *„Welche größte/kleinste Zahl kann hier stehen?"* werden die Kinder ermuntert, über Beziehungen nachzudenken und nicht nur Wissen zu reproduzieren. Das Nennen *konkreter Beispiele* ist fast immer möglich, wohingegen Angaben zur größten oder kleinsten Zahl weitaus schwieriger sein können. Die Schülerinnen und Schüler sollen die genannten Zahlen auch in der Hundertertafel zeigen.

Abb. 3/12: Zahlenkärtchen mit verdeckter Einer- oder Zehnerstelle

Vorgabe von Zahlen nach bestimmten Regeln

Zahlen werden visuell oder verbal vorgegeben (z.B. 6, 16, 26). Die anschließende Fragestellung *„Welche Zahl sollt ihr als Nächstes suchen?"* ermöglicht wiederum eine Bearbeitung auf verschiedenen Niveaus: Zunächst können sich die Kinder an der visuellen Struktur (Zeilen, Spalten, Diagonalen) orientieren, um die gesuchte Zahl herauszufinden. Sie können ihre Entdeckung zeigen und/oder die gesuchte Zahl nennen. Zur Beschreibung der Muster sollten arithmetische wie geometrische Grundbegriffe zugelassen sein. Das Fortsetzen der Muster bereitet häufig keinerlei Schwierigkeiten. Ausgehend von der Spaltenstruktur können die Kinder solche Muster auch beschreiben: *„Da hast du immer eine ausgelassen."* Die weitere Frage nach einer verbalen Begründung (*„Wie hast du die Zahl herausgefunden?"* bzw. *„Was haben die Zahlen gemeinsam?"*) ist dann weitaus schwieriger. Die Vorstellungen und Gedanken der Kinder können vom Spezialfall auf das Allgemeine gelenkt werden. Die Kinder sind herausgefordert, Zusammenhänge, Muster und Regelhaftigkeiten zu entdecken und zu verbalisieren.

Lückenhafte Hundertertafel

Aktivitäten bieten sich auch an einer lückenhaften Hundertertafel an, bei der Zahlen nach bestimmten Mustern, wie z.B. Spalten, Zeilen, Diagonalen, ausgelassen sind (z.B. Arbeitsblatt 3/6 und Arbeitsblatt 3/7, auch Abb. 3/13). Vorgegeben werden hierbei Zahlen, die den Kindern besondere Schwierigkeiten bereiten und die ihnen zu einem bewusst frühen Zeitpunkt präsentiert werden. Die ganzheitliche Umgebung der Zahlen, d.h. die Beziehungen der Zahlen untereinander, bieten hier Orientierungshilfen.
Viele Kinder zeigen hier eine vergleichsweise niedrige Fehlerquote. Interessant sind die verschiedenen Strategien, mit denen sich Kinder diesem Aufgabentyp nähern:

- Marcel ging z.B. die Zahlenreihe von Anfang an durch und füllte nach und nach die fehlenden Felder aus.
- Sven suchte zu einer fehlenden Zahl den vorangegangenen Zehner. Bei der fehlenden Zahl 44 ging er zurück zu 40 und zählte dann von 40 an weiter bis zum freien Platz.

- Serkan orientierte sich bei allen freien Feldern am Vorgänger.
- Shirin orientierte sich an der Struktur der fehlenden Zahlen, d. h. sie füllte zunächst die fehlende Spalte komplett aus, dann die Diagonale.

Natürlich können auch Schwierigkeiten auftreten: So orientierte sich Stefan an der gegebenen Struktur, beginnend mit der Spalte, übersprang einen Zehner, sodass auf Feld 77 die 87 stand. Bei der kreuzenden Diagonalen kam er aber nicht in Konflikt und beließ den Fehler.
Bei Ayhan zeigten sich gewisse Orientierungsprobleme (die 13 unter der 12, Abb. 3/13) sowie das nochmalige Aufschreiben der links neben einem freien Feld stehenden Zahl (im Zahlenraum über 30 fast durchgängig)[19]. Bemerkenswert war das korrekte Ausfüllen der Siebener-Spalte von oben nach unten bis zur 57, welches dann scheiterte, als zwei Felder nebeneinander auszufüllen waren. Hier kann die Hinzunahme einer ausgefüllten Hundertertafel helfen.

Hierbei sind Unterschiede festzustellen bezüglich der Zeit, der Zuhilfenahme der ausgefüllten Hundertertafel oder der Orientierungssicherheit. Häufig wird die erste (und zweite) Zeile oder die gesamte Tafel ausgefüllt, selbst von Kindern, die durchaus in der Lage wären, ohne diese Orientierungspunkte auszukommen. Die Erfahrung, dass im Mathematikunterricht in den meisten Fällen leere Felder auszufüllen sind, macht dieses Vorgehen verständlich.
Jans Lösung (Abb. 3/14) zeigt, dass sein erster spontaner Versuch fehlerhaft war. Er begann, die gesamte Tafel auszufüllen und ging vermutlich nach den ersten grauen Feldern (12 und 13) in die nächste Zeile über, um dort die Zahlenreihe fortzusetzen. Mit dem nächsten Orientierungspunkt (25) trug er die 24 als Vorgänger korrekt ein. Erst hier wurde ihm die Gesamtstruktur klar, und er füllte die Tafel komplett bis zur 60 aus. Vermutlich erkannte er dann, dass das komplette Ausfüllen entbehrlich ist. Um den Arbeitsaufwand zu reduzieren, trug er nun ohne Probleme nur die grauen Felder ein.

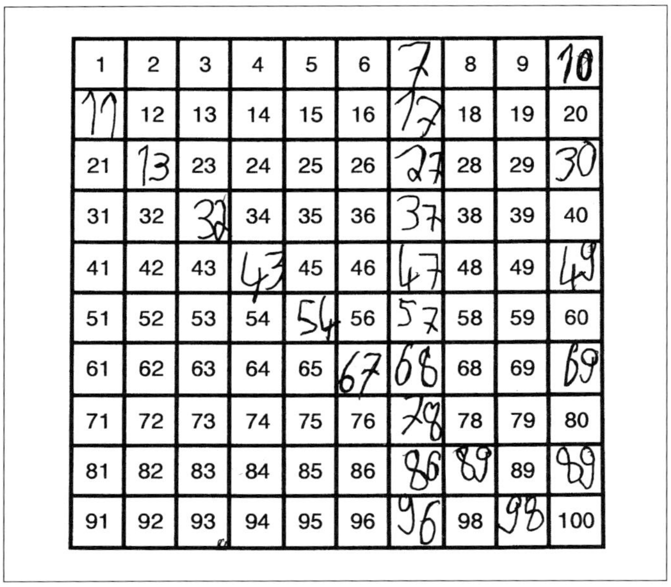

Abb. 3/13: Ayhans Lösung

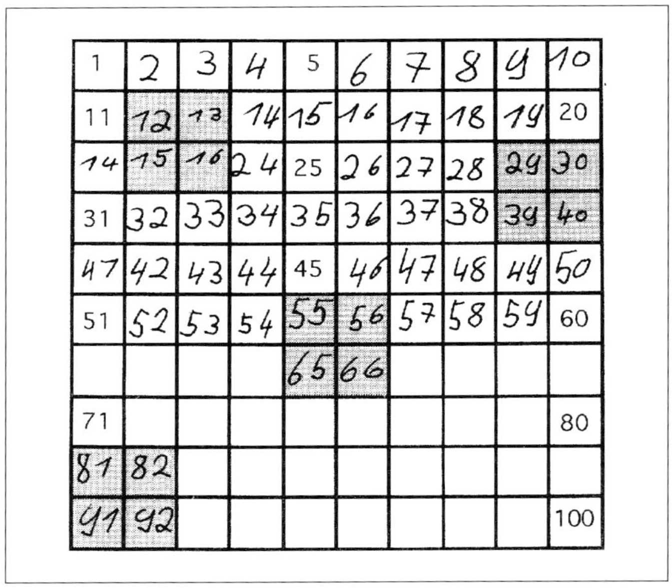

Abb. 3/14: Jans Lösung

Hundertertafel mit reduzierten Orientierungspunkten

Im Anschluss an diese Aktivitäten können die Kinder eine Hundertertafel mit reduzierten Orientierungspunkten erhalten (vgl. Arbeitsblatt 3/8). Die fehlenden Positionen müssen dabei gedanklich ergänzt werden. Sie tragen so zur weiteren Verinnerlichung der Struktur des Hunderterraums bei (vgl. Wittmann/Müller 1990, 79). Arbeitsauftrag sollte sein, lediglich die grauen Felder auszufüllen und die übrigen Felder nur bei Bedarf. Ebenso können die Kinder, wenn notwendig, eine ausgefüllte Hundertertafel zu Hilfe nehmen.

Orientierungsschwierigkeiten können sich in der folgenden Art zeigen:

- Ali füllte die Felder 81, 82 und 91 korrekt aus. Beim vierten Feld orientierte er sich an 82. Das darunterliegende Feld (92) führte zu einer Erhöhung der Zehner *und* der Einer um 1 (Abb. 3/15a).

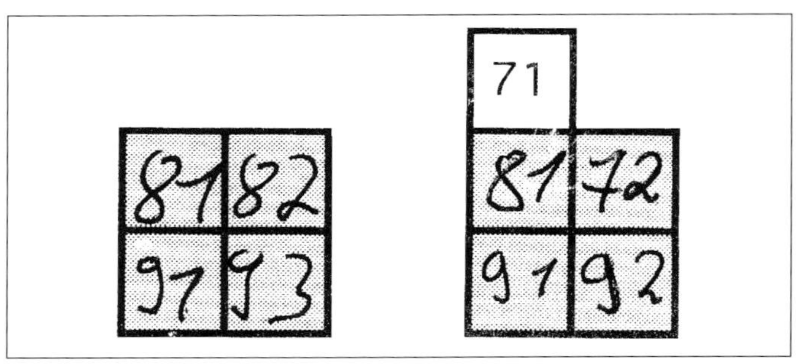

Abb. 3/15a und 3/15b: Ausschnitte aus den Lösungen von Ali und Pinar

[19] Im Interview zeigten sich bei Ayhan eine Begrenzung der Zahlwortreihe sowie Hilfskonstruktionen beim Lesen von gemischten Zehner-Zahlen größer als 20. Er las z. B. 42 als 40 oder 48 als 18.

▷ Feld 81 wurde von Pinar korrekt ausgefüllt (+10 zum Orientierungspunkt 71). Für das nebenliegende Feld (82) wurde wiederum die 71 als Orientierungspunkt genommen, sodass die Erhöhung der Einerstelle ebenfalls zu 72 führte (Abb. 3/15b).

▷ Ähnliche Orientierungsschwierigkeiten tauchten bei Marco auf. Er hatte die zweite Spalte durch Vergleich mit der ausgefüllten Hundertertafel nach oben verschoben (Abb. 3/16a).

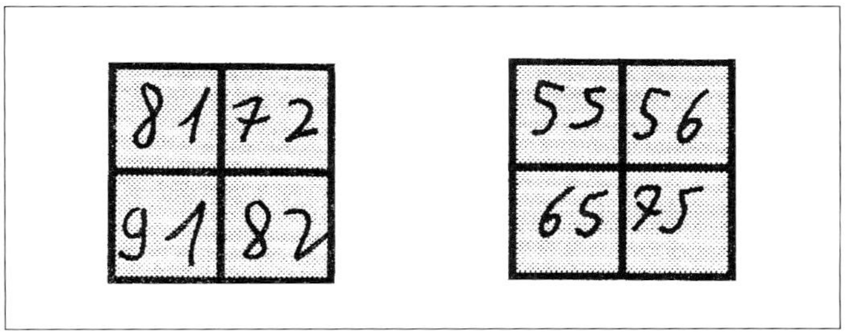

Abb. 3/16a und 3/16b: Ausschnitte aus den Lösungen von Marco und Aynur

▷ In Abb. 3/16b hatte Aynur die Felder 55, 56 und 65 korrekt ausgefüllt. Ein Feld nach rechts führte bei ihr zu einer Erhöhung der Zehner um 1. Dies kann einerseits in Unsicherheiten hinsichtlich der Struktur begründet sein, wobei meines Erachtens jedoch keine Störung der Raumorientierung vorliegen muss (vgl. Lorenz 1992, 168). Die Fehllösung lässt vielleicht auf Unsicherheiten in der Zahlwortreihe schließen[20]. Die Orientierung schien dann erschwert, wenn der Unterschied zwischen Zehner und Einer 1 betrug.

Leere Hundertertafel

Für weitere Aktivitäten kann den Kindern eine leere Hundertertafel mit ausgewählten markierten Feldern gegeben werden (Arbeitsblatt 3/9 bzw. Abb. 3/17). Die Anordnung der markierten Felder kann natürlich ebenso variiert werden wie die Struktur (z. B. durch Markieren von 3 x 2-Feldern). Hier nehmen Kinder häufig die ausgefüllte Hundertertafel hinzu. Einige kommen aber schon ohne diese Unterstützung zurecht und orientieren sich, wie Yildiray, am ersten Feld der entsprechenden Zeile.

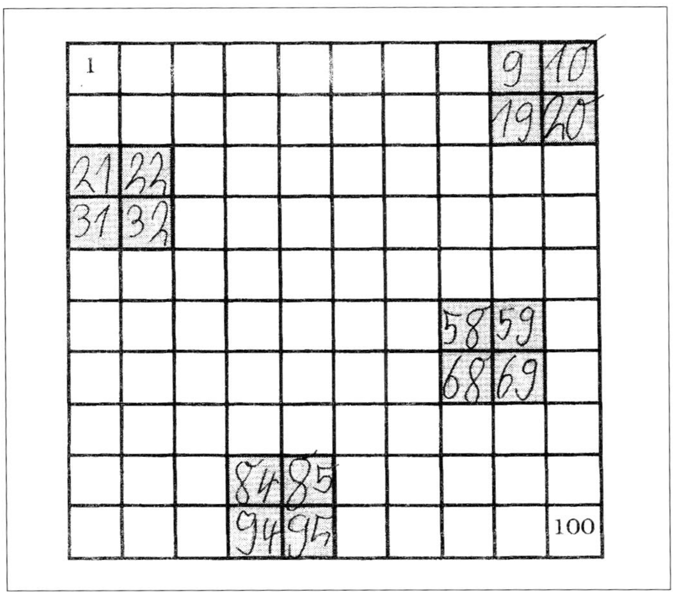

Abb. 3/17: Yildrays Lösung

Ausschnitte der Hundertertafel

Eine weitere Fortführungsmöglichkeit kann die Vorgabe von Ausschnitten sein, wobei für die Kinder deutlich sein muss, dass es sich um Ausschnitte der Hundertertafel handelt (Abb. 3/18a).

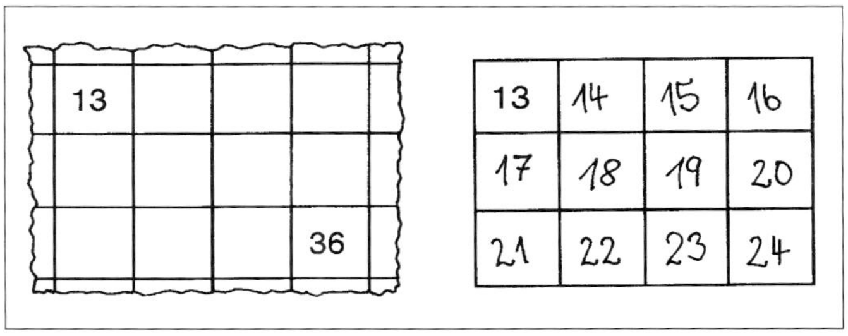

Abb. 3/18a und 3/18b: Ausschnitt der Hundertertafel und Konstruktion einer neuen Feldstruktur durch Sebastian

Bei den häufig in Schulbüchern gewählten Darstellungen kann es zu ‚Fehllösungen' aufgrund von *Feldabhängigkeiten* (Lorenz 1992, 167f.) kommen: Kinder konstruieren ein neues (stimmiges) System und vernachlässigen die konventionelle Struktur der Hundertertafel (Abb. 3/18b). Die neue Struktur ist jedoch durchaus verständlich, denkt man z. B. an Zahlenfelder bei einem Kalender. Derartige Felder zeigen nicht unbedingt eine einheitliche Struktur, wie Abb. 3/19a und 3/19b belegen.

So	Mo	Di	Mi	Do	Fr	Sa
1	2	3	4	5	6	7
8	9	10	11	12	13	14
15	16	17	18	19	20	21
22	23	24	25	26	27	28
29	30					

So	1	8	15	22	29
Mo	2	9	16	23	30
Di	3	10	17	24	
Mi	4	11	18	25	
Do	5	12	19	26	
Fr	6	13	20	27	
Sa	7	14	21	28	

Abb. 3/19a und 3/19b: Kalenderblätter mit unterschiedlichen Feldstrukturen

[20] Bei Aynur fehlten im Interview in der Zahlwortreihe u. a. 55 und 66, daneben war auch das Erhöhen der Zehner-Stelle festzustellen.

Differenzierung

Bei Aktivitäten an der ausgefüllten Hundertertafel gibt es immer mehrere markierte bzw. verdeckte Zahlen, die genannt werden sollen. Die Kinder können selbst Aufgaben unterschiedlichen Schwierigkeitsgrads auswählen (z. B. glatte Zehner-Zahlen bzw. Zahlen im Zwanzigerraum als leichte Aufgaben oder Zahlen im Zahlenraum über 50 als schwere Aufgaben).

Bei den lückenhaften Hundertertafeln existieren unterschiedliche Strategien mit unterschiedlichen Schwierigkeitsgraden. Folgende Strategien, mit denen die genannten Aufgaben gelöst werden können, bieten sich hier an:

- Durchgehen der Zahlenreihe von Anfang an und fortlaufendes Ausfüllen der fehlenden Felder.
- Bei einer fehlenden Zahl orientieren sich die Schüler am vorangegangenen Zehner (z. B. bei fehlender Zahl 44 zurückgehen zu 40 und weiterzählen bis zum freien Platz).
- Orientierung am Vorgänger der freien Felder.
- Orientierung an der Struktur der fehlenden Zahlen.

Je mehr Orientierungspunkte in der Tafel fehlen, desto anspruchsvoller können die Übungen werden. Bei Schwierigkeiten sollte es den Kindern erlaubt sein, eine ausgefüllte Hundertertafel zur Hilfe zu nehmen.

Weiterführung

Die Struktur dieses Arbeitsmittels findet sich auch im Tausenderbuch wieder (vgl. WITTMANN/MÜLLER 1991) und kann im entsprechenden Zahlenraum erneut aufgegriffen werden.

3.3 Aktivitäten an der Hunderterreihe und am Hunderterstrahl

Hunderterreihe und Hunderterstrahl (vgl. Abb. 1/8 und Abb. 1/9) repräsentieren eine lineare Anordnung der Zahlen und betonen den *ordinalen Zahlaspekt,* hingegen tritt die Dezimalstruktur nicht so deutlich hervor. Verwendet werden sollte eine Hunderterreihe wie auch ein Hunderterstrahl, auf denen nur die glatten Zehner-Zahlen eingetragen sind, sodass die strukturelle Eigenschaft im Vordergrund steht, die den Kindern bei der Zahlraumerweiterung helfen kann. Zugunsten der Übersichtlichkeit kann beim Hunderterstrahl auf die eingetragenen Fünfer-Zahlen verzichtet werden.
Wesentlicher Unterschied zwischen Hunderterstrahl und Hunderterreihe ist sicherlich der Anfangspunkt. Die Schwierigkeiten mit der O als Anfangspunkt sind hinlänglich bekannt, und gerade deshalb gilt es, schon bei den Orientierungsübungen beide Veranschaulichungen zu verwenden.
Die folgenden Übungen sollen die weitere Orientierung im Hunderterraum fördern, dabei Zahlbeziehungen erkennen lassen, wie etwa Vorgänger/Nachfolger etc. Hunderterreihe, Hunderterstrahl sollten jeweils als Folie für den Overhead-Projektor und auch als Material für die Schüler verfügbar sein. Die Aktivitäten werden im Folgenden jeweils für eine dieser Veranschaulichungen konkretisiert.

Einführung

Häufig wird von Kindern die Analogie zum ‚Lineal' geäußert, und sie erkennen auch die optisch hervorgehobene Skalierung der Fünfer und Zehner. Aktivitäten sind zunächst das Vorwärtszählen von beliebigen Zahlen an (mit bzw. ohne sichtbaren Anfangspunkt), das Rückwärtszählen, das Zählen in Schritten (vorwärts/rückwärts) und das Zeigen von beliebigen Zahlen.

Benennen und Eintragen von Zahlen an vorgegebenen Positionen

Die Schüler füllen vorgegebene Plätze aus bzw. tragen vorgegebene Zahlen in den Zahlenstrahl ein (Arbeitsblatt 3/10). Eine häufig verwendete Strategie der Kinder zum Auffinden von Zahlen ist die *‚Orientierung an Zehner-Zahlen'* und das entsprechende Weiterzählen. Einige Kinder orientieren sich auch an der Fünfer-Gliederung, selbst wenn diese Zahlen nicht explizit eingetragen sind. Schwierigkeiten treten bei direkten Vorgängern reiner Zehner auf. Hier kann entweder die Zählrichtung (Eintragen des Nachfolgers an Stelle des Vorgängers; möglicherweise Raumorientierungsstörungen; Abb. 3/20a) oder aber die Orientierung im Zehner fehlerhaft sein (Abb. 3/20b). Gegebenenfalls sollte die Lehrerin überprüfen, ob eine vertikale Anordnung des Zahlenstrahls andere Ergebnisse zeigt (vgl. auch LORENZ/RADATZ 1993, 101).

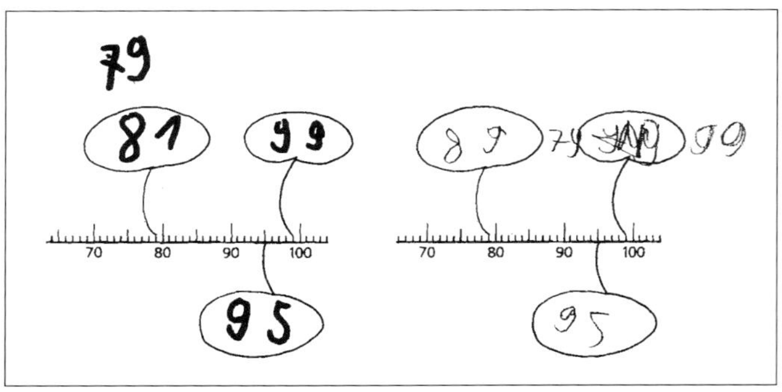

Abb. 3/20a und 3/20b: Ausschnitte aus den Lösungen von Jana und Marco

Eintragen vorgegebener Zahlen

Beim Aufsuchen von korrekten Positionen vorgegebener Zahlen können sich Orientierungsprobleme offenbaren: Bei der Zahl 54 wurde der hervorgehobene Strich nach der 40 (also 45) als nächster Zehner identifiziert (Abb. 3/21). Das Weiterzählen um vier Striche führte zum Eintrag an der Position 49.

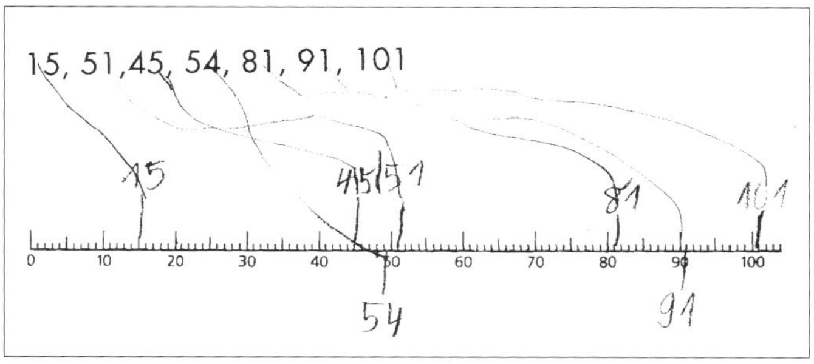

Abb. 3/21: Orientierungsprobleme am Zahlenstrahl

Bei derartigen Aktivitäten können hin und wieder Zahlen eingestreut werden, die über den Hunderterraum hinausgehen und so in die Zone der nächsten Entwicklung hineinreichen. Solche Anforderungen sollten immer als Angebot verstanden werden, nicht aber verpflichtend sein.

An dieser Stelle sei noch einmal auf den Zahlenstrich verwiesen (vgl. Kap. 1; auch MENNE 1999), der keine Skalierung aufweist. Die Einteilung bzw. Einordnung von Zahlen auf dem Zahlenstrich muss von den Kindern selbst vorgenommen werden. Bei den hier gemachten Vorschlägen wird auf den Zahlenstrich verzichtet und auf den Tausenderraum verwiesen bzw. auf Erfahrungsberichte für den Hunderterraum (z. B. MENNE 1999).

Fortsetzen von Zahlenfolgen mit beliebigen Startpunkten

Auf der Hunderterreihe sind die ersten (vier) Glieder einer Zahlenfolge durch Plättchen auf den Feldern repräsentiert. Die Kinder sollen die Folge fortsetzen und – falls möglich – auch beschreiben.

Beispiel: Auf den folgenden Feldern liegt jeweils ein Plättchen (Abb. 3/22). Wie geht es weiter?

Die Schüler legen die entsprechenden Plättchen oder nennen die entsprechenden Zahlen. Die Lösung wird entweder durch das visuell wahrgenommene Muster gefunden oder durch die ggf. vorhandenen arithmetischen Kenntnisse.

Weitere Beispiele: 10, 12, 14, 16 ...
1, 3, 5, 7 ...
22, 25, 28, 31 ...

Später können auch Beispiele mit unterschiedlicher Schrittlänge gewählt werden:

10, 11, 13, 14, 16, 17 ...

Es wird deutlich, dass die Anzahl der vorgegebenen Zahlen hier größer sein muss, um den Schülern ein eindeutiges Erkennen des Musters zu ermöglichen.
Zu einem späteren Zeitpunkt kann diese Übung auch ohne anschauliche Unterstützung durchgeführt werden.

Suchen einer ‚versteckten Zahl' auf dem Zahlenstrahl

Die Kinder sollen Zahlen nennen und nur durch Informationen, ob die gesuchte Zahl *größer* oder *kleiner* als ihre genannte ist, die Zahl finden. Das Finden der Zahl soll in möglichst wenigen Schritten erfolgen. Genannte kleinere Zahlen werden am Overhead-Projektor grün, größere Zahlen rot markiert. Es erweist sich häufig als schwierig, beide Dimensionen *gleichzeitig* zu beachten. Die Kinder können dann zwar von sich aus sagen, ob ihre genannte Zahl kleiner oder größer ist, dennoch scheinen nur wenige in der Lage zu sein, die Gesamtsituation zu überschauen und die gesuchte Zahl herauszubekommen. Hier kann eine eingeschränkte Beweglichkeit des Denkens vorliegen. Vermutlich sind die Schwierigkeiten aber auch zahlenraumabhängig, und die Aufgabe wird in einem ganz vertrauten System (Zwanzigerraum) leichter sein. Man sollte bei derartigen Schwierigkeiten die Übung am Zwanzigerstrahl durchführen, um Informationen darüber zu erhalten, ob die Aufgabe verstanden wurde. Manchmal ist den Kindern aber einfach nur unklar, dass die Zahl mit möglichst wenigen Versuchen gefunden werden soll; dies sollte dann explizit als Arbeitsanweisung formuliert werden.

Benachbarte Zahlen

Eine weitere Übung in Anlehnung an die Hunderterreihe ohne Orientierungspunkte ist das Ermitteln von Nachbarn in *beliebigen Abständen* als Vorübung zur Addition und Subtraktion (Arbeitsblatt 3/11). Häufig ist dies weitaus schwieriger als das Aufsuchen von Nachbarzahlen bzw. Nachbarzehnern. Übungen können durchgeführt werden zu den Abständen 2, 5 und 10. Schwierigkeiten zeigen sich in erster Linie bei den Zehnerübergängen.

Differenzierung

Bei fast allen Aktivitäten existieren wiederum leichte und schwierigere Zahlenwerte (z. B. glatte Zehnerzahlen als leichte Anforderung). Bei größeren Schwierigkeiten kann die Lehrerin zunächst diese leichten Zahlenwerte auswählen oder aber ggf. auf die Zwanzigerreihe bzw. den Zwanzigerstrahl zurückgreifen. Daneben ist immer auch die Zuhilfenahme der vollständig ausgefüllten Version (z. B. der Hunderterreihe) möglich und hilfreich.

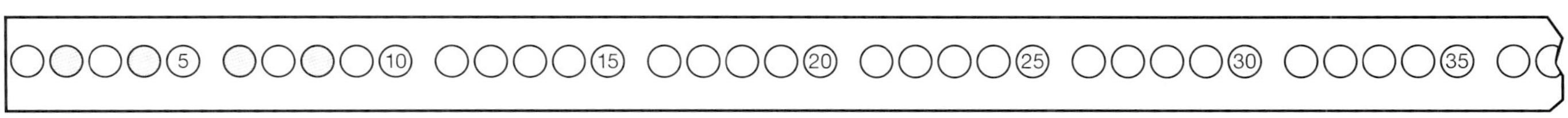

Abb. 3/22: Beginn einer Zahlenfolge, dargestellt durch Plättchen auf der Hunderterreihe

3.4 Vermischte Übungen

Lernschwache Schüler haben häufig Transferschwierigkeiten und Probleme, die Strukturgleichheit von Veranschaulichungen zu erkennen. Der Koordinierung verschiedener Darstellungen kommt daher besondere Bedeutung zu, selbstverständlich begleitet von einem einsichtsvollen Kennenlernen der Veranschaulichungen. Im Unterricht gilt es, insbesondere für den Hunderterraum, die Dezimalstruktur herauszuarbeiten.
Bei diesen vermischten Übungen werden alle für den Hunderterraum angegebenen Materialien (vgl. Kap. 1) benötigt. Hinzuzunehmen ist in jedem Fall auch das Rechengeld (vgl. zu entsprechenden Orientierungsaktivitäten auch Kap. 4.5.5)

Darstellen einer Zahl an verschiedenen Veranschaulichungen

Verbal oder schriftlich gegebene Zahlen werden notiert und am Punktfeld, in der Stellentafel und durch Zehner-Balken dargestellt (Arbeitsblatt 3/12 bzw. Leerformular 3/13). Vorwiegend nutzen die ‚schwächeren' Schüler die Strukturierung in Zehner und Einer am Hunderterpunktfeld (Abb. 3/23). Den leistungsstärkeren Schülern scheint es keine Schwierigkeiten zu bereiten, die unterschiedlichen Bilder (Hunderterpunktfeld und Darstellung durch Zehner-Balken) zu vergleichen (Abb. 3/24).

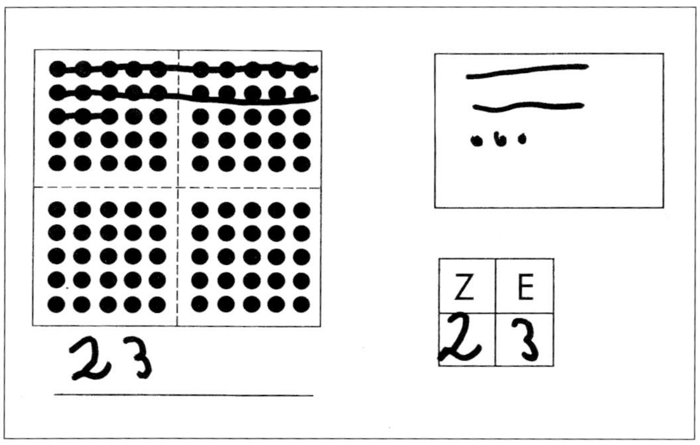

Abb. 3/23: Marcels Strukturierung in Zehner und Einer

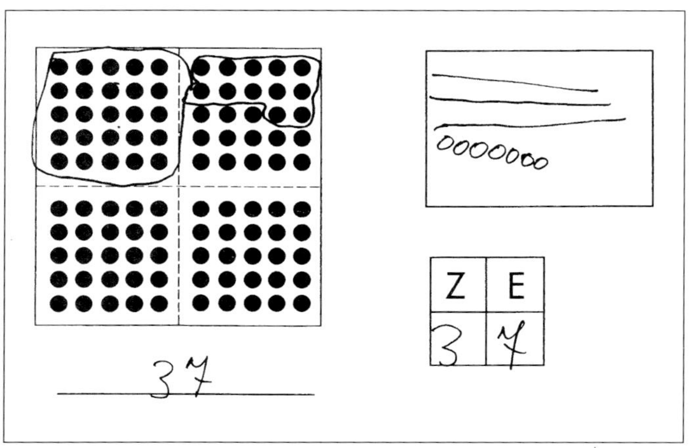

Abb. 3/24: Mustafas „individuelle" Strukturierung des Punktfelds

Die Vorgabe der jeweiligen Darstellung kann und sollte variiert werden. Verstärkt sollten invertierte Formen, aber auch reine Zehner oder Einer gewählt werden, um so die Bedeutung der 0 herauszustellen (vgl. auch Pincus et al. 1975, 581)[21]. So soll für die Kinder die 0 bspw. in der Stellentafel an der Einerstelle nicht schematisch aus der Zahldarstellung übernommen werden. Vielmehr soll ihnen klar sein, dass *keine einzelnen Punkte* vorhanden sind. Möglicher Fehler bei der Vorgabe reiner Zehner kann das Verzählen um einen Zehner sein.

Selbstgewählte Beispiele

Auch erscheint es sinnvoll, die Kinder selbst Beispiele auswählen zu lassen (Arbeitsblatt 3/13). Hier kann eine ‚leichte' Aufgabe in einer Darstellung zu einer recht schwierigen in einer anderen Darstellung führen.

Beispiel: 100 Punkte am Punktfeld sind recht einfach einzukreisen. An der Stellentafel bereitet dieser Zahlenwert jedoch Probleme.

Bei der Darstellung von Zahlen können auch Probleme beim Zusammenfassen der Einheiten auftreten, z. B. ein Zehner-Balken und 4 Einer werden zum Ergebnis 5 zusammengefasst, da nur die Anzahl der Objekte gezählt werden (Abb. 3/25). Daran wird deutlich, dass eine einsichtsvolle Einführung der Zehner-Balken sowie die Koordinierungsübungen unabdingbar sind.

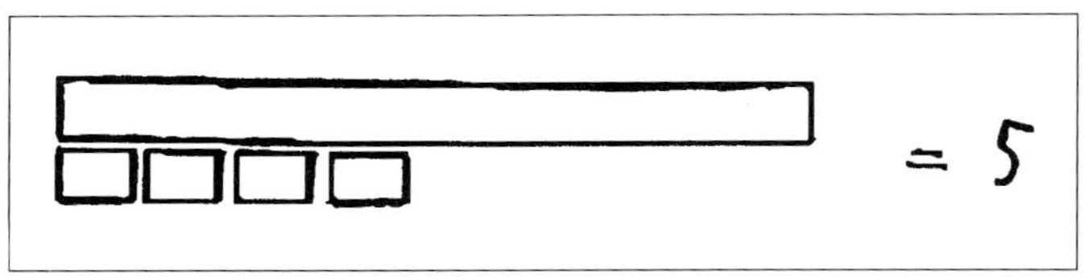

Abb. 3/25: Fehlerhaftes Zusammenfassen (aus Lorenz 1992, 160)

Zerlegungsaufgaben

Weitere Aktivitäten sind schriftlich festzuhaltende Zerlegungsaufgaben (Arbeitsblatt 3/14). Auch hierbei sollten operative Variationen (invertierte Formen, Festhalten der Zehner- bzw. Einerstelle) im Vordergrund stehen. Schwierigkeiten können sich zeigen bezüglich der Orientierung und der Verwendung der Symbole: Notiert wird z. B. 80 + 4 bzw. 80 + 2, gemeint sind aber die entsprechenden Subtraktionen 80 – 4 bzw. 80 – 2 (Abb. 3/26, Ismael).

[21] Das Rechnen mit der 0 bereitet vielen Kindern besondere Schwierigkeiten, und häufig sind gerade im Zusammenhang mit dieser Zahl fehlerhafte Strategien festzustellen. Demgegenüber sind Aufgaben mit der 0 aber in Lehrwerken unterrepräsentiert (vgl. Wagner/Kornmann 1992, 103).

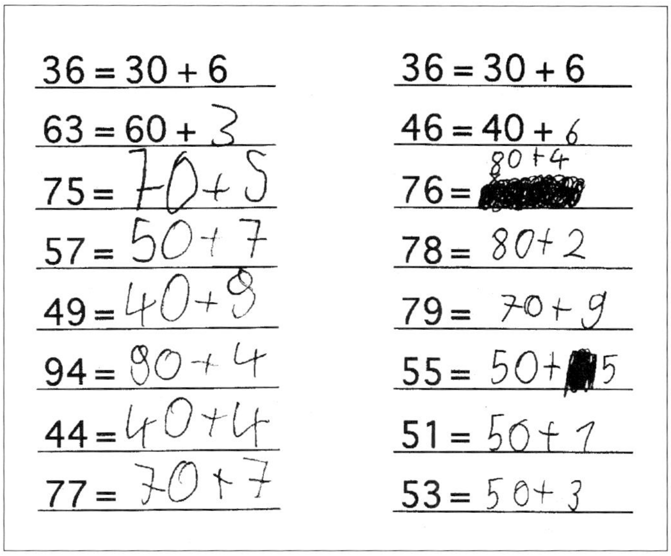

Abb. 3/26: Lösungen von Sven und Ismael

Im Hinblick auf die Zerlegungen von Zahlen in Zehner und Einer sowie die Ergänzungen zu vollen Zehnern oder Hundertern sind auch die folgenden Blitzrechenübungen zu empfehlen.

Blitzrechenübungen

Bei der Übung ‚Zehner-Ergänzung' (Wittmann/Müller 1990, 149) sollen zu vorgegebenen Summanden die notwendigen Ergänzungen bis zum nächsten Zehner vorgenommen werden. Auch hier kann das Hunderterpunktfeld zunächst als Unterstützung dienen. Der erste Summand wird dargestellt und muss von den Kindern genannt oder notiert werden. Der zweite Summand soll von den Kindern bestimmt werden, ggf. wird die Ergänzung in Form einer Plusaufgabe genannt.

Beispiel: Die Lehrerin zeigt (und nennt) 36. Die Schüler zeigen und nennen 36 und 4 sind 40. (Die Addition 36 + 4 = 40 wird notiert.)

Zahlen können später auch an der Hundertertafel präsentiert werden, und die Schüler ergänzen analog. Später kann diese Übung ohne visuelle Unterstützung duchgeführt werden, wahlweise werden die Aufgaben verbal oder schriftlich gegeben.

Bei der Übung ‚Hunderter-Ergänzung' (Wittmann/Müller 1990, 150) sollen zu vorgegebenen Summanden die notwendigen Ergänzungen bis 100 vorgenommen werden. Die Zahlen werden genannt und von den Schülern mit farbiger Folie am Punktfeld dargestellt. Die Hundertertafel bietet sich hier nicht unbedingt an, da die Schüler zum einen zum Abzählen verleitet werden und zum anderen die visuell vorhandenen Zahlen irritieren könnten.

Als häufig auftretender Fehler bleibt der Zehnerübertrag unberücksichtigt (z. B. 36 + 74). Das Hunderterpunktfeld kann hier helfen, diese Fehlvorstellung zu korrigieren.

Später können die Zahlen ausschließlich verbal oder schriftlich vorgegeben werden, und die Schüler ergänzen und nennen oder notieren die entsprechenden Additionen.

Bei der Übung ‚Zerlegen' (Wittmann/Müller 1990, 150f.) werden glatte Zehner-Zahlen zerlegt. Zunächst wird die Zehner-Zahl am Punktfeld durch den Zahlwinkel (Karton) veranschaulicht, dann wird ein Summand mit dem Folienzahlwinkel abgeteilt. Die Schüler sollen die Zerlegung in Form einer Additionsaufgabe angeben. Später werden ausschließlich verbal oder schriftlich gegebene Zahlen zerlegt, bei denen ein Summand gegeben ist.

Flexible Darstellung einer Zahl

Bei dieser Aktivität (vgl. Scott 1997, 425) geht es darum, eine bestimmte Zahl vielfältig auszudrücken, z. B. hinsichtlich ihrer Stellenwertzerlegung oder aber durch Rechenaufgaben.

Beispiel: 36

Drei Zehner und sechs Einer oder zwei Zehner und sechzehn Einer oder 40 – 4 oder 30 + 6 sowie nach der Einführung der Multiplikation sechs Sechser, neun Vierer, vier Neuner ...
Bei Einführung dieser Übung kann die Zahl auch auf der ikonischen Ebene vorgegeben werden und die Kinder versuchen die gegebene Zahl auf vielfältige Weisen auszudrücken. Zu Beginn kann auch die Lehrerin konkrete Fragen vorgeben (z. B. *„Wie viele Zehner und Einer hat die Zahl?"*). Später sollen diese Impulse von den Schülern zunehmend selbst kommen, oder Schüler können für ihre Mitschüler derartige Fragen formulieren.

Aktivitäten mit Ziffernkärtchen

Ziffernkarten stellen ein Material dar, welches sowohl in Orientierungsphasen als auch bei Rechenübungen vielfältig einzusetzen ist (vgl. auch Kap. 4.3.2). Das Material sollte in jedem Fall den Schülern zur Verfügung stehen, hilfreich ist aber auch das entsprechende Magnetmaterial für die Tafel. Im Folgenden geht es um Orientierungsübungen, die die Verinnerlichung des neuen Zahlenraumes mit seinen Strukturen und Zahlbeziehungen fördern.

Gegeben sind die folgenden Ziffernkärtchen (jede Ziffer ist nur einmal vorhanden):

0	1	2	3	4	5	6	7	8	9

Die Schüler sollen jeweils zweistellige Zahlen bilden. Diese können zunächst frei gewählt werden, wobei die Zahlen gelesen und ggf. auch geschrieben werden sollten. Mögliche Fragestellungen:

- ▷ *„Welche möglichst große (bzw. größte) und welche möglichst kleine (kleinste) zweistellige Zahl kann man aus diesen Karten bilden?"* (98 und 10)
- ▷ *„Kannst du eine Zahl nahe an 100, an 50, an 66 finden?"* (nahe an 100 → 98; nahe an 50 → 51 und 49; nahe an 66 → 65 und 67)
- ▷ *„Welche zweistelligen Zahlen kann man nicht legen?"* (Zahlen mit gleichen Ziffern, da jede Ziffer nur einmal vorhanden ist)
- ▷ *„Welche Zahlen gibt es mit 5 (mit 1, 2 ...)?"* (5, 15, 25, ..., 50, 51, ..., 59, 65 ...) *„Wie viele sind es insgesamt?"* (17).

Diese Aktivität kann später auch in Partnerarbeit durchgeführt werden, bei der nun zwei Kinder ihre Ziffernkarten zusammen legen. Die genannten Fragestellungen können nun noch einmal überprüft werden. Bei welchen Fragestellungen ändern sich die Lösungen durch das zweifache Vorhandensein einer Ziffer, bei welchen nicht? (Änderung z. B. bei der Frage nach Zahlen, die man nicht legen kann: Alle zweistelligen Zahlen können nun gelegt werden. Keine Änderung etwa bei einer Zahl nahe an 50 oder 66).

Koordinierung mehrerer Veranschaulichungen

Durchgeführt werden sollten auch Koordinierungsübungen, bei denen in arbeitsteiliger Gruppenarbeit bestimmte Zahlen durch vielfältige Veranschaulichungen dargestellt werden (also auch Rechengeld und Rechenmaschine). Als Ergänzung können auch Aufgaben mit dem entsprechenden Ergebnis aufgeschrieben werden. Vorgegeben werden Zahlenkärtchen, entweder mit verdeckter Einer- oder Zehner-Stelle und entsprechenden Fragestellungen (vgl. auch Kap. 3.2):

- ▷ *„Welche Zahlen sind möglich?"*
- ▷ *„Welche größte (kleinste) Zahl ist möglich?"*
- ▷ *„Wie viele Zahlen können es sein?"*
- ▷ *„Wo kann die Zahl in der Hundertertafel (auf dem Hunderterstrahl etc.) liegen?"*
- ▷ *„Wo muss ich bei den verschiedenen Veranschaulichungen suchen?"*

Zusätzlich sollten auch verbal gegebene Zerlegungen von Zahlen an den verschiedenen Veranschaulichungen gezeigt werden oder auch Operationen an vorgegebenen Darstellungen rein vorstellungsmäßig ausgeführt werden.

Beispiel: Die Zahl hat sieben Zehner und vier Einer.

- ▷ *„Wie heißt die Zahl?*
- ▷ *Zeige die Zahl am Punktfeld, an der Hundertertafel ...!"*
- ▷ *„Die Zahl ist am Rechenrahmen dargestellt: Nimm in Gedanken einen Zehner weg. Welches Ergebnis erhältst du?"* etc.

Differenzierung

Bei den zuletzt genannten Aktivitäten stellt das Lösen der Aufgaben mithilfe von Materialien, d. h. der reale Handlungsvollzug, eine Differenzierungsmöglichkeit dar. Die Kinder sollten jedoch zunehmend zu mentalen Operationen ermuntert werden.
Die einzelnen Materialien stellen erfahrungsgemäß einen individuellen Schwierigkeitsgrad dar, und so können eventuelle Schwächen ausgeglichen werden. Die Lehrerin sollte die selbst gewählten Aufgaben insbesondere auch unter diagnostischer Perspektive nutzen, d. h. überprüfen, welche Aufgaben und welche Materialien sicher bewältigt werden und an welchen Stellen sich noch Defizite zeigen.
Wie schon bei verschiedenen Übungen zuvor differenzieren auch die gewählten Zahlenwerte, ob von den Kindern selbst gewählt oder von der Lehrerin vorgegeben.

3.5 Kopiervorlagen zu Orientierungsübungen

Arbeitsblatt 3/1 | Zu Kapitel 3.1

Wie viele Punkte siehst du?

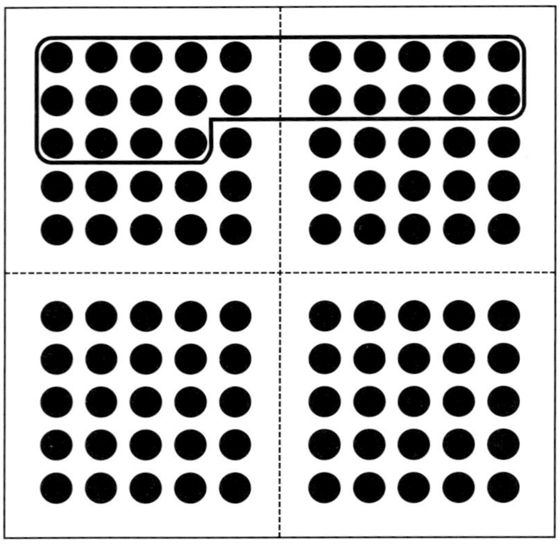

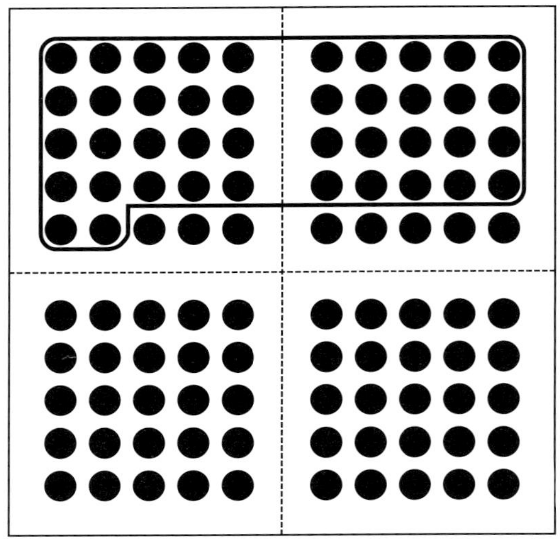

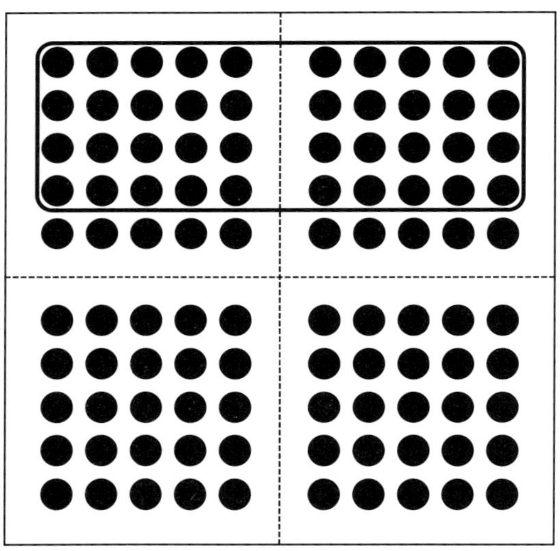

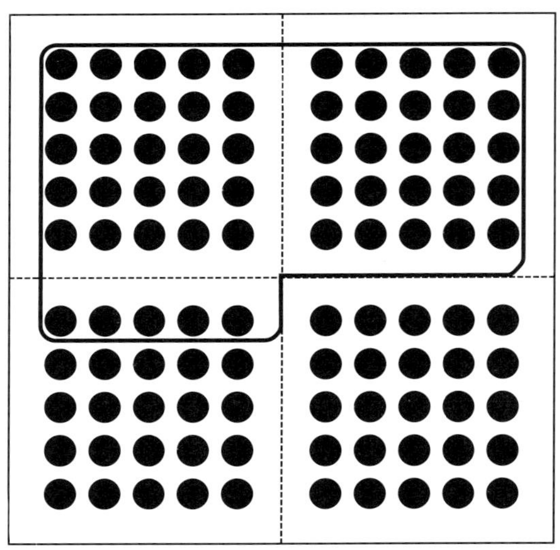

Name:	Klasse:	Datum:

Petra Scherer: Produktives Lernen für Kinder mit Lernschwächen: Fördern durch Fordern, Band 2: Addition und Subtraktion im Hunderterraum

Wie viele Punkte siehst du?

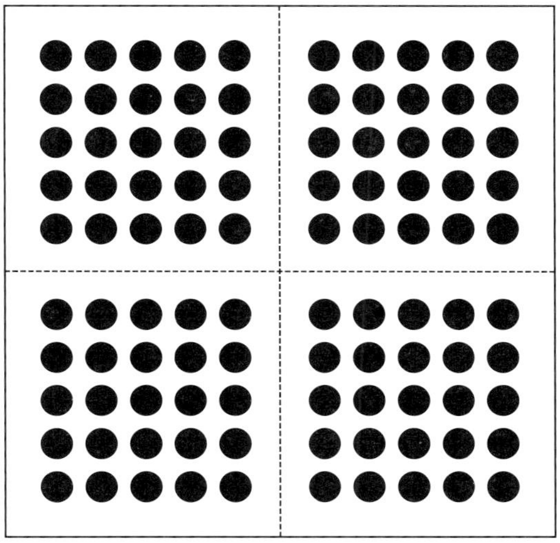

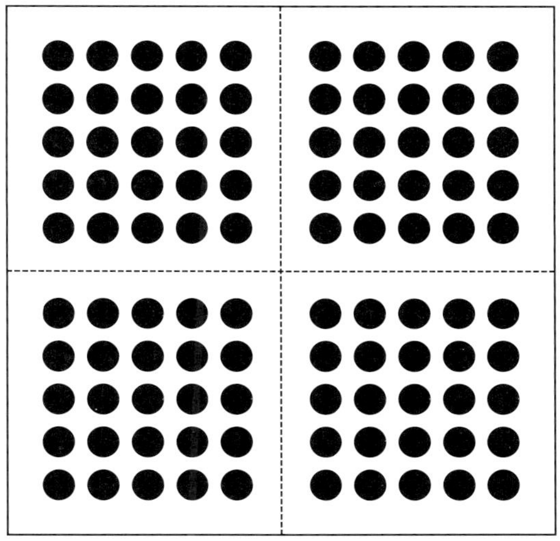

....

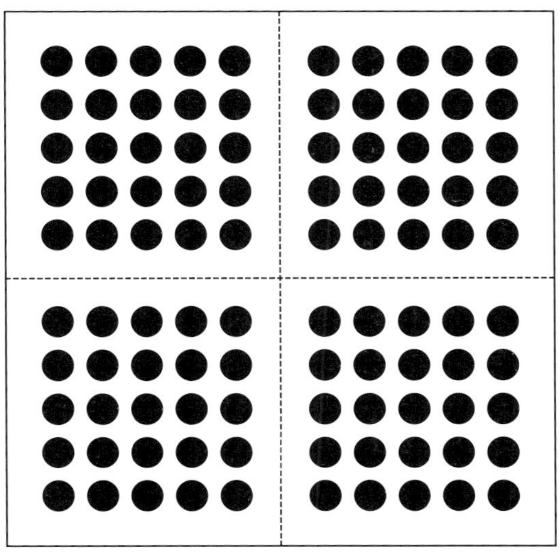

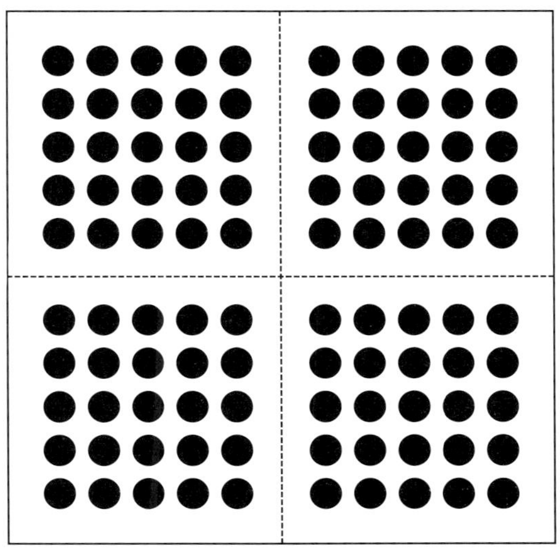

....

Name:	Klasse:	Datum:

Kreise Punkte ein!

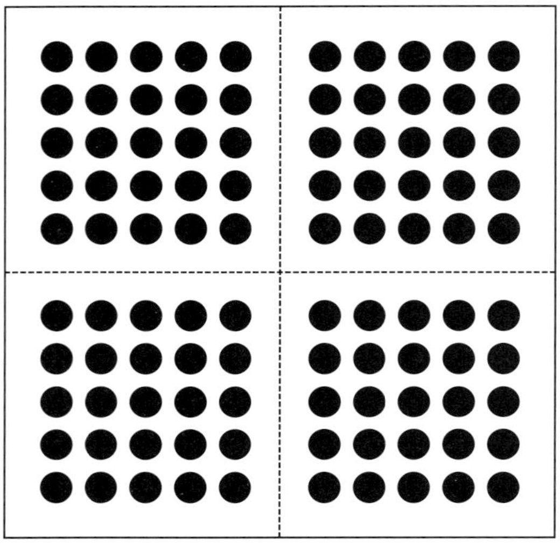

30

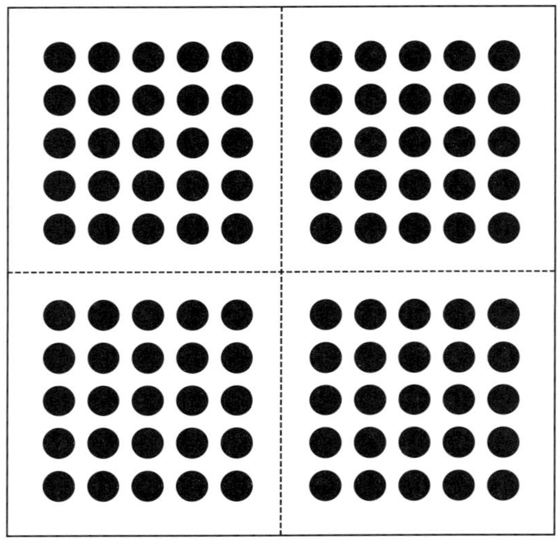

25

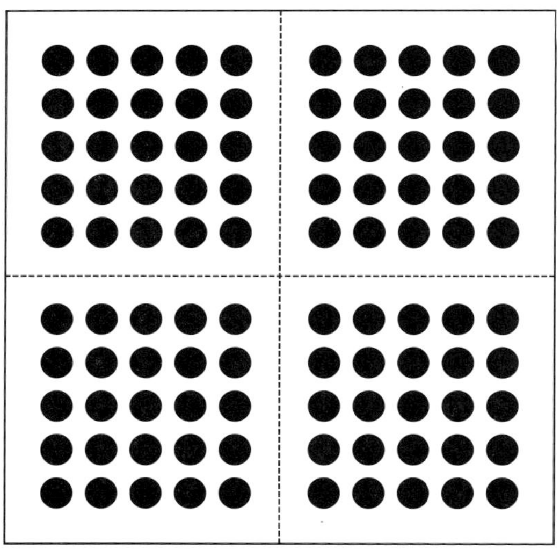

44

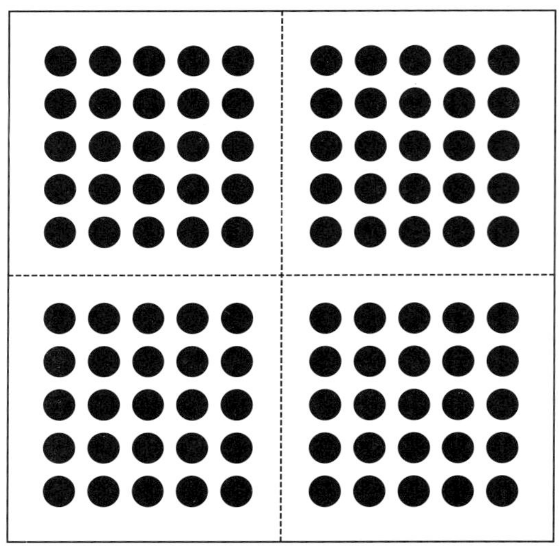

66

Name: Klasse: Datum:

Petra Scherer: Produktives Lernen für Kinder mit Lernschwächen: Fördern durch Fordern, Band 2: Addition und Subtraktion im Hunderterraum © Persen Verlag GmbH, Buxtehude

Kreise Punkte ein!

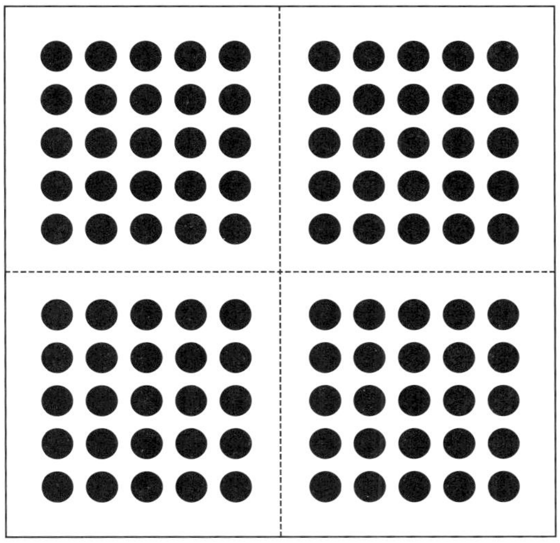

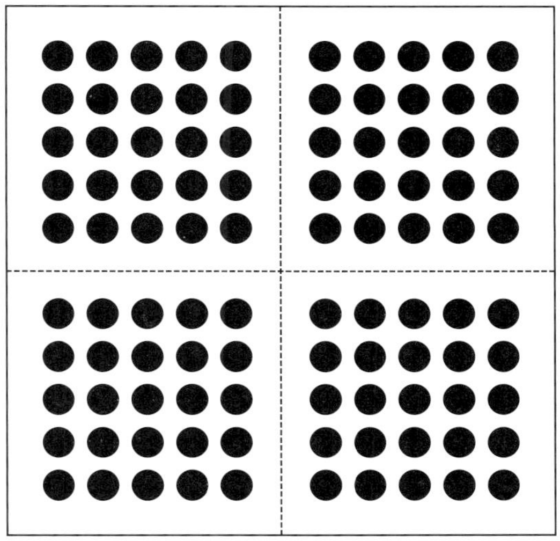

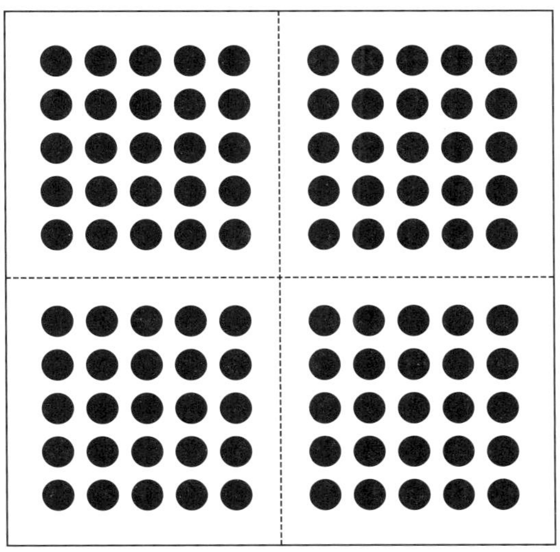

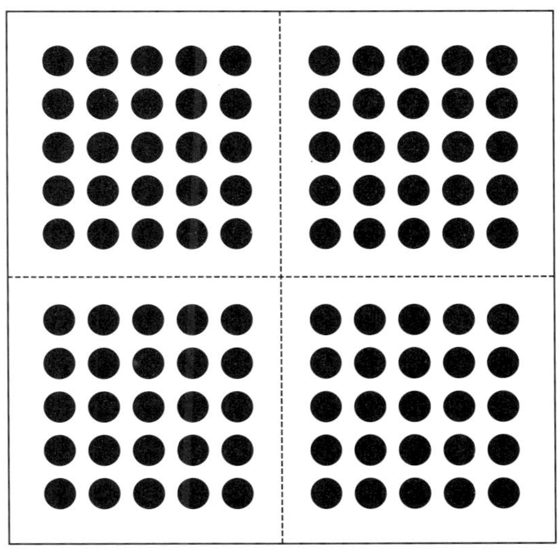

Name:	Klasse:	Datum:

1	2	3	4	5	6	7	8	9	10
11	12	13	14	15	16	17	18	19	20
21	22	23	24	25	26	27	28	29	30
31	32	33	34	35	36	37	38	39	40
41	42	43	44	45	46	47	48	49	50
51	52	53	54	55	56	57	58	59	60
61	62	63	64	65	66	67	68	69	70
71	72	73	74	75	76	77	78	79	80
81	82	83	84	85	86	87	88	89	90
91	92	93	94	95	96	97	98	99	100

Name:	Klasse:	Datum:

1	2	3	4	5	6		8	9	
	12	13	14	15	16		18	19	20
21		23	24	25	26		28	29	
31	32		34	35	36		38	39	40
41	42	43		45	46		48	49	
51	52	53	54		56		58	59	60
61	62	63	64	65			68	69	
71	72	73	74	75	76		78	79	80
81	82	83	84	85	86			89	
91	92	93	94	95	96		98		100

Name:	Klasse:	Datum:

Arbeitsblatt 3/7 **Zu Kapitel 3.2**

1	2	3	4	5	6	7	8	9	
	12	13	14	15	16	17	18		20
	22	23	24	25	26	27		29	30
	32	33	34	35	36		38	39	40
	42	43	44	45		47	48	49	50
	52	53	54		56	57	58	59	60
	62	63		65	66	67	68	69	70
	72		74	75	76	77	78	79	80
		83	84	85	86	87	88	89	90
	92	93	94	95	96	97	98	99	100

Name:	Klasse:	Datum:

Arbeitsblatt 3/8 **Zu Kapitel 3.2**

1				5					
11									20
				25					
31									
				45					
51									60
71									80
									100

Name:	Klasse:	Datum:

1									
									100

Name:	Klasse:	Datum:

Arbeitsblatt 3/10 — Zu Kapitel 3.3

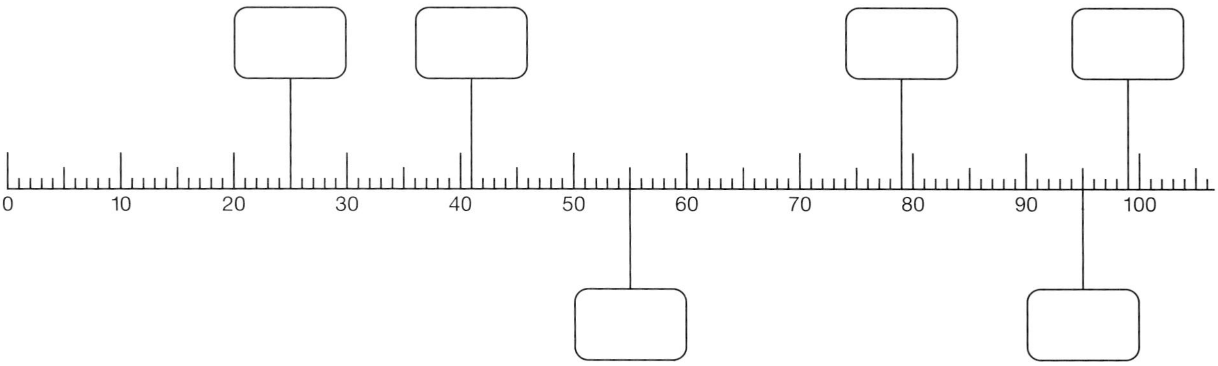

15, 51, 45, 54, 81, 91, 101

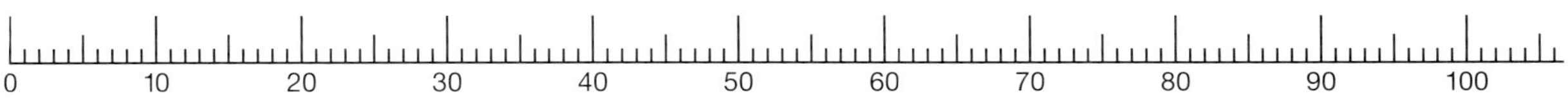

Name:	Klasse:	Datum:

1 weniger	Zahl	1 mehr
	25	
	45	
	65	
	50	
	70	

2 weniger	Zahl	2 mehr
	23	
	55	
	68	
	40	
	39	

5 weniger	Zahl	5 mehr
	23	
	55	
	68	
	40	
	39	

Name:	Klasse:	Datum:

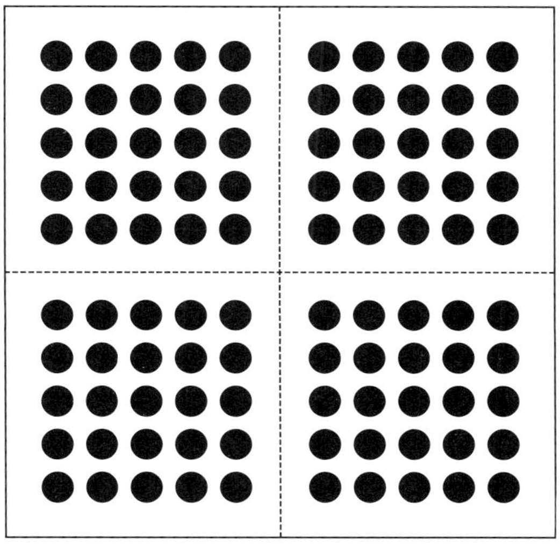

Z	E

65

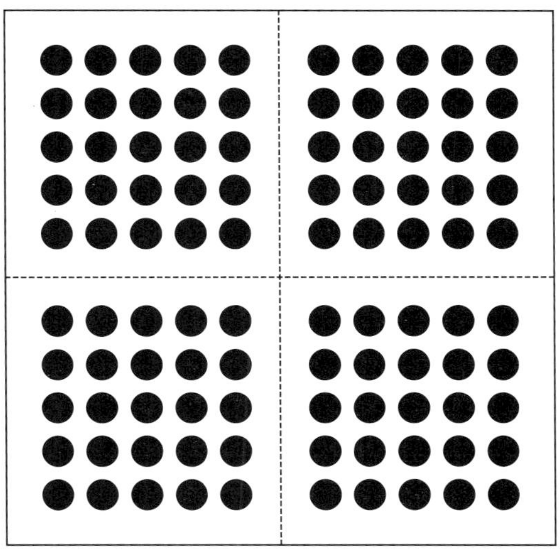

Z	E

56

Name:	Klasse:	Datum:

Arbeitsblatt 3/13 — Zu Kapitel 3.4

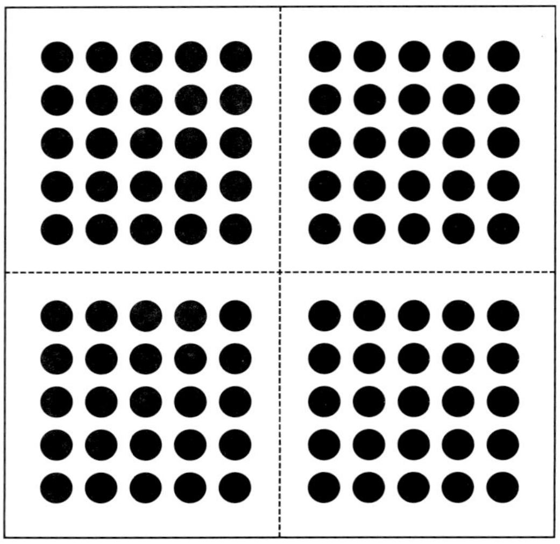

Z	E

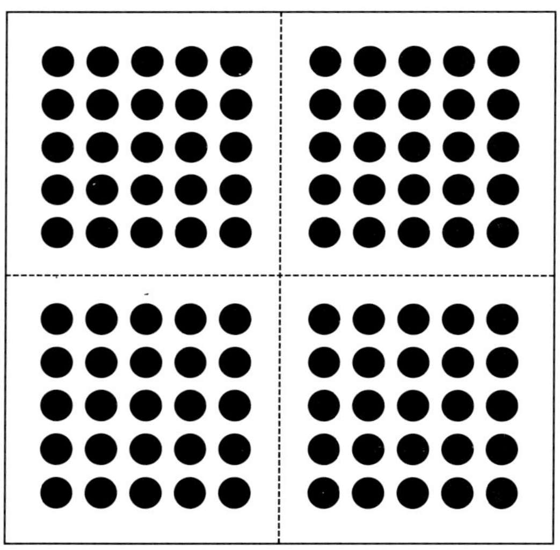

Z	E

Name:	Klasse:	Datum:

36 = 30 + 6

46 = 40 +

76 =

78 =

79 =

55 =

51 =

53 =

---

36 = 30 + 6

63 = 60 +

75 =

57 =

49 =

94 =

44 =

77 =

Name:	Klasse:	Datum:

4. Addition und Subtraktion

Bei der Addition und Subtraktion im Hunderterraum kommt es darauf an, dass die Kinder einsichtsvolle und gleichzeitig effiziente Strategien entwickeln. Die Gefahr eines bloß mechanischen Ausführens von Rechenoperationen ist groß und kann dazu führen, dass für die Schülerinnen und Schüler langfristig das ausschließliche Ausführen von Verfahren und nicht mehr das Verständnis im Vordergrund steht (vgl. auch Whitenack et. al. 2001, 233).
Bei vielen lernschwachen Kindern ist in diesem Zahlenraum das zählende Rechnen (häufig mithilfe der Finger) festzustellen. Dieses Vorgehen ist natürlich ineffektiv und auch fehleranfällig, bedingt etwa durch Konzentrations- und Gedächtnisschwächen. Die Kinder selbst sehen das zählende Rechnen als vertraut und sicher an. Dies kann einerseits auf Unsicherheiten bei größeren Anzahlen zurückzuführen sein. Andererseits mag dieses Vorgehen darin begründet liegen, dass sie zu selten aufgefordert werden, selbst Strategien zur Lösung einer Aufgabe auszuwählen oder nach effektiveren Strategien zu suchen. Anzumerken ist des Weiteren, dass das zählende Rechnen durch ein kleinschrittiges Vorgehen weiter begünstigt wird.

4.1 Einführung der Addition und Subtraktion

Die Behandlung von Addition und Subtraktion sollte durchgehend ganzheitlich erfolgen (vgl. hierzu auch Kap. 1 und 3). Beginnen kann man mit dem Additionstyp ZE + ZE (ohne Überschreitung), ein Aufgabentyp, der bei einem kleinschrittigen Vorgehen erst zum Ende des entsprechenden Schuljahres vorgesehen ist. Es erscheint nicht sinnvoll, mit der Addition gemischter Zehner *mit* Überschreitung zu beginnen, denn auch bei der Addition *ohne* Überschreitung sind bereits die wesentlichen halbschriftlichen Strategien gefordert. Gewählt werden kann zur Einführung eine Aufgabe wie 13 + 24, eine relativ schwierige Aufgabe, denn Additionen mit dem kleineren Summanden in der zweiten Position (z. B. 24 + 13) sind leichter zu lösen als die entsprechenden Tauschaufgaben. Hierbei handelt es sich um die Interviewaufgabe für die kontextbezogene Addition (vgl. Kap. 2.2.1), wodurch der Lehrerin direkte Vergleiche ermöglicht werden.
Es geht für die Schülerinnen und Schüler um das Entwickeln verschiedener Lösungswege, mit deren Hilfe man komplexe Aufgaben bewältigen kann. „Die Schüler müssen [...] die grundlegende Strategie lernen: Schwierige Aufgaben löst man über geeignete leichte Aufgaben" (Winter 1996, 43). Diese Einsicht trifft nicht nur für die Addition und Subtraktion im Hunderterraum zu, sondern allgemein für Rechenstrategien, aber auch für das Lösen von Sachaufgaben oder allgemein für das Problemlösen.
Im Folgenden werden zunächst verschiedene Strategien der Addition vorgestellt (vgl. hierzu Wittmann/Müller 1990, 83ff.) und im Anschluss daran unter Zuhilfenahme verschiedener Arbeitsmittel illustriert. Die Verwendung der Arbeitsmittel und Veranschaulichungen sollte durch die Orientierungsphase hinreichend bekannt sein (vgl. Kap. 3), sodass hier eine effektive Nutzung der Materialien vorausgesetzt wird. Konkretisiert werden die Ausführungen jeweils anhand der Aufgaben 13 + 24 und 57 – 25 für die sich anschließende Subtraktion.

Halbschriftliche Strategien für die Addition

‚Stellenwerte extra‘: Bei dieser Strategie werden beide Summanden in ihre Stellenwerte aufgesplittet. Die Addition der Zehner und Einer erfolgt separat (Abb. 4/1a), oder die zerlegten Teilsummanden werden in einer Summe belassen (Abb. 4/1b). Die Reihenfolge der einzelnen Summanden ist freigestellt, häufig beginnen die Kinder jedoch mit den Zehnern.

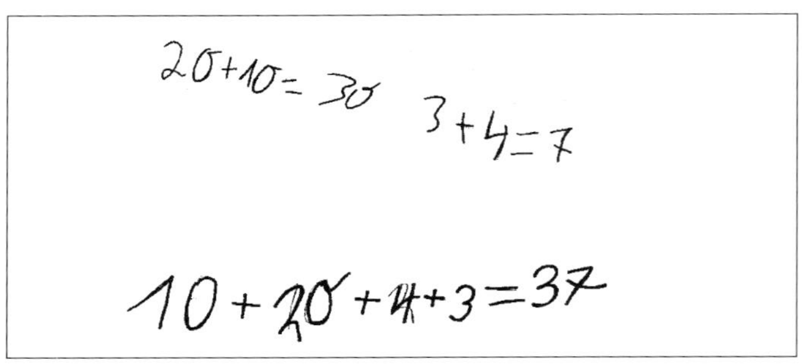

Abb. 4/1a und 4/1b: Addition nach der Strategie ‚Stellenwerte extra‘

‚Schrittweise‘: Bei dieser Strategie wird einer der Summanden aufgesplittet, entweder in seine Stellenwerte oder im Hinblick auf geschicktes Rechnen (z. B. Zehnerergänzung).

Beispiele:

13 + 24 =	13 + 24 =
13 + 20 = 33	24 + 10 = 34
33 + 24 = 37	34 + 23 = 37

$13+24=$	$13+24=$
$13+27=20$	$24+26=30$
$20+17=37$	$30+27=37$

Bei den letzten beiden Varianten ist zwar das Ergänzen zum Zehner recht einfach, für manche Kinder kann aber das korrekte Aufsplitten des zweiten Summanden recht anspruchsvoll sein.

‚Hilfsaufgabe' und ‚Vereinfachen': Diese beiden Strategien nutzen die Konstanz der Summe (gegensinniges Verändern) aus, entweder in einem Schritt oder aber durch eine verwandte Aufgabe, die leichter zu berechnen ist. Beide Strategien bieten sich nicht bei jedem Zahlenbeispiel an, sondern bei der Nähe zu einem vollen Stellenwert.

Beispiel: $23+19$
Hilfsaufgabe: Berechnet wird die leichtere Aufgabe $23+20=43$
Der zweite Summand war um 1 zu groß, also muss subtrahiert werden: $43-1=42$
Vereinfachen: $23+19=22+20=42$
Erklärung: $23+19=(23-1)+(19+1)$

Neben den halbschriftlichen Strategien sollte auch das Nutzen der Kommutativität mit entsprechender Notation der Aufgabe thematisiert werden. Für einige Kinder ist es eine Erleichterung, mit dem größeren Summanden zu beginnen.

Verwendung von Arbeitsmitteln und Veranschaulichungen

Rechengeld: Bei der Veranschaulichung mithilfe von Rechengeld empfiehlt sich die Gliederung in 10-€-Scheine und 1-€-Stücke (Abb. 4/2). Diese strukturierte Darstellung sollte ausdrücklich thematisiert werden.

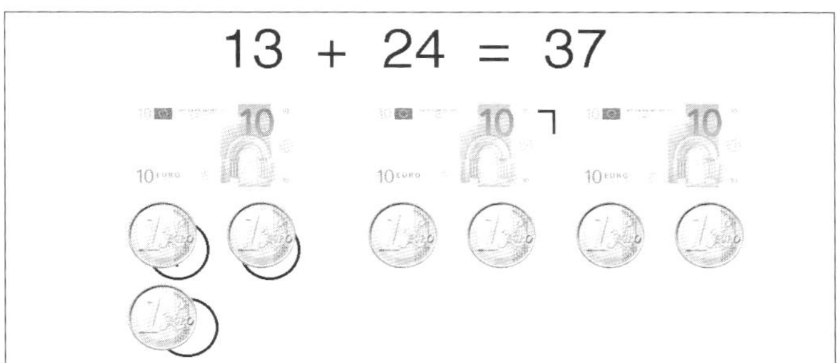

Abb. 4/2: Addition mithilfe von Rechengeld

Zur Bestimmung des Ergebnisses kann die entsprechende Handlung ausgeführt werden (z. B. das Zusammenschieben der 10-€-Scheine), sodass das Ergebnis direkt ‚sichtbar' wird. Oftmals ist der Handlungsvollzug zur Ermittlung des Ergebnisses nicht notwendig. Falls er dennoch erforderlich ist, so geschieht dies i. d. R. nach der Strategie *‚Stellenwerte extra'* (beginnend mit den Zehnern). Versuche, zu einer gemischten Zehner-Zahl 10 hinzuzuaddieren (schrittweises Zählen), sind fehleranfälliger. Festzustellen ist hin und wieder das mechanische Weiterzählen von 1-€-Stücken im Zehner-Rhythmus. Durch Aufforderung, die Geldstücke und -scheine genau zu beachten, bzw. durch nochmaliges Nachzählen, kann dieser Fehler korrigiert werden.

Rechenmaschine: Bei diesem Arbeitsmittel sollte die Zehner-Strukturierung genutzt und es sollten komplette Reihen geschoben werden. Dieses Vorgehen funktioniert aber nur beim Schieben von glatten Zehner-Zahlen. Bei gemischten Zehner-Zahlen fallen die Kinder dann häufig in das einzelne Abzählen zurück. Darauf sollte besonders geachtet werden.
Bei der Addition wird möglicherweise nach dem Schieben des ersten Summanden der zweite Summand direkt angereiht, d. h. in der gleichen Reihe. Beim einzelnen Abzählen des zweiten Summanden verlieren die Kinder leicht die Übersicht oder aber haben schon Schwierigkeiten, die Addition mithilfe der Rechenmaschine durchzuführen.
Die beiden Summanden können aber auch getrennt geschoben werden (Abb. 4/3); hierbei ist das Ergebnis aber noch nicht unmittelbar ‚abzulesen'. Zur Ermittlung des Ergebnisses können verschiedene Strategien verwendet werden. Die Zehner-Zeilen können natürlich nicht *zusammengeschoben* werden, aber es kann ausreichend sein, die Summanden *zusammenzuschauen.* Auch hier sollte sich eine intensive Phase der Orientierung mit Einsichten in das dekadische System positiv auswirken.

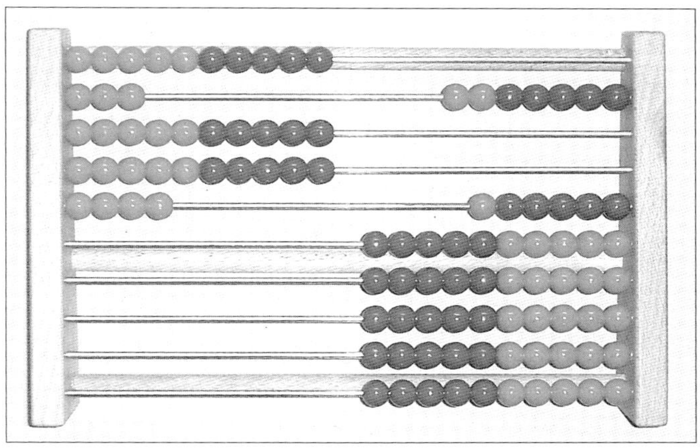

Abb. 4/3: 13 + 24 unter Verwendung der Rechenmaschine

Das schrittweise Zerlegen des zweiten Summanden ($13+7+10+7$) wäre in diesem Falle eine fehleranfällige und sehr aufwändige Strategie (vgl. Lorenz 1992, 172). Ein u.a. beschriebener Nachteil der Rechenmaschine soll die erschwerte Einsicht in die Kommutativität sein, wenn z. B. Summanden zerlegt werden bzw. der zweite Summand direkt angereiht wird. Bei der beschriebenen Darstellung (Zerlegung in die Stellenwerte) ist jedoch auch das Kommutativgesetz unmittelbar einsichtig.

Zehner-Balken: Die Darstellung mithilfe der Zehner-Balken bereitet erfahrungsgemäß keine Schwierigkeiten. Sowohl die Darstellung der beiden Summanden als auch die des direkt ablesbaren Ergebnisses ist hier möglich.

Meist werden analog zur Rechenmaschine die beiden Summanden nacheinander dargestellt (Abb. 4/4a), die Darstellung der einzelnen Stellenwerte ist aber auch möglich (Abb. 4/4b). Zur Bestimmung des Ergebnisses bietet sich die Strategie ‚Stellenwerte extra' an, bei der die Kinder das Kommutativgesetz in natürlicher Weise nutzen können.

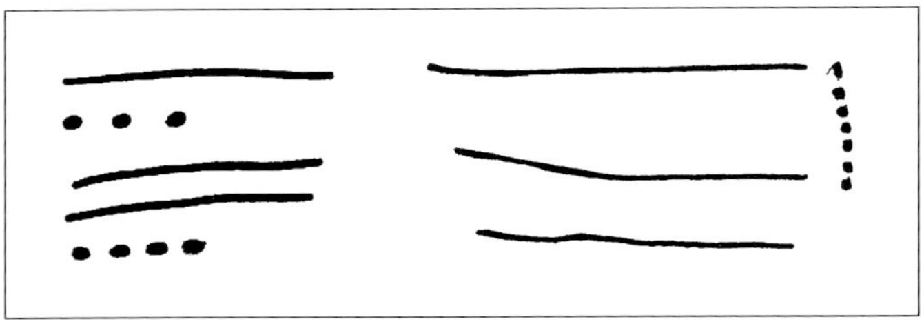

Abb. 4/4a und 4/4b: Darstellung der Summanden mithilfe der Zehner-Balken

Hundertertafel: An der Hundertertafel wird häufig versucht, durch zählendes Rechnen zum Ergebnis zu gelangen, was i. d. R. sehr fehleranfällig ist. Eine effektive Möglichkeit besteht darin, das Ergebnis durch Schritte zu bestimmen (d. h. nach unten + 10, + 20 ... bzw. nach rechts + 1, + 2 ...). Einige Kinder wählen dieses Arbeitsmittel, da sie die Präsenz der Zahlen mit der Möglichkeit des einzelnen Abzählens als sicherste Strategie ansehen.

Halbschriftliche Strategien für die Subtraktion

Die Veranschaulichung der Subtraktion erfolgt anhand der Aufgabe 57 – 25.

‚Stellenwerte extra': Analog zur Addition werden bei dieser Strategie beide Summanden in ihre Stellenwerte aufgesplittet. Die Subtraktion der Zehner und Einer erfolgt separat:

57 – 25 = 30 + 2 = 32
50 – 20 = 30
57 – 25 = 32

Die Notation der Subtraktion ist insofern schwieriger, als die Kinder oft nicht wissen, wie sie die Zahlen in einer einzigen Rechnung verarbeiten sollten.

‚Schrittweise': Bei dieser Strategie wird einer der Summanden aufgesplittet, entweder in seine Stellenwerte oder im Hinblick auf geschicktes Rechnen (z. B. Subtraktion zum vollen Zehner).

Beispiele:

57 – 25 =	57 – 25 =	57 – 25 =
57 – 20 = 37	57 – 25 = 52	57 – 27 = 50
37 – 25 =	52 – 20 = 32	50 – 18 = 32

Bei der letzten Variante ist zwar das Subtrahieren hin zum Zehner recht einfach, für manche Kinder kann aber das korrekte Aufsplitten des Subtrahenden recht anspruchsvoll sein.

‚Hilfsaufgabe' und ‚Vereinfachen': Diese beiden Strategien nutzen die Konstanz der Differenz (gleichsinniges Verändern) aus, entweder in einem Schritt oder aber durch eine verwandte Aufgabe, die leichter zu berechnen ist. Analog zur Addition bieten sich beide Strategien nicht bei jedem Zahlenbeispiel an, sondern bei der Nähe zu einem vollen Stellenwert.

Beispiel:	56 – 19
Hilfsaufgabe:	Berechnet wird die leichtere Aufgabe 56 – 20 = 36 Der Subtrahend war um 1 zu groß, also muss addiert werden 36 + 1 = 37
Vereinfachen:	56 – 19 = 57 – 20 = 37 Erklärung: 56 – 19 = (56 + 1) – (19 + 1)

‚Ergänzen': Bei dieser Strategie wird nicht abgezogen, sondern ergänzt, entweder stellenweise oder zu vollen Zehnern.

56 – 19 = 7 + 30 = 37	56 – 19 = 1 + 30 + 6 = 37
26	20
56	50
	56

Beim Rechnen nach der Strategie *‚Stellenwerte extra'* können Fehllösungen in folgender Form entstehen: Die Kinder rechnen zunächst 50 – 20 = 30, dann 7 – 5 = 2. Anschließend führt die Subtraktion von 2 zum falschen Ergebnis 28. Die Schwierigkeit kann in der Vermischung von Addition und Subtraktion entstehen, was bei der Strategie des Ergänzens vermieden wird.

Verwendung von Arbeitsmitteln und Veranschaulichungen

Rechengeld: Die Subtraktion (Darstellung des Minuenden durch 10-€-Scheine und 1-€-Stücke) wird durch ‚Wegnehmen' der entsprechenden Scheine bzw. Münzen vollzogen (Abb. 4/5; in der nachgestellten Abbildung als ‚Durchstreichen' umgesetzt). Die Subtraktion des Typs Z – ZE kann sich mithilfe von Rechengeld als schwierig erweisen, wenn der Betrag ausschließlich in 10-€-Scheinen dargestellt ist: Für viele ist die gegebene Darstellung von 10-€-Scheinen so dominierend, dass das Eintauschen eines Scheins in kleinere Einheiten nicht infrage kommt.

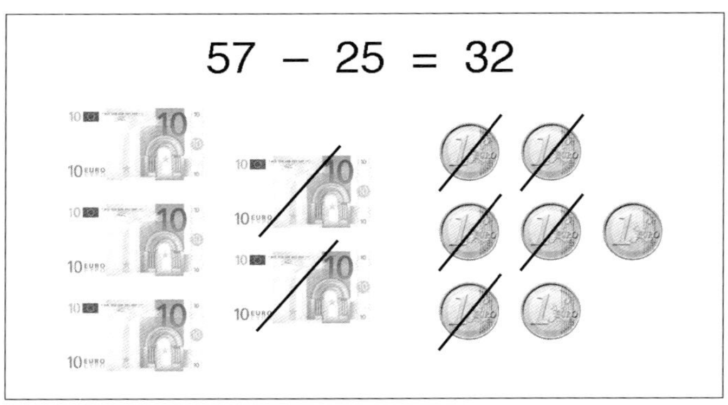

Abb. 4/5: Darstellung der Subtraktion mithilfe von Rechengeld

Rechenmaschine: Bei der Veranschaulichung der Subtraktion können sich zwei unterschiedliche Vorgehensweisen zeigen (Abb. 4/6a bis 4/6c): Nach dem Schieben des Minuenden werden die Zehner des Subtrahenden entweder von ‚oben' oder von ‚unten' zurückgeschoben. Die Einer werden i. d. R. aus der letzten Zeile zurückgeschoben. Die meisten Kinder subtrahieren zunächst die Zehner und dann die Einer, in einzelnen Fällen findet sich aber auch der umgekehrte Fall. Im Gegensatz zur Addition wird hier die *Operation* veranschaulicht und das Ergebnis ist unmittelbar abzulesen (vgl. die Anmerkungen zur Addition).

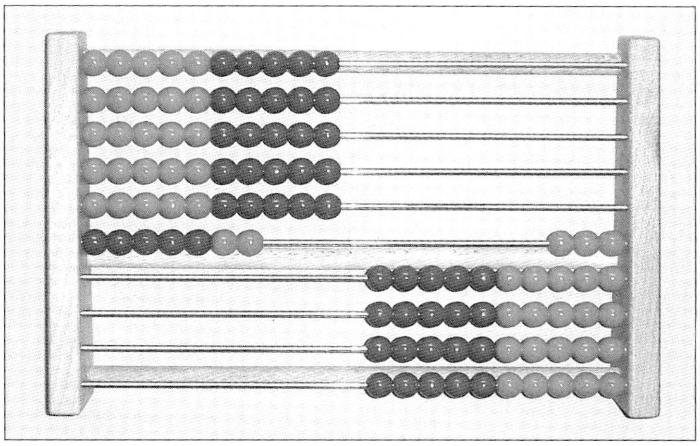

Abb. 4/6a: Darstellung des Minuenden an der Rechenmaschine

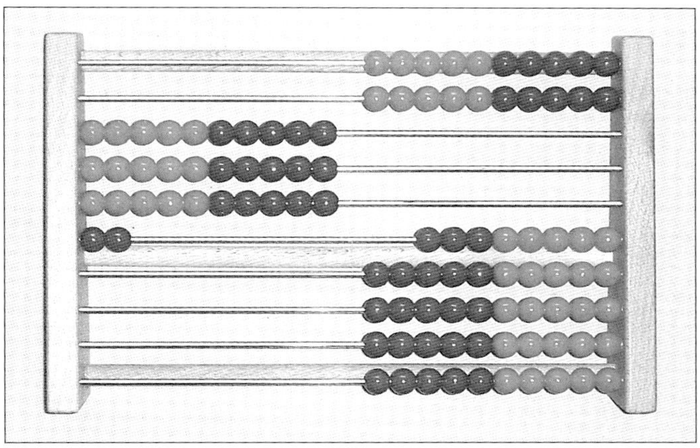

Abb. 4/6b: Zurückschieben der Zehner von ‚oben'

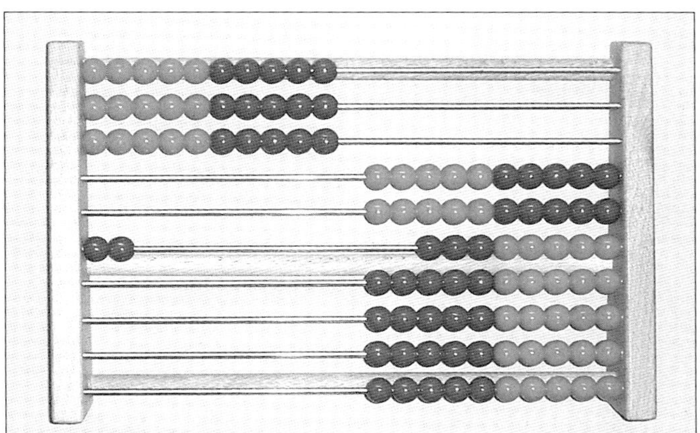

Abb. 4/6c: Zurückschieben der Zehner von ‚unten'

Zehner-Balken: Analog zur Verwendung der Rechenmaschine ergeben sich auch bei der Darstellung durch Zehner-Balken zwei unterschiedliche Strategien. Die Zehner des Subtrahenden werden entweder von ‚oben' oder von ‚unten' weggenommen (Abb. 4/7). Auch hier sind die Ergebnisse wieder unmittelbar abzulesen.

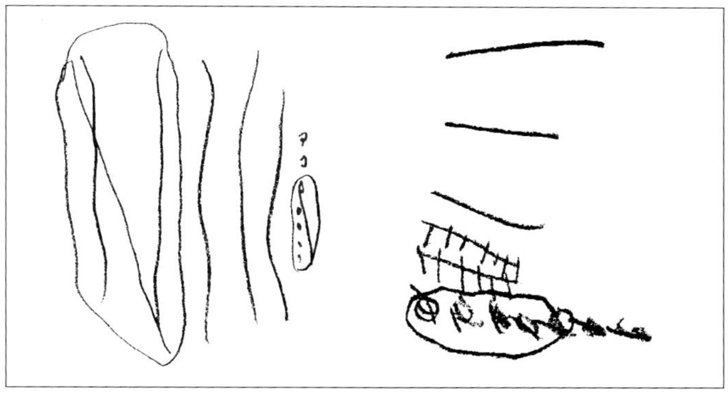

Abb. 4/7: Veranschaulichung der Subtraktion 57 – 25 durch Zehner-Balken und einzelne Punkte

Ablösung von Veranschaulichungen

An dieser Stelle sei der Aspekt der Ablösung von Veranschaulichungen angesprochen. Eine zu frühe Ablösung von Veranschaulichungen leistet dem Auswendiglernen Vorschub. Daher muss einerseits den Kindern der Gebrauch von Veranschaulichungen so lange wie nötig erlaubt bleiben. Dem steht andererseits die Befürchtung gegenüber, dass sich dann der Ablösungsprozess nicht vollziehen wird. Das Drängen auf eine schnelle Ablösung kann bei den Schülern zum einen Unsicherheit bewirken: Wenn, wie oft bei lernschwachen Schülern, nur wenig Selbstvertrauen vorhanden ist, könnte es dazu führen, dass bei selbst gewählten Beispielen nur einfache Aufgaben gerechnet werden und kein Weiterlernen stattfindet. Zum anderen kann das Drängen auf vorschnelle Ablösung auch ein negatives Image von Veranschaulichungen hervorrufen: Einige Schüler lehnen Veranschaulichungen ab, obwohl sie offensichtlich Probleme haben, die gestellten Aufgaben mental zu lösen.
Eine positive Haltung gegenüber Arbeitsmitteln und ein Bewusstsein für ihre Verwendung kann sich jedoch nur dann entwickeln, wenn die Kinder *selbst* entscheiden können, wann sie eine Veranschaulichung nutzen und welche sie verwenden. Man sollte darauf vertrauen, dass die Kinder selbst nach Unabhängigkeit streben. Gleichwohl sollte aber schon in Orientierungsphasen darauf geachtet werden, die mentalen Operationen vorzubereiten (vgl. die entsprechenden Übungen in Kap. 3). Bei allen schriftlichen Rechnungen sollen Kinder deutlich machen, wie sie eine Aufgabe gerechnet haben und evtl. verwendete Veranschaulichungen skizzieren (vgl. Abb. 4/10, s. Seite 118). So erhält man Informationen über die Leistungsstände der Kinder und über die Veränderungen im Gebrauch von Veranschaulichungen. Bei den Kindern wiederum kann überhaupt Bewusstheit für verwendete Rechenstrategien entstehen.
Interessant ist auch die Erläuterung von Ismael zur Aufgabe 57 – 25 = 32 (Abb. 4/8, s. Seite 116): Er skizzierte eine Rechenmaschine unter seine Lösung, um zu ver-

deutlichen, dass er die *Subtraktion* mithilfe dieses Materials gelöst hatte. Zusätzlich malte er ein Gesicht mit der Gedankenblase 57 + 25 als Zeichen dafür, dass er die *Addition* im Kopf bewältigen konnte, was in der Tat zutraf.

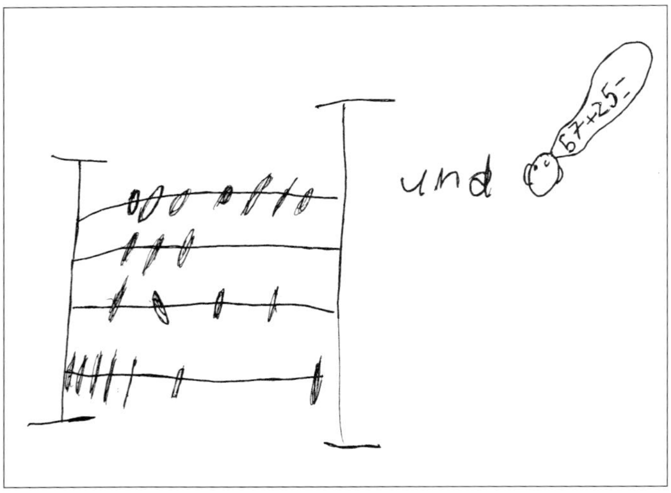

Abb. 4/8: Ismaels erläuternde Zeichnung

Des Weiteren kann es geschehen, dass ein Kind bei gleichen Aufgaben unter Verwendung verschiedener Strategien oder Materialien auch zu unterschiedlichen Ergebnissen kommt und dies keinen Widerspruch auslöst. Die Schüler vertrauen häufig den Lösungen, die sie mithilfe von Veranschaulichungen gefunden haben. Für den Unterricht ist es wichtig, jederzeit auf die Anschauung zurückgreifen zu können, die Übersetzung zwischen Aufgabe und Veranschaulichung sicher zu beherrschen.

Einführende Aufgabe zur Addition

Die Aufgabe 13 + 24 wird beispielsweise gestellt, ohne Lösungswege vorzugeben. Bereitgestellte Materialien sollten sein: das Hunderterpunktfeld, die Hundertertafel, der Zahlenstrahl, die Rechenmaschine und das Rechengeld. Daneben ist es den Kindern freigestellt, die Strukturierung durch Zehner-Balken und einzelne Punkte oder durch den Zahlenstrich zu verwenden. Die einzelnen Veranschaulichungen stellen jeweils einen individuell unterschiedlichen Schwierigkeitsgrad dar. Es kann daher sinnvoll sein, verschiedene Veranschaulichungen auszuprobieren.
Manche Kinder haben möglicherweise keinerlei Idee bezüglich der Lösung. Einige Kinder raten irgendeine Lösung. Andere Kinder fühlen sich genötigt, sofort eine Antwort geben zu müssen. Das Ausprobieren, Erkunden etc. müssen sie erst noch lernen.
Erste spontane Strategie kann auch das bekannte Weiterzählen sein, häufig mithilfe der Finger. Viele Kinder versuchen, dieses Vorgehen möglichst verdeckt, d. h. unter dem Tisch oder nur durch leichtes Bewegen der Finger, durchzuführen. Generell wird dieses Vorgehen auch von einigen Veranschaulichungen nahegelegt, etwa der Hundertertafel oder dem Zahlenstrahl, die in derartigen Fällen möglichst vermieden werden sollten. Oft sind Zählstrategien höherer Art, wie das *Weiterzählen vom ersten oder größeren Summanden*, jedoch keine abrufbaren Fakten aus dem Bereich des Einspluseins festzustellen. Dies kann einerseits an fehlendem Faktenwissen liegen, andererseits ist aber vielleicht das Ausnutzen des vorhandenen Faktenwissens in diesem Zahlenraum nicht möglich, da z. B. das Zerlegen von Summanden erforderlich ist. Bei den Zählstrategien höherer Art besteht die Schwierigkeit darin, neben dem Weiterzählen vom ersten Summanden an, den zweiten Summanden ‚im Auge zu behalten'. Die Kinder versuchen darüber hinaus, bei einem unbekannten Aufgabentyp irgendwie zu einem Ergebnis zu gelangen (vgl. auch Kap. 2.2.3).

- Addieren zunächst aller Ziffern 2 + 4 + 1 + 3 = 10 und Addition dieser Summe zum Zehner des ersten Summanden 20 + 10 = 30.
- Addieren der Ziffern des zweiten Summanden zum ersten Summanden 24 + 1 + 3 = 28.
- Ausschließliche Addition der Zehner.

Weitere denkbare Fehlerquellen bei der Addition von 13 + 24 sind

- die Vernachlässigung eines Stellenwerts, jedoch mit korrekten Teilrechnungen (10 + 24 = 34; 3 + 24 = 27),
- Inversionen (31 + 42 = 73; 13 + 42 = 55),
- Rechenfehler beim Einspluseins (4 + 3 = 6).

Kinder, die im Kopf rechnen, sollten angehalten werden, ihren Lösungsweg zu erklären bzw. zu verschriftlichen, was ihnen häufig jedoch sehr schwerfällt. Man sollte sich darüber im Klaren sein, dass der Weg, den die Kinder letztendlich verschriftlichen, nicht unbedingt mit dem (tatsächlich) mental genutzten identisch sein muss.

Vergleich verschiedener Strategien

Anschließend erfolgt eine Phase der Reflexion über die verschiedenen Strategien. Hingewiesen sei an dieser Stelle auf die vorgeschriebenen Verfahren in den einzelnen Lehrwerken. Für die Einführung einer neuen Operation ist es empfehlenswert, Aufschluss über die vorhandenen Ideen der Kinder zu bekommen und ihnen nicht sofort eine feste Strategie vorzugeben. Im weiteren Verlauf kommt es im Wesentlichen darauf an, die Strategien der Kinder mit den mathematischen Konventionen zu verbinden (vgl. z.B. Gallin/Ruf 1990; Lampert 1990).
In dieser Phase sollten also die verschiedenen Strategien verglichen und Entsprechungen sowie Vorteile der einen oder anderen Strategie gesucht werden (vgl. auch Hughes 1986, 177). Auch die Kopfrechner sollten dabei Beziehungen zwischen den einzelnen Darstellungen verstehen und beschreiben können. Den Mitschülern die eigene Strategie zu erklären, fällt erfahrungsgemäß zunächst sehr schwer. Die unterschiedliche Funktion der Verschriftlichung, einerseits als *Instrument* und andererseits als *Dokument*, tritt hier deutlich hervor.

Einführende Aufgabe zur Subtraktion

Die Einführung der Subtraktion wird i. d. R. erst nach einer Phase des strukturierten Übens der Addition (vgl. Kap. 4.2) erfolgen. Die Subtraktion sollte aber auch nicht zu lange hinausgeschoben werden. Begonnen werden kann mit dem Typ ZE – ZE (ohne Unterschreitung). Analog zur Addition sollen die Kinder versuchen, ohne Vorgabe einer bestimmten Strategie die Einführungsaufgabe (z. B. 57 – 25) zu lösen. Verfügbare Materialien sollten die gleichen sein wie bei der Addition.

Einige Kinder, meist weniger als bei der Addition, werden in der Lage sein, diese Aufgabe im Kopf zu rechnen. Das Notieren des Rechenwegs erweist sich bei dieser Operation erfahrungsgemäß als problematischer (s. o.). Die Fehlerquellen sind vergleichbar mit den oben aufgeführten bei der Addition.

Vergleich verschiedener Strategien

Auch bei der Subtraktion sollte eine Reflexion über die verschiedenen Strategien erfolgen, bei der die unterschiedlichen Vorgehensweisen verglichen und Entsprechungen gefunden werden. Der Vergleich kann z. B. verdeutlichen, dass bei der Lösung mithilfe der Rechenmaschine der Subtrahend nicht mehr erkennbar und somit eine Kontrolle erschwert ist. Als eine Möglichkeit kann daher festgehalten werden, den Subtrahenden nicht ganz zurückzuschieben (Abb. 4/9).

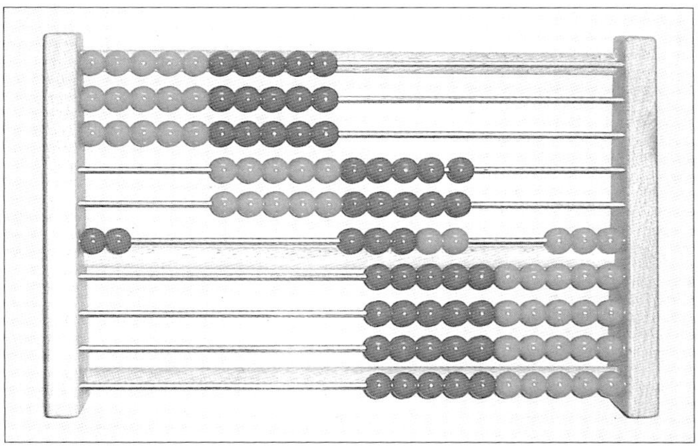

Abb. 4/9: Veränderte Darstellung der Subtraktion 57 – 25 mithilfe der Rechenmaschine

4.2 Strukturiertes Üben der Addition

Die Bedeutung des strukturierten Übens durch operative Übungen ist schon für den Zwanzigerraum herausgestellt worden (vgl. Scherer 1999). Auch in diesem Zahlenraum sollen sie helfen, Beziehungen auszunutzen und somit eine Gedächtnisentlastung und die Verbesserung von Transferleistungen zu ermöglichen. Dies ist allerdings schwer in einem kleinschrittigen Unterricht zu realisieren, in dem lediglich bestimmte Additionstypen (etwa der Additionstyp ZE + E) verfügbar sind. Operatives Üben verlangt vielmehr nach einem ganzheitlichen Vorgehen. In diesem Abschnitt werden nun einerseits die spezifischen Schwierigkeiten aufgegriffen, andererseits auch hilfreiche Beziehungen thematisiert, um das zählende Rechnen zu vermeiden. Operative Veränderungen sollten variiert werden, um der mechanischen Reproduktion einmal durchgeführter Muster vorzubeugen.

4.2.1 Operative Päckchen und Aufgabenserien

Unter operativen Päckchen versteht man Aufgabenserien, in denen mehrere Aufgaben in einem operativen Zusammenhang stehen. Die jeweiligen Päckchen umfassen zwei oder mehr Aufgaben. Als Zusammenhänge bieten sich Tausch-, Umkehr- oder Zerlegungsaufgaben, aber auch die Realisierung mathematischer Gesetzmäßigkeiten, wie etwa der *Konstanz der Summe* oder *Konstanz der Differenz*, an. Auch ist das zufällige Einstreuen einer Aufgabe hilfreich, die das entsprechende Muster durchbricht (‚Störung'; vgl. z.B. Wittmann et al. 2001a, 134).
Die Kinder üben die Addition und Subtraktion im Hunderterraum; gleichzeitig werden dabei auch mathematische Gesetzmäßigkeiten thematisiert. Unterstützt wird insbesondere das Rechnen unter Ausnutzen von Beziehungen, d. h. es wird über das reine Rechnen hinaus auch das *denkende Rechnen* gefordert und gefördert.

Operative Päckchen

Alle Additionstypen sollten vermischt geübt werden, denn nur so können Beziehungen wirklich effektiv genutzt werden. Insbesondere sollte der größere Summand auch in der zweiten Position stehen, um das Ausnutzen der Kommutativität herauszufordern.
Während sich traditionell häufig Analogien der Art

44 + 55 =	33 + 66 =
40 + 50 =	30 + 60 =

finden, die von den Kindern mechanisch, ohne Einsicht in die Stellenwerte gelöst werden können (‚Null anhängen'), soll es hier auf die genaue Betrachtung von Zehnern und Einern ankommen.
Auch aufgrund der sprachlichen Ähnlichkeit sollten Aufgabenpäckchen der folgenden Art gestellt werden:

24 + 4 =
24 + 40 =
24 + 14 =

Bei den operativen Päckchen in Arbeitsblatt 4/1 kann es Kinder geben, die die Veranschaulichung lediglich an den Stellen nutzen, an denen sie Schwierigkeiten haben (vgl. hierzu Abb. 4/16 in Kap. 4.2.1).

Operative Aufgabenserien

Wie schon die operativen Päckchen spiegeln auch operative Aufgabenserien mathematische Gesetzmäßigkeiten wider und bieten Anregungen zum Beobachten und Argumentieren; zusätzlich werden hierbei auch die Serien fortgesetzt. Da lernschwachen Kindern häufig sprachliche Begründungen schwerfallen, muss nach anderen Möglichkeiten gesucht werden: Bei operativen Serien kann z. B. das Erkennen einer Struktur durch adäquates Fortsetzen der entsprechenden Serie geäußert werden.

Beispiele (vgl. auch Arbeitsblätter 4/2 und 4/3):

- Erhöhen oder Vermindern des ersten bzw. zweiten Summanden (Minuenden bzw. Subtrahenden) um 1 bzw. um einen bestimmten Betrag,
- Konstanz der Summe durch gegensinniges Verändern (Konstanz der Differenz durch gleichsinniges Verändern).

Nur auf den ersten Blick erscheinen vielleicht auch diese Übungen für lernschwache Schüler zu anspruchsvoll: Kinder, die Schwierigkeiten beim Rechnen haben, müssen aber nicht unbedingt auch Schwierigkeiten beim Entdecken von Mustern und allgemein von Zusammenhängen haben. Insofern bietet sich hier eine Möglichkeit, besondere Stärken der Schüler zu nutzen und ihr Selbstvertrauen und ihre Motivation zu fördern.
Die Kinder üben hierbei die Addition und Subtraktion

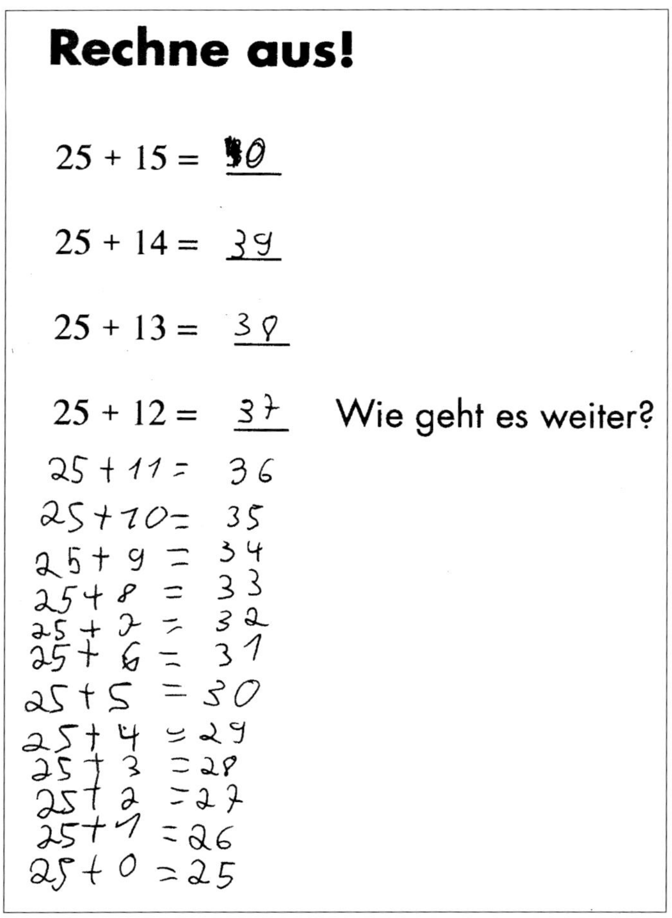

Abb. 4/10: Björns Bearbeitung der operativen Aufgabenserie

im Hunderterraum, ggf. auch darüber hinaus. Außerdem wird – ähnlich wie bei operativen Päckchen – das Erkennen operativer Zusammenhänge geschult (Erkennen und Fortsetzen von Regeln und Mustern) und die Kinder nutzen Gesetzmäßigkeiten aus.

Schülerbeispiele

Das Ausrechnen der vorgegebenen Aufgaben (ZE + ZE ohne Überschreitung; Abb. 4/10) bereitet oft keine Probleme; falls notwendig, nutzen Kinder hierzu Veranschaulichungen. Das *Fortsetzen der Serie* (fortlaufendes Vermindern des zweiten Summanden um 1) ist dann schwieriger und in einigen Fällen auch gar nicht möglich. ‚Fehllösungen' können u.a. sein: *Erhöhen* des zweiten Summanden um 1, entweder ausgehend von der ersten Aufgabe 25 + 15 oder aber von der letzten vorgegebenen Aufgabe 25 + 12. Auf die Frage nach Gemeinsamkeiten bzw. Unterschieden wird häufig die 25 identifiziert

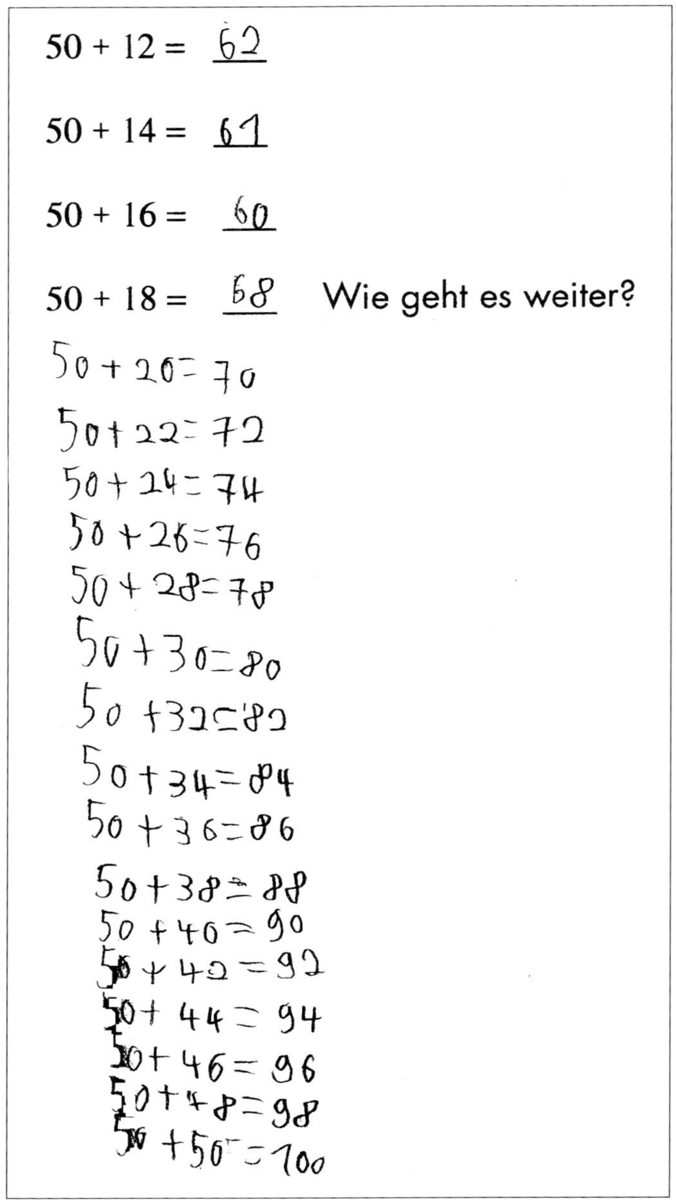

Abb. 4/11: Sebastians Bearbeitung der operativen Aufgabenserie

„Das bleibt immer gleich ... da hast du immer minus gemacht".
Björn (Abb. 4/10) setzte die Serie bis zur letzten Aufgabe fort (25 + 0), ohne zunächst die Aufgaben auszurechnen. Er begann mit der letzten (leichtesten!) Aufgabe und erhöhte dann jeweils das Ergebnis um 1.

Bei der operativen Serie in Abb. 4/11 (fortlaufendes Erhöhen des zweiten Summanden um 2) unterliefen Sebastian zwei Fehler beim Ausrechnen der vorgegebenen Aufgaben (Z + ZE). Hier können fehlerhafte Zuordnungen der Stellenwerte vorliegen, oder aber Sebastian hat das Muster aus der vorangegangenen Aufgabenserie (Abb. 4/10) einfach reproduziert und später seinen Fehler bemerkt. Er führte dann die Serie fort bis zur Aufgabe 50 + 50, die für ihn einen Endpunkt darstellte. Auf die Frage, wie es jetzt weiterginge, konnte er die Aufgabe 50 + 52 nennen, sah sich jedoch außerstande, diese auszurechnen.

Vorgenommene fehlerhafte Fortsetzungen können hier das Erhöhen des zweiten Summanden um 1, ausgehend von der letzten vorgegebenen Aufgabe oder aber beginnend mit der Aufgabe 50 + 12 sein. Jan (Abb. 4/12) setzte die Aufgabenserie fort, vergewisserte sich aber nach drei Aufgaben, ob er das Muster richtig erkannt hatte. Er erkannte selbst das Prinzip: *„Da muss immer zwei mehr"*. Die Aufforderung, *drei* Aufgaben nach diesem Prinzip zu finden, verleitete ihn dazu, jeweils den Summanden um *drei* zu erhöhen.

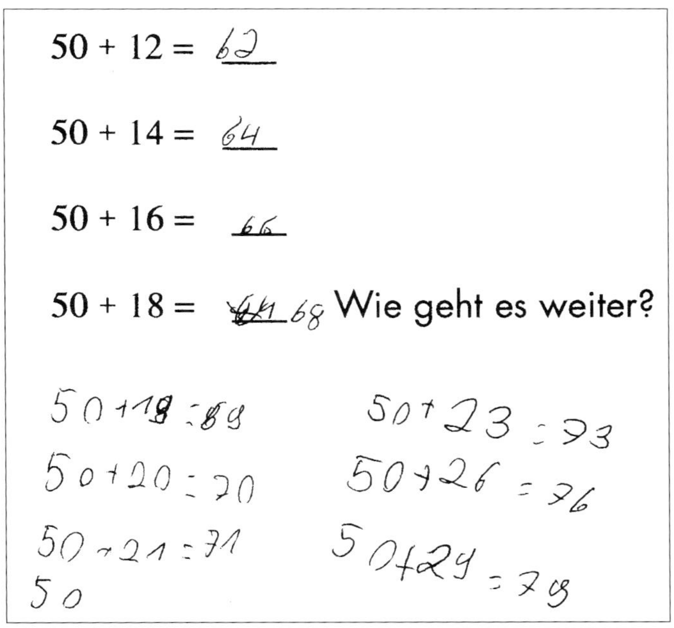

Abb. 4/12: Jans Bearbeitung der operativen Aufgabenserie

Es finden sich aber auch Kinder wie Ismael (Abb. 4/13), die keine Idee für die Fortsetzung der Serie haben, dennoch aber eine Reihe von Aufgaben rechnen. Beim Ausrechnen der vorgegebenen Aufgaben unterlief Ismael in der zweiten Rechnung ein Stellenwertfehler. Nach der Rückmeldung, dass diese Aufgabe falsch sei, notierte er sich rechts seinen schrittweisen Weg. Anschließend fand er zwei Aufgaben, die in Zusammenhang mit den vorgegebenen standen (50 + 10 wäre die Fortsetzung der Ausgangsaufgabe nach ‚oben'; 60 + 8 weist das Ergebnis der letzten Aufgabe auf). Ob er diese Strategie allerdings genutzt hatte, konnte nicht geklärt werden. Es folgten dann u. a. große Zahlen, bei denen in einigen Fällen die Summanden einer Aufgabe aus dem Ergebnis der vorherigen Aufgabe gebildet wurden.

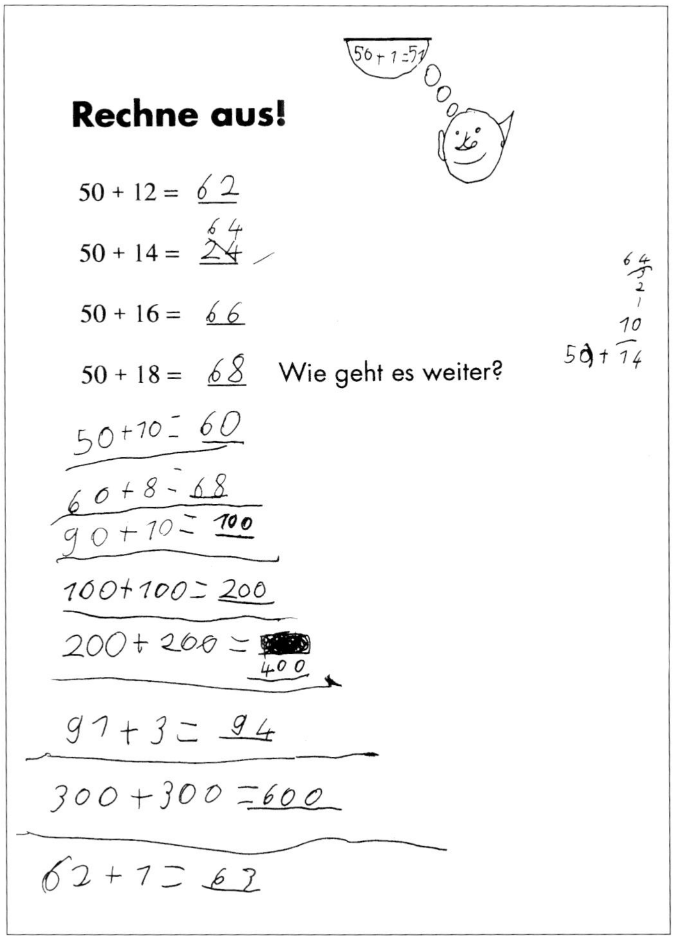

Abb. 4/13: Ismaels Bearbeitung der operativen Aufgabenserie

Bei der Reflexion über Zusammenhänge wird das breite Spektrum deutlich: Es gibt Kinder, die lediglich Gemeinsamkeiten der Aufgaben erkennen: *„Die 50 (bzw. 25, vgl. Beispiel von Björn) bleibt immer gleich"*. Andere Kinder sind in der Lage, die Aufgabenserie fortzusetzen, ohne dies sprachlich erklären zu können (vgl. auch Bsp. von Jan). Sprachliche Begründungen für die Beziehungen zwischen den Aufgaben bzw. den Ergebnissen müssen meistens erfragt und können nur von einzelnen Kindern geäußert werden: *„Das ist vorne immer eins weniger ... und hinten auch eins weniger"*; oder: *„Da hast du vorne zwei mehr gemacht ... dann wird das hinten auch mehr"*.

Differenzierung

Auch bei dieser Übungsform bieten sich unterschiedliche *Niveaus der Differenzierung* an, die nicht vorab festgelegt werden sollten:

- ▷ Rechnen der gegebenen Aufgaben, evtl. mit Veranschaulichungen,
- ▷ Konstruktion weiterer Aufgaben, d. h. Erkennen und Fortsetzen der Struktur,
- ▷ Markieren der Summanden vorgegebener Aufgaben durch Plättchen an der Hundertertafel zum Erkennen der Struktur (Abb. 4/14),
- ▷ Verbalisieren von Begründungen für die Struktur,
- ▷ Verbalisieren von Begründungen für die Ergebnisse,
- ▷ Berechnung neu gefundener Aufgaben durch alle Kinder (beim Sammeln der Ergebnisse).

1 + 10 =
12 + 10 =
23 + 10 = Wie geht es weiter?

1	2	3	4	5	6	7	8	9	10
11	12	13	14	15	16	17	18	19	20
21	22	23	24	25	26	27	28	29	30
31	32	33	34	35	36	37	38	39	40
41	42	43	44	45	46	47	48	49	50
51	52	53	54	55	56	57	58	59	60
61	62	63	64	65	66	67	68	69	70
71	72	73	74	75	76	77	78	79	80
81	82	83	84	85	86	87	88	89	90
91	92	93	94	95	96	97	98	99	100

Abb. 4/14: Veranschaulichung des Musters an der Hundertertafel

Weitere Beispiele

25 + 15 =
26 + 14 =
27 + 13 =
28 + 12 = Wie geht es weiter?

Dieser Zusammenhang (Realisierung der Konstanz der Summe) ist gut am Hunderterpunktfeld zu veranschaulichen. Mithilfe eines Kartons (Ergebnis) sowie des Folienzahlwinkels sind die entsprechenden Zerlegungen zu erkennen.

12 + 56 =
12 + 56 =
22 + 56 =
32 + 56 = Wie geht es weiter?

Hier ist ein gleitender Übergang in den nächsten Hunderter beabsichtigt, je nachdem, wie viele Aufgaben die einzelnen Schüler finden. Mithin wird die Zone der nächsten Entwicklung angesprochen, ohne dass alle Schüler diese verbindlich erreichen müssen.

Es bietet sich an, jede einzelne operative Serie (Arbeitsblätter 4/2, 4/3 und 4/5) separat auf ein DIN-A4-Blatt zu kopieren. So erhalten die Kinder ausreichend Platz für das Fortsetzen einer Serie durch eigene Aufgaben.

Blitzrechenübungen

Aufgeführt seien noch zwei Blitzrechenübungen für den Hunderterraum: Bei der Übung ,Verdoppeln und Halbieren' (WITTMANN/MÜLLER 1990, 149) gilt es, Zahlen aus dem Zahlenraum bis 100 zu verdoppeln bzw. zu halbieren. Hierbei geht es zunächst nur um das Verdoppeln von Fünfer- oder Zehner-Zahlen und um das Halbieren von reinen Zehner-Zahlen. Die jeweiligen Zahlen können am Hunderterpunktfeld mit einem Folienzahlwinkel dargestellt werden, und die Kinder zeigen mittels eines Kartons und benennen das jeweils Doppelte *(„15 + 15 = 30"; „2 · 15 = 30"; „Das Doppelte von 15 ist 30.")*. Beim Halbieren sind die vorgegebenen Zehner-Zahlen jeweils mithilfe eines Kartons dargestellt. Die Schüler bestimmen mithilfe der farbigen Folie die Hälfte und nennen die entsprechende Aufgabe *(„Die Hälfte von 30 ist 15."; „30 : 2 = 15")*.
Später werden die Zahlen lediglich verbal oder schriftlich vorgegeben und von den Kindern halbiert oder verdoppelt.
Bei der Übung *,Leichte Plus- und Minusaufgaben'* werden Aufgabenketten berechnet, bei denen jeweils glatte Zehner oder reine Einer zu addieren bzw. zu subtrahieren sind.

Beispiel: 26 + 10 = 36 → 36 + 3 = 39 → 39 + 20 = 59 ...

4.2.2 Aktivitäten mit Ziffernkärtchen

Das Material ,Ziffernkärtchen' ist bereits in Kap. 3.4 vorgestellt worden. Im Folgenden geht es um das Bilden von Summen aus zweistelligen Zahlen. Dies können möglichst kleine oder große Summen oder aber feste vorgegebene Ergebnisse sein. Thematisiert wird dabei insbesondere das Verständnis des Stellenwerts, aber auch das kombinatorische Denken.
Anschließend wird eine gezielte Erkundung verschiedener Summen durchgeführt, deren Hintergrund vorab kurz beleuchtet wird:
Aus vier verschiedenen Ziffern werden zweistellige Zahlen und deren entsprechende Summen gebildet. Zählt man die Tauschaufgaben hinzu, so ergeben sich insgesamt 24 verschiedene Aufgaben (4 · 3 · 2 · 1 Möglichkeiten). Wählt man etwa die Ziffern 4, 5, 8 und 3, so erhält man folgende Aufgaben, hier systematisch notiert:

83 + 54 = 137	85 + 43 = 128	84 + 53 = 137
54 + 83 = 137	43 + 85 = 128	53 + 84 = 137
83 + 45 = 128	85 + 34 = 119	84 + 35 = 119
45 + 83 = 128	34 + 85 = 119	35 + 84 = 119
38 + 54 = 192	58 + 43 = 101	48 + 53 = 101
54 + 38 = 992	43 + 58 = 101	53 + 48 = 101
38 + 45 = 883	58 + 34 = 192	48 + 35 = 183
45 + 38 = 183	34 + 58 = 192	35 + 48 = 183

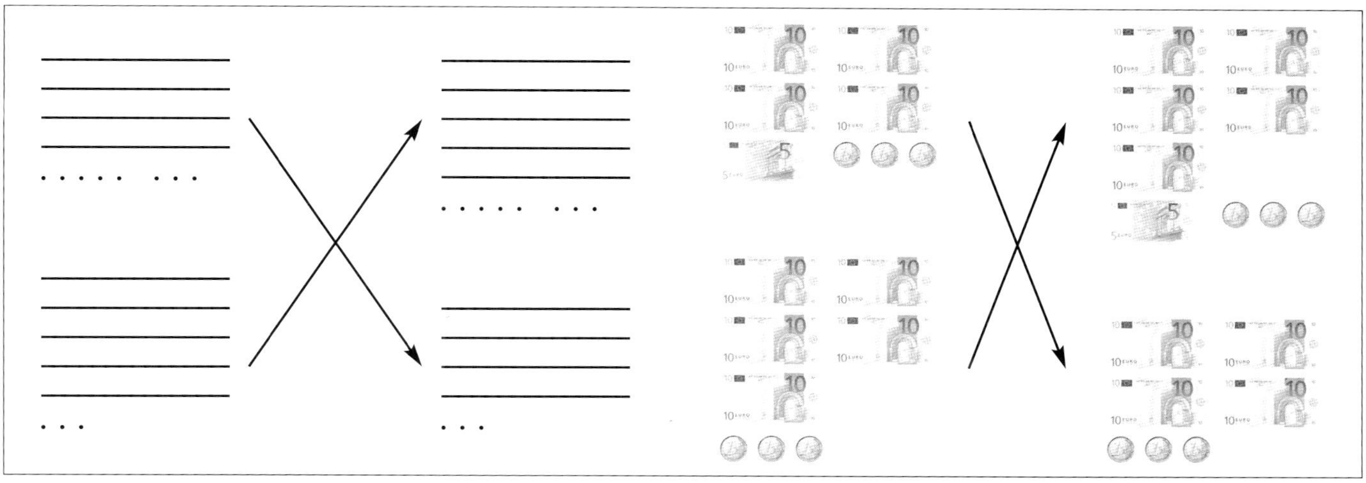

Abb. 4/15: Darstellung der Aufgaben 48 + 53 und 58 + 43 mithilfe der Zehner-Balken bzw. mit Rechengeld

Was fällt nun bei diesen Aufgaben auf? Jedes Ergebnis taucht in der Tabelle viermal auf. Dass die Tauschaufgaben (z. B. 48 + 53 und 53 + 48) die gleichen Ergebnisse aufweisen, ist schnell zu erklären *(Kommutativgesetz)*. Daneben erhält man aber auch bei 48 + 53 und 58 + 43 das gleiche Ergebnis, da an den Zehner- und Einerstellen jeweils gleiche Ziffern zu finden sind. Dies lässt sich leicht mithilfe von Veranschaulichungen zeigen (Abb. 4/15):

Die Einerstellen stimmen bei beiden Aufgaben überein. Die Zehnerstellen sind bei der zweiten Aufgabe lediglich vertauscht, sodass sich an der Summe der Zehner nichts ändert. Veranschaulichungen dienen hier als ‚Beweismittel', d. h. die bildliche Veranschaulichung dieses Spezialfalls kann verallgemeinert werden.
Wählt man die Ausgangsziffern derart, dass keine Überschreitungen auftreten können, liegen alle Ergebnisse im Hunderterraum. Als zusätzliches Phänomen zeigt sich dabei das Auftreten von Spiegelzahlen in den Ergebnissen. Wählt man z.B. die Ziffern 1, 2, 3 und 4, so erhält man u. a. die Aufgaben

43 + 21 = 64	und	34 + 12 = 46	oder
41 + 23 = 64	und	14 + 32 = 46.	

Hier lässt sich erkennen, dass bei den einzelnen Summanden die Ziffern der Zehner und Einer jeweils getauscht wurden, sodass die Summe der Zehner der ersten Aufgabe gleich der Summe der Einer bei der zweiten Aufgabe ist. Entsprechendes gilt für die Summe der Einer der ersten und Zehner der zweiten Aufgabe. So entstehen jeweils Spiegelzahlen. Auch dies kann mithilfe von Veranschaulichungen verdeutlicht werden. Mit folgenden Ausgangsziffern erhält man Aufgaben ohne Zehnerüberschreitung: (1, 2, 3, 4); (1, 2, 3, 5); (1, 2, 3, 6); (1, 2, 4, 5); (1, 3, 4, 5); (2, 3, 4, 5).

Bilden zweistelliger Zahlen und Addition

Vorgegeben sind an der Tafel die magnetischen Ziffernkarten von 1 bis 9, aus denen zweistellige Zahlen gebildet werden sollen. *„Welche kleinste bzw. größte Zahl ist möglich?"* Verschiedene zweistellige Zahlen können der Größe nach geordnet werden (vgl. auch Kap. 3.4).
Anschließend sollen die Kinder mit ihren eigenen Ziffernkarten Summen aus zwei zweistelligen Zahlen bilden. *„Welches kleinste/größte Ergebnis ist möglich?"* (13 + 24 = 37 oder 14 + 23 = 37; größtes Ergebnis geht über 100 hinaus). *„Kann ich als Ergebnis nahe an 50 herankommen oder 50 genau erreichen?"* (50 = 34 + 16 = 36 + 14 = 32 + 18 = ...)
Wichtig erscheint es, dass die Kinder zunächst auch die Möglichkeit haben, sich einer Vorgabe zu nähern und diese nicht genau treffen zu müssen.

Addition zweistelliger Zahlen mit Vorgaben

Vorgegeben sind an der Tafel die magnetischen Ziffernkarten 1, 2, 4 und 5, aus denen zweistellige Zahlen und entsprechende Summen gebildet werden sollen. Zwei Beispiele werden an der Tafel festgehalten, um die Aufgabenstellung zu klären oder auch zu verdeutlichen, dass jedes Ziffernkärtchen nur einmal verwendet werden darf. Die Schüler sollen nun möglichst viele Aufgaben dieser Art finden und schon nach Auffälligkeiten suchen.
Die verschiedenen Aufgaben werden anschließend an der Tafel gesammelt. Dabei ist es ratsam, die Aufgaben schon sortiert zu notieren (vgl. Tabelle auf S. 120 oder allgemein nach Größe der Ergebnisse) und dabei genügend Platz zu lassen. So ist es für die Kinder leichter, Zusammenhänge zwischen den Aufgaben zu erkennen und fehlende Aufgaben zu finden. Auch eine Reflexion über Strategien kann dazu hilfreich sein (z. B. Ausnutzen der Kommutativität: 42 + 51 und 51 + 42, Zifferntausch bei einem Summanden: 24 + 51 und 42 + 51 oder Vertauschen der beiden Einerziffern: 51 + 42 und 52 + 41).
Das Auftreten mehrerer gleicher Ergebnisse soll anschließend zur Reflexion anregen (*„Warum ist das so? Haben wir richtig gerechnet?"*). Wie oben verdeutlicht, geschieht dies am besten mithilfe von Veranschaulichungen. Dass Tauschaufgaben die gleichen Ergebnisse haben *(Kommutativgesetz)*, sollte schon aus Übungen beim Einspluseins bekannt sein.

Differenzierung

Für viele Kinder kann es notwendig sein, konkret mit den Ziffernkärtchen zu operieren, da sie beim mentalen Operieren mit den Ziffern noch unsicher sind.
Den Kindern sollte die Verwendung von Veranschaulichungen natürlich gestattet sein, zumal diese bei der *Begründung* von Auffälligkeiten hilfreich und notwendig sein werden.
Differenzierungen werden daneben ermöglicht durch die Anzahl gefundener Aufgaben, wobei häufig auch schwächere Rechner bei derartigen Übungen viele Aufgaben finden können, wenn Zusammenhänge wie das Kommutativgesetz genutzt werden *(„Das brauch' ich gar nicht mehr zu rechnen“).* Falls die Notation bei den Kindern zu unübersichtlich wird und Aufgaben doppelt auftreten, sollten entsprechende Tipps gegeben werden (z. B. Ordnen der Ergebnisse der Größe nach).

Weiterführung

Wie bereits dargestellt, kann die Übung auch mit Zehnerüberschreitung behandelt werden, die dann zu Ergebnissen über 100 führt. Diese Übung kann auch beim Rechnen im Tausenderraum durchgeführt werden. Generell sind Aktivitäten mit Ziffernkärtchen vom Zahlenraum unabhängig und sollten immer wieder aufgegriffen werden.

4.3 Strukturiertes Üben der Subtraktion

Die Übungen zur Subtraktion fallen hier weniger umfangreich aus, da nach der Behandlung von Addition und Subtraktion vorrangig vermischte Übungen zu beiden Operationen erfolgen sollen.

4.3.1 Operative Päckchen und Aufgabenserien

Zur unterrichtlichen Einführung sei auf die Ausführungen zur Addition verwiesen (Kap. 4.2.1). Wiederum ist die sprachliche Ähnlichkeit gewisser Zahlen genannt, die in operativen Päckchen aufgegriffen werden sollten.

60 − 33 =	37 − 12 =	70 − 55 =
60 − 30 =	37 − 12 =	70 − 50 =
60 − 13 =	37 − 20 =	7 − 55 =
		70 − 15 =

Operative Päckchen

Bei operativen Päckchen kann es Kinder geben, die die Veranschaulichung lediglich an den Stellen nutzen, an denen sie Schwierigkeiten haben (Abb. 4/16). Hier sind die letzten beiden Aufgaben sowohl vom Zahlenwert als auch vom Aufgabentyp her schwieriger. In diesen Fällen zeigt sich ein Bewusstsein für die Verwendung von Veranschaulichungen. Die Kinder sollten hier nicht zu einem vorschnellen Verzicht gedrängt werden.

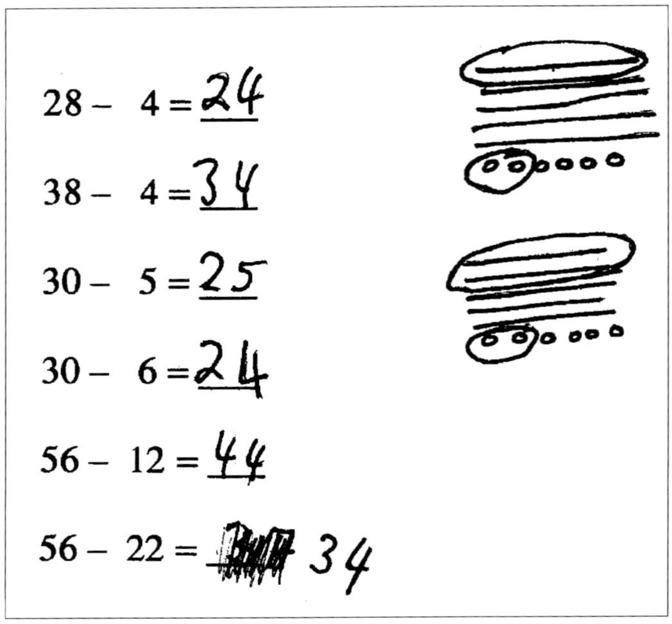

Abb. 4/16: Bewusster Umgang mit Veranschaulichungen

Bei den ersten vier Päckchen auf Arbeitsblatt 4/4 bleibt jeweils der Minuend unverändert, der Subtrahend hingegen ändert sich. Es finden sich Aufgaben mit und ohne Zehnerunterschreitung. Gewählt sind für den Minuenden glatte oder gemischte Zehner, für den Subtrahenden Einer oder gemischte Zehner.

28 − 4 =	30 − 5 =	56 − 12 =	43 − 8 =
28 − 3 =	30 − 6 =	56 − 22 =	43 − 9 =

Bei den nächsten vier Päckchen ist jeweils der Subtrahend festgehalten und der Minuend wird variiert. Wiederum sind Aufgaben mit und ohne Zehnerunterschreitung gewählt. Als Minuend treten glatte oder gemischte Zehner auf, als Subtrahend lediglich Einer.

45 − 5 =	16 − 8 =	70 − 7 =	31 − 9 =
55 − 5 =	36 − 8 =	40 − 7 =	51 − 5 =

Ähnliche Zusammenhänge sind für die unteren acht Zweierpäckchen gewählt.

Operative Aufgabenserien

Auch bei operativen Aufgabenserien bietet sich die Möglichkeit, entweder Minuend oder Subtrahend oder beide zu variieren (z. B. Konstanz der Differenz), was durch die folgenden Beispiele realisiert wird. Diese beinhalten die verschiedenen Aufgabentypen (Z/ZE − E; Z/ZE − ZE ...), und Zehnerunterschreitungen kommen z. T. im Verlauf der Bearbeitung einer Serie vor (z. T. weitere Beispiele auf Arbeitsblatt 4/5).

60 − 15 = 58 − 12 =
60 − 14 = 58 − 13 =
60 − 13 = 58 − 14 =
60 − 12 = 58 − 15 =

75 − 43 = 28 − 24 =
73 − 41 = 38 − 34 =
71 − 39 = 48 − 44 =
69 − 37 = 58 − 54 =

50 − 5 =
50 − 7 =
50 − 9 =

Wie schon verschiedentlich zu operativen Päckchen und Serien festgehalten wurde, sollten die gewählten Muster immer variiert werden, um die Schülerinnen und Schüler nicht zum mechanischen Arbeiten zu verleiten. Es bietet sich in diesem Zusammenhang immer an, über Muster, Beziehungen und Gesetzmäßigkeiten zu reflektieren. Die erforderlichen sprachlichen Fähigkeiten können durch regelmäßigen Einsatz solcher Aufgabenformate gefördert und weiterentwickelt werden.

4.3.2 Aktivitäten mit Ziffernkärtchen

Aufgegriffen werden für die Subtraktion auch Übungen mit Ziffernkarten, die aber deutlich schwieriger sind als die zur Addition. Hinsichtlich des Materials sei auf Kap. 3.4 bzw. 4.2.2 verwiesen.

‚Von 100 abziehen'

Vorgegeben sind die Ziffernkärtchen von 1 bis 9. Es werden jeweils zweistellige Zahlen gebildet und von 100 abgezogen. Das Ergebnis soll nun möglichst groß sein, dabei sollen z. B. die fünf größten Ergebnisse bestimmt werden.
Der Minuend 100 kann hierbei mit separaten Ziffernkarten gelegt oder aber notiert werden. Die Bedingung des zweistelligen Subtrahenden schließt Aufgaben wie 100 − 1 aus, sodass 100 − 12 = 88 den kleinsten Subtrahenden und somit das größte Ergebnis liefert. 100 − 11 ist nicht möglich, da für die 11 zwei Karten mit 1 benötigt würden. Die nächstgrößeren Differenzen sind 100 − 13 = 87; 100 − 14 = 86; 100 − 15 = 85; ...; 100 − 19 = 81; 100 − 20 = 80 ...

Analog kann die Aufgabe sein, das kleinste bzw. die fünf kleinsten Differenzen zu bestimmen. Hier ergibt sich mit 98 der größte Subtrahend und damit die kleinste Differenz 100 − 98 = 2. Als weitere Differenzen folgen 100 − 97 = 3; 100 − 96 = 4 ...
Als Ergebnis kann nun auch eine bestimmte Zahl gewählt werden (z. B. 20, 50 ...), an die man möglichst nahe bzw. genau herankommen soll.

Subtraktion zweistelliger Zahlen

Vorgegeben sind die Ziffernkärtchen von 1 bis 9. Es werden jeweils zwei zweistellige Zahlen gebildet und voneinander abgezogen. Das Ergebnis soll nun möglichst groß bzw. klein sein. Als Ergebnis können anschließend wieder bestimmte Zahlen gewählt werden, an die man möglichst nahe bzw. genau herankommen soll: *„Kannst du die Differenz 5 erzeugen?"*
Eine möglichst kleine Differenz könnte man erzielen, wenn innerhalb eines Zehners ein Unterschied bei den Einern von 1 erzeugt wird. Dies ist jedoch nicht möglich, da keine Ziffer mehrfach vorhanden ist, um zweimal den gleichen Zehner darzustellen. So muss in jedem Fall ein Übertrag zwischen zwei Zehnern gebildet werden, und die kleinste Differenz beträgt dann 2. Diese lässt sich etwa erzeugen durch

31 − 29 oder 41 − 39 oder 51 − 49.

Bei der Suche nach der größten Differenz ist ein möglichst großer Minuend bei gleichzeitig möglichst kleinem Subtrahenden erforderlich. Größter Minuend ist 98, kleinster Subtrahend ist 12, sodass sich als größte Differenz 86 ergibt. Die nächstgrößere Differenz wäre 85, darzustellen durch 97 − 12 oder 98 − 13. Entsprechend könnten die Darstellungsmöglichkeiten für die nächsten Differenzen 84 (96 − 12; 97 − 13; 98 − 14) und 83 (95 − 12; 96 − 13; 97 − 14; 98 − 15) gefunden werden. Es ist offensichtlich, dass es immer mehrere Möglichkeiten gibt, diese Differenzen zu bilden. Dieses Muster bricht erst ab, wenn man die Differenz 80 erzeugen will.

Differenzierung

Natürlich sollte es bei diesen Aktivitäten mit Ziffernkarten erlaubt sein, Veranschaulichungen zu nutzen, falls das Ausrechnen der auftretenden Aufgaben Probleme bereitet. Man sollte jedoch beachten, dass das mentale Überschauen der arithmetischen Beziehungen einen großen Vorteil beim Auffinden der gesuchten Zahlenkombinationen bietet. Haben Kinder noch größere Probleme im arithmetischen Bereich, kann dies das Lösen der oben genannten Aufgaben beeinträchtigen. Die Kinder versuchen dann eher, probierend an das jeweilige Problem heranzugehen, was durchaus erfolgreich sein kann.
Die Strategien beim Lösen dieser Aufgaben stellen eine weitere Möglichkeit der Differenzierung dar: Einige Kinder lösen die Aufgaben durch Versuch und Irrtum und finden nicht unbedingt die optimale Lösung. Auch näherungsweise Lösungen sollten aber in jedem Fall honoriert werden. Manchmal bieten sie ja die Möglichkeit, zu optimaleren Lösungen vorzudringen.
Daneben ist eine *quantitative Differenzierung* bezüglich der Anzahl der gefundenen Aufgaben möglich. Wie gesehen, gibt es bei einer Reihe von Fragestellungen mehrere Lösungen, die ggf. auf Ermunterung der Lehrerin (z. B. *„Gibt es für die Differenz 84 mehrere Lösungen?"*,

s. o.) gesucht werden können oder spontan von den Kindern entdeckt werden. Insgesamt ist es auch hier ratsam, die gefundenen Lösungen innerhalb der gesamten Klasse zu vergleichen und darüber zu reflektieren.

Weiterführung

Aktivitäten mit Ziffernkarten können bei jeder weiteren Zahlenraumerweiterung wieder aufgegriffen werden und bieten sich für das Bilden und Verarbeiten mehrstelliger Zahlen an (vgl. z.B. SCHERER 2001).

4.4 Strukturiertes Üben der Addition und Subtraktion

Bei vermischten Übungen zur Addition und Subtraktion geht es vorrangig um die Betonung der Beziehung zwischen diesen beiden Operationen, sodass die Aufmerksamkeit der Kinder stets aufs Neue gefordert und einem schematischen Lösen vorgebeugt wird. Bei Verwechslung der Operationen wird häufig eine Diskriminierungsschwäche angenommen. In vielen Fällen sind die Kinder aber einfach nur daran gewöhnt, *gleichartige Päckchen* (z. B. ausschließlich Additionen) zu lösen.
Bei den folgenden vermischten Übungen werden verschiedene Aspekte thematisiert: die Beachtung der Symbole, die Kommutativität und die Reversibilität von Addition und Subtraktion. Daneben werden auch operative Veränderungen zwischen mehreren Aufgaben immer wieder eingearbeitet (Erhöhen oder Vermindern von Summanden etc.). Die Gefahr eines mechanischen Abarbeitens kann so reduziert werden, und das Nutzen von Beziehungen kann so zugleich Gedächtnisentlastungen ermöglichen.

4.4.1 Operative Päckchen und Aufgabenserien

Die Kinder sollten zunehmend ermuntert werden, die Auffälligkeiten und Beziehungen zu beschreiben und zu begründen.
Die Kinder werden *vor* der Bearbeitung bereits angehalten, auf Beziehungen zu achten und diese möglichst auszunutzen. Der Zwanzigerraum kann und muss ggf. wiederholt werden. Auch dazu bieten sich operative Päckchen an, z. B. Zweier-Päckchen (Arbeitsblatt 4/6):

15 + 14 =	14 + 3 =	16 + 3 =	16 + 13 =
14 + 15 =	14 + 4 =	19 − 3 =	19 − 16 =

Schülerbeispiel

Stefan hatte keinerlei Probleme bei den ersten beiden Päckchen (Abb. 4/17) und konnte die Zusammenhänge auch verbalisieren. Auch das dritte Päckchen wurde korrekt gelöst, der Sachverhalt konnte hier aber nicht sprachlich begründet werden. Das vierte Päckchen löste er in Analogie zum dritten, d. h. er subtrahierte wieder nur die Einer. Man sieht, dass die Gefahr des mechanischen Arbeitens immer gegeben ist.

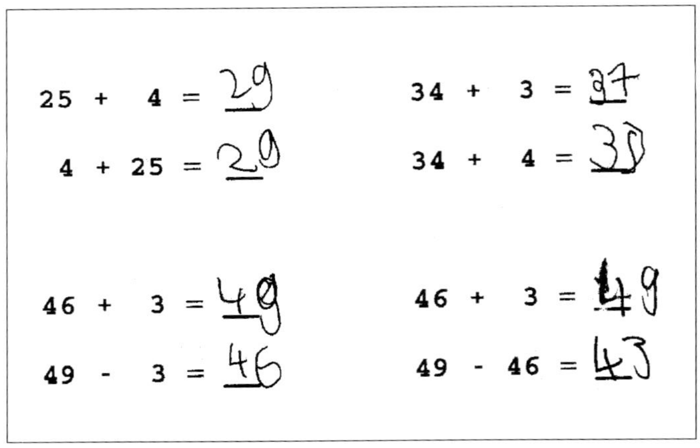

Abb. 4/17: Stefans Bearbeitung des operativen Päckchens

4.5 Vertiefende Übungen

4.5.1 Rechendreiecke

Ein Rechendreieck ist in innere Felder und Ergebnisfelder aufgeteilt, und dem Aufgabenformat liegt folgende Regel zugrunde (vgl. WITTMANN et al. 2001a, 154f.): In jedem Ergebnisfeld steht die Summe der beiden anliegenden Dreiecksfelder (Abb. 4/18; z. B. 13 + 7 = 20; 13 + 25 = 38 und 25 + 7 = 32). Rechendreiecke können sowohl auf der symbolischen als auch auf der enaktiven oder ikonischen Ebene bearbeitet werden. Für den Hunderterraum sollte das Berechnen auf der symbolischen Ebene im Vordergrund stehen, die Verwendung von Veranschaulichungen als Rechenhilfe schließt das natürlich nicht aus.

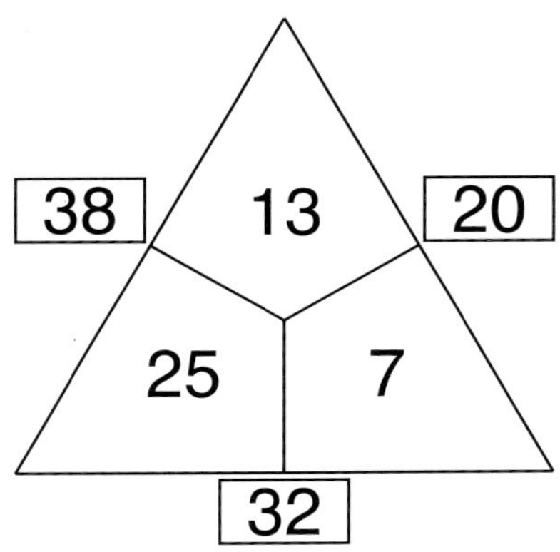

Abb. 4/18: Rechendreieck auf symbolischer Ebene

Je nachdem, ob und welche Felder in einem solchen Rechendreieck vorgegeben/gesucht sind, müssen Additionsaufgaben bzw. Subtraktionsaufgaben gelöst werden. Folgende wesentlich verschiedene Typen von Aufgabenstellungen sind dabei möglich:

Typ 1: Drei innere Felder sind gegeben (Abb. 4/19; alle drei Ergebnisfelder sind zu berechnen: Die Kinder müssen dazu drei Additionen lösen.

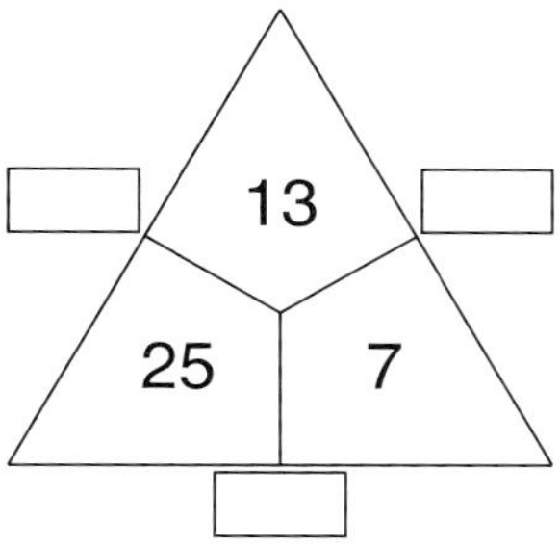

Abb. 4/19: Rechendreieck Typ 1

Typ 2: Zwei innere Felder und ein Ergebnisfeld sind gegeben; das dritte innere Feld und die beiden übrigen Ergebnisfelder sind zu berechnen (Abb. 4/20): Die Kinder müssen dazu zwei Additionen und eine Subtraktion lösen, wobei die Reihenfolge teilweise festgelegt ist.

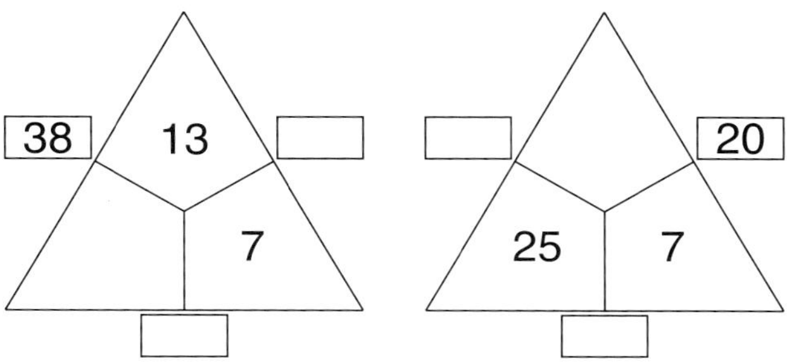

Abb. 4/20: Rechendreiecke Typ 2

Typ 3: Ein inneres Feld und zwei Ergebnisfelder sind gegeben; die weiteren zwei inneren Felder und das dritte Ergebnisfeld sind zu berechnen (Abb. 4/21): Hierzu lösen die Kinder eine Addition und zwei Subtraktionen. Auch hier ist die Reihenfolge teilweise festgelegt (das dritte Ergebnisfeld wird zuletzt berechnet).

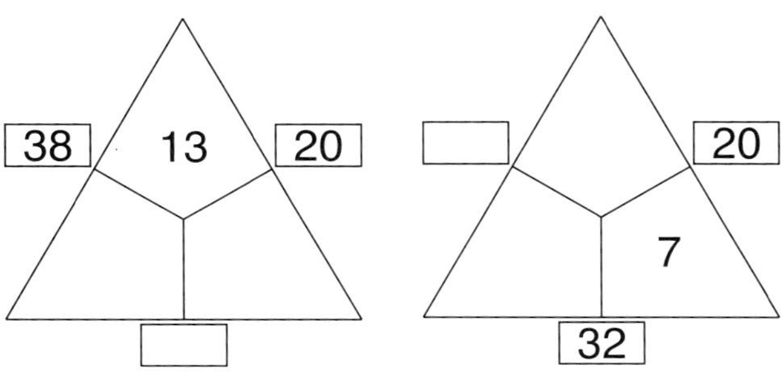

Abb. 4/21: Rechendreiecke Typ 3

Typ 4: Ein inneres Feld und zwei Ergebnisfelder sind gegeben; die weiteren zwei inneren Felder und das dritte Ergebnisfeld sind zu berechnen (Abb. 4/22): Die Kinder bearbeiten zwei Subtraktionen und eine Addition. Die Reihenfolge aller drei Rechnungen ist hierbei festgelegt (z. B. 20 − 7 = 13, dann 38 − 13 = 25, dann 25 + 7 = 32).

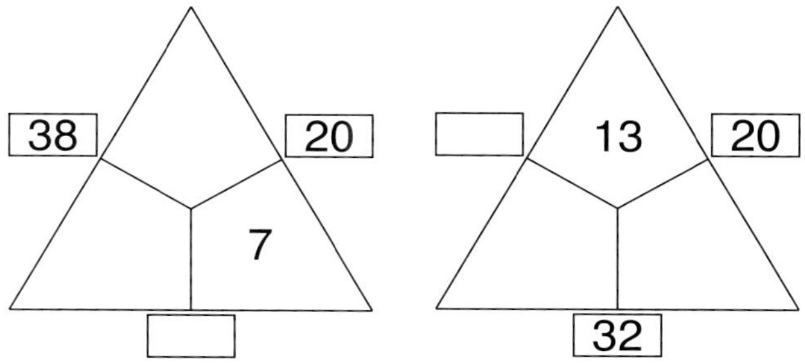

Abb. 4/22: Rechendreiecke Typ 4

Typ 5: Rechendreiecke, die nicht direkt, sondern durch systematisches Probieren zu lösen sind, z. B. die drei Ergebnisfelder sind gegeben, die inneren Felder sind zu berechnen (Abb. 4/23).

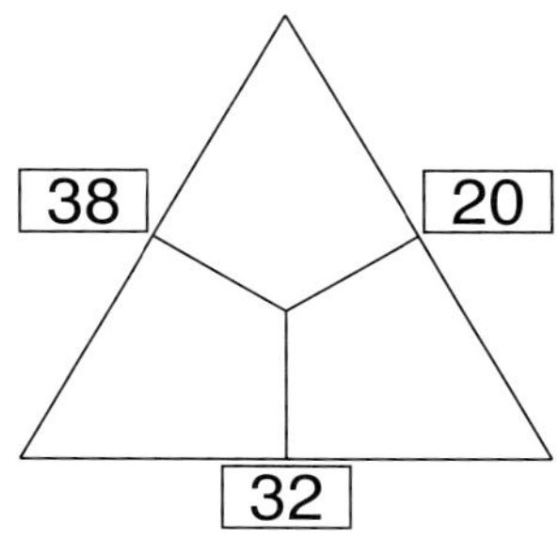

Abb. 4/23: Rechendreieck Typ 5

Um ein Rechendreieck eindeutig lösen zu können, müssen mindestens drei Werte vorgegeben sein.
Die Kinder üben hierbei Addition und Subtraktion bzw. das Zerlegen einer Zahl. Gleichzeitig müssen sie Rechenvorschriften einhalten. Zudem werden sie angeregt, Gesetzmäßigkeiten zu entdecken. Der Vorteil dieser Aufgabenform ist die Vermischung von Addition und Subtraktion, die für viele lernschwache Kinder häufig ein Problem darstellt. Hier ergibt sich die Wahl der jeweiligen Operation aus dem Kontext heraus, d.h. ein mechanisches Lösen von Aufgaben kann eher vermieden werden. Gefördert wird hierbei auch das Erkennen und Nutzen von Beziehungen (Rechendreiecke mit operativen Variationen).

Einführung (Rechendreiecke Typ 1)

Je nachdem, ob Rechendreiecke schon im Zwanzigerraum behandelt wurden, kann man hier die Einführung recht kurzfassen, indem man lediglich sicherstellt, dass die Regeln noch präsent sind. Andernfalls sollte die Zugangsweise aus Scherer (1999, 215ff.) übernommen werden, wahlweise mit den dort angegebenen Zahlenbeispielen oder mit Zahlenwerten aus dem Hunderterraum.
Die Lehrerin präsentiert ein Rechendreieck mit drei ausgefüllten inneren Feldern an der Tafel, berechnet vor den Augen der Kinder ein Ergebnis und trägt es ein. Die Schüler erkennen die Rechenvorschrift und berechnen die weiteren Ergebnisse. Einige Beispiele werden an der

Tafel gerechnet. Bei Nichteinhalten der Regel kann eine optische Hilfe eingezeichnet werden (Abb. 4/24).

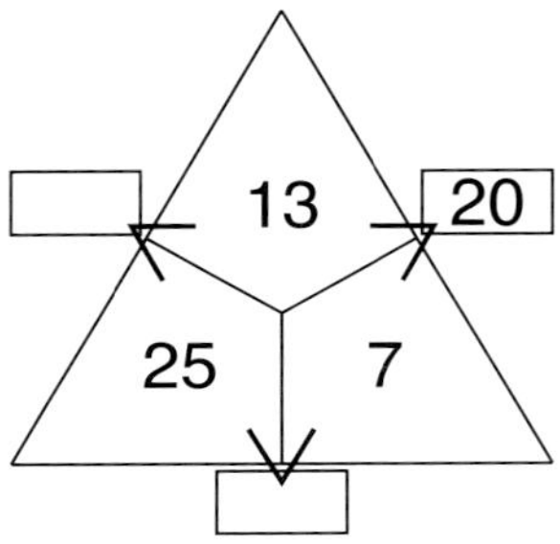

Abb. 4/24: Optische Hilfe zur Erinnerung der Rechenregel

Die Schüler bearbeiten nun Arbeitsblatt 4/7, bei dem zunächst vorgegebene Rechendreiecke berechnet werden. Die Beispiele dieses Arbeitsblattes zeigen verschiedene Additionstypen des Hunderterraums.

Offene Aufgaben

Auch bei diesem Aufgabenformat bietet sich die Wahl eigener Beispiele an (*„Meine Rechendreiecke!"*; Leerformular als Arbeitsblatt 4/8), und die Kinder können selbst ihr Schwierigkeitsniveau wählen.

Rechendreiecke mit vorgegebenen Feldern und Ergebnissen (Typ 2 und 3; z. T. mit operativen Variationen)

An der Tafel ist ein Rechendreieck mit zwei Feldern und einem Ergebnis vorgegeben. Die Schüler finden das dritte innere Feld durch Subtraktion bzw. Ergänzen.
Mögliche Fehler: Es wird generell nur addiert, aber nicht subtrahiert. Häufig ist auch festzustellen, dass den Kindern die festgelegte Reihenfolge noch nicht bewusst ist. Die Kinder können bei solchen Vorgehensweisen aber selbst ihre ‚Fehler' entdecken und korrigieren. Wenig sinnvoll ist es, diese möglichen Schwierigkeiten sofort verhindern zu wollen. Es ist wichtig, dass die Schüler erfahren und lernen, wie komplexere Aufgaben dieser Art zu lösen sind.
Anschließend bearbeiten die Schüler Arbeitsblatt 4/9, bei dem verschiedene Anordnungen für die Typen 2 und 3 gewählt sind. Im zweiten Teil des Arbeitsblatts finden sich Rechendreiecke mit operativen Variationen.

- 3. Zeile: Ein inneres Feld wird um 1 erhöht. (Zwei Ergebnisfelder erhöhen sich damit um 1.)
- Jedes innere Feld wird um 1 erniedrigt. (Jedes Ergebnisfeld verringert sich damit um 2.)

Diese Zusammenhänge können durch Plättchen verdeutlicht werden (Hinzulegen oder Wegnehmen der Plättchen). Was geschieht mit den Ergebnissen? Wichtig ist, dass die Kinder die Auswirkungen an mehreren Stellen beachten. Falls möglich, sollen sie diese Wirkungen auch sprachlich beschreiben.

Beispiel:

Bei einem Rechendreieck werden zwei innere Felder um 1 erhöht, veranschaulicht durch das Hinzulegen jeweils eines Plättchens (Abb. 4/25a). Beim Berechnen der Ergebnisfelder ergibt sich links eine Erhöhung um 2, bei den anderen Ergebnisfeldern jeweils um 1 (Abb. 4/25b). Diese Art der Veranschaulichung ist zwar nur an einem konkreten Beispiel durchgeführt, öffnet jedoch schon den Blick dafür, dass dieser Zusammenhang immer besteht, also allgemein gilt.

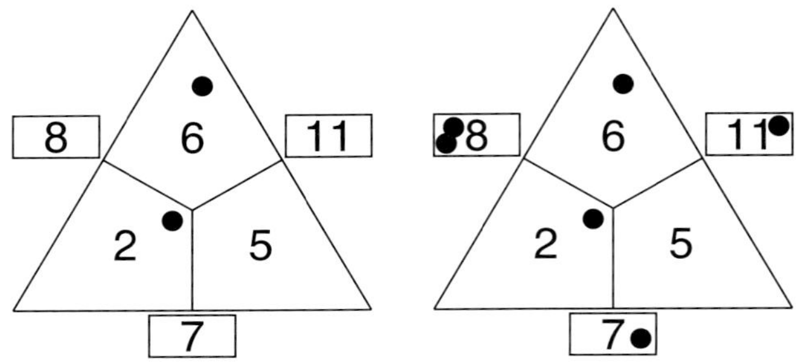

Abb. 4/25a und 4/25b: Operative Veränderungen, veranschaulicht durch Plättchen

Die Lehrerin kann zu einem späteren Zeitpunkt weitere Beziehungen für Arbeitsblätter nutzen:

- Ein inneres Feld wird um einen beliebigen Wert erhöht oder erniedrigt.
- Jedes innere Feld wird um einen beliebigen Wert erhöht oder erniedrigt.
- Ein inneres Feld wird um 1 erhöht, ein anderes um 1 erniedrigt.

Auch hierbei bieten sich Plättchen zur Veranschaulichung an (Hinzulegen, Wegnehmen, Verschieben eines, zweier, ... Plättchen).

Differenzierung

Eine natürliche Differenzierung bietet sich wiederum bei den offenen bzw. halboffenen Aufgaben an, einerseits durch die Anzahl der gefundenen Aufgaben, andererseits natürlich durch den gewählten Schwierigkeitsgrad. Auch bei den operativen Variationen wird es Kinder geben, welche die Beziehungen nicht auf Anhieb entdecken, andere hingegen nutzen die erkannten Beziehungen für ihre weiteren Rechnungen aus. Die sprachliche Erklärung ist darüber hinaus ein weiteres Differenzierungsangebot.

Weiterführung

Im Weiteren kann es um operative Beziehungen oder Veränderungen bei Rechendreiecken und das Untersuchen der jeweiligen Auswirkungen gehen.

Beispiele:

- ▷ Die Summe der Ergebnisfelder ist doppelt so groß wie die Summe der inneren Felder, weil jedes Feld in zwei Berechnungen der Ergebnisse eingeht. (Wenn die Summe der Ergebnisfelder ungerade ist, so ist das Dreieck nicht lösbar.)
- ▷ Die Summe zweier Felder ist immer größer als das dritte Feld.

4.5.2 Zahlenmauern

Zahlenmauern wurden bereits im Zwanzigerraum behandelt (vgl. Scherer 1999, 219ff.). Im Folgenden werden weitere Einsatzmöglichkeiten aufgezeigt, die über das reine ‚lineare' Berechnen von vorgegebenen Zahlenmauern hinaus vertiefende Einsichten ermöglichen. Die Kinder üben sowohl die Addition als auch die Subtraktion, vornehmlich im Hunderterraum. Zum Einstieg bzw. zur Wiederholung können aber zunächst Beispiele aus dem Zwanzigerraum gewählt werden. Ähnlich wie bei Rechendreiecken ergibt sich die Wahl der jeweiligen Operation aus dem Kontext heraus. Dadurch wird die Gefahr eines mechanischen Lösens unwahrscheinlicher. Auch hier müssen bestimmte Rechenvorschriften eingehalten werden. Zudem wird das Entdecken von Gesetzmäßigkeiten gefördert.

Wiederholung (bzw. Einführung)

Wenn der Umgang mit Zahlenmauern schon im Zwanzigerraum behandelt wurde, so kann man hier ihre Einführung recht kurzhalten. Gegebenenfalls sollte die Zugangsweise aus Scherer (1999, 220f.) übernommen werden, wahlweise mit den dort angegebenen Zahlenbeispielen oder mit Zahlenwerten aus dem Hunderterraum. Zum Aufwärmen können auf jeden Fall einige offene Aufgabentypen behandelt werden: Die Schüler suchen sich selbst Zahlenbeispiele oder finden Zahlenmauern zu einem bestimmten Zielstein (z. B. 50 oder 100).
Die Regel sei an dieser Stelle kurz wiederholt: Auf je zwei benachbarte Steine einer Schicht wird ein dritter Stein gesetzt, in den die Summe der beiden unteren Steine einzutragen ist (vgl. Wittmann/Müller 1990, 103f.). Je nach Position der vorgegebenen Zahlen sind ausschließlich Additionsaufgaben (Abb. 4/26a), Additions- und Subtraktionsaufgaben (Abb. 4/26b) oder ausschließlich Subtraktionsaufgaben (Abb. 4/26c) zu lösen.

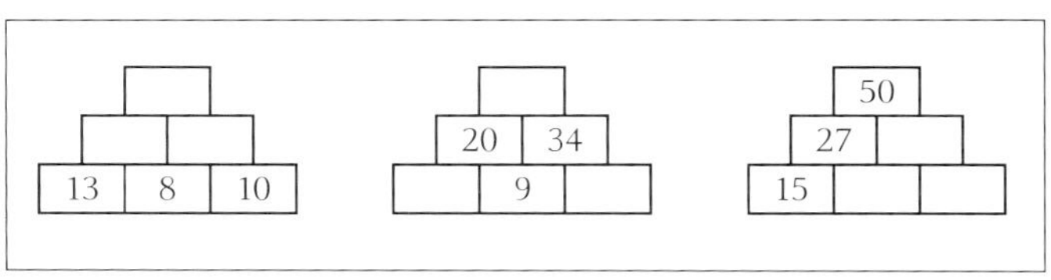

Abb. 4/26a, 4/26b und 4/26c: Beispiele für verschiedene Positionen der Ausgangszahlen

Beginnen sollte die Lehrerin mit einer dreischichtigen Zahlenmauer und komplett vorgegebenen Zahlen in der unteren Schicht. Die zweite Schicht kann durch die Lehrerin vor den Augen der Kinder entstehen (Leerformular als Arbeitsblatt 4/10).

Zahlenmauern mit operativen Beziehungen

Zur Festigung der Regeln empfiehlt es sich zunächst, mehrere Beispiele zusammen auszurechnen. Die Ausgangszahlen für die untere Schicht können dabei so gewählt werden, dass verschiedene Additionstypen und darüber hinaus operative Zusammenhänge auftreten: *„Was geschieht, wenn ein Randstein der unteren Schicht um 1 erhöht wird?"* (Abb. 4/27) oder *„Was geschieht, wenn die beiden Randsteine der untersten Schicht um 1 erniedrigt und der mittlere Stein um 1 erhöht werden?"* (Abb. 4/28).
Mögliche Erkenntnisse können sich sowohl auf Steine der mittleren Schicht als auch auf den obersten Stein beziehen. Viele Kinder sind bei der Herausarbeitung der operativen Beziehungen noch auf die konkreten Beispiele angewiesen und argumentieren entsprechend.

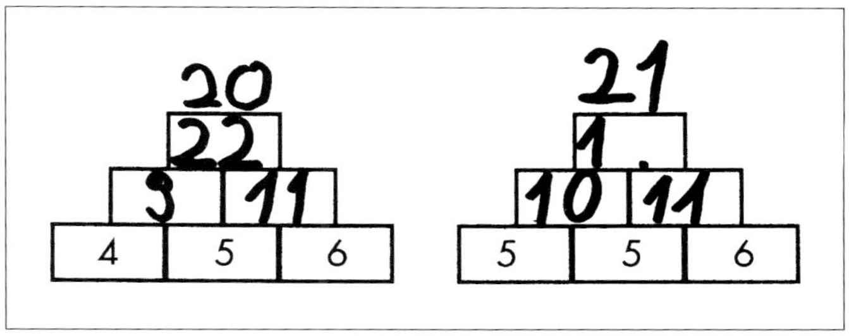

Abb. 4/27: Svens Lösungen

Sven hatte bei diesen Additionen – ausgeführt ohne Veranschaulichung – noch Schwierigkeiten und gelangte erst beim zweiten Versuch zum richtigen Ergebnis (Abb. 4/27). Shirin bewältigte die Aufgaben ohne Probleme und erkannte die gleichen Summen der beiden Beispiele (Abb. 4/28).

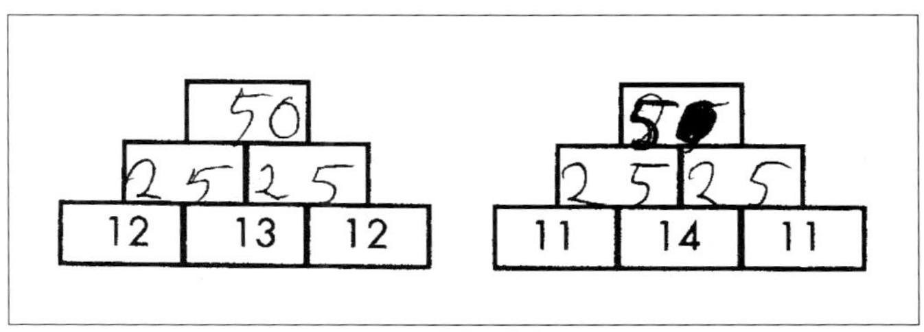

Abb. 4/28: Shirins Lösungen

Rechenfehler sind meist im Bereich des Einspluseins festzustellen. Zählendes Rechnen findet sich insbesondere bei Summanden größer als 5, wie im selbstgewählten Beispiel von Michaela (Abb. 4/29a, s. Seite 128, vgl. auch das Beispiel von Sven), die bei der Aufgabe 9 + 8 als Ergebnis 20 erhielt. Marcel gelangte bei der Addition 15 + 12 zum Ergebnis 26, vermutlich durch einen −1-Fehler (Abb. 4/29b, s. Seite 128).

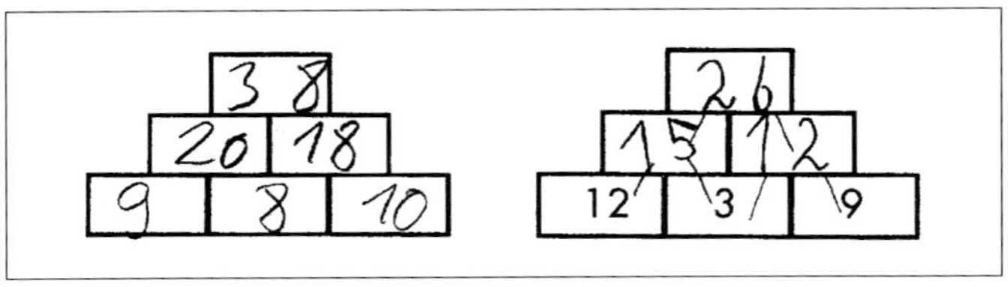

Abb. 4/29a und 4/29b: Lösungen von Michaela und Marcel

Den Kindern sollte es auch bei derartigen Übungsformen erlaubt sein, Materialien zu nutzen. Festzustellen ist oftmals ein bewusster Umgang mit Veranschaulichungen in Abhängigkeit von den Zahlenwerten. Viele Schüler versuchen zunächst, die jeweilige Aufgabe im Kopf zu rechnen. Ismael notierte sich einzelne Aufgaben, z. T. unter Ausnutzen des Kommutativgesetzes, rechnete diese aber im Kopf aus, wie die Zeichnung zeigt (Abb. 4/30). Einige Aufgaben löste er mithilfe der Rechenmaschine, vermutlich die Summen mit den größeren Summanden (z. B. 9 + 16 oder 8 + 13), die er nicht mehr notiert hatte. Die Rechenmaschine strich er anschließend durch, da er meinte, mehr Aufgaben im Kopf als mit der Rechenmaschine gelöst zu haben.

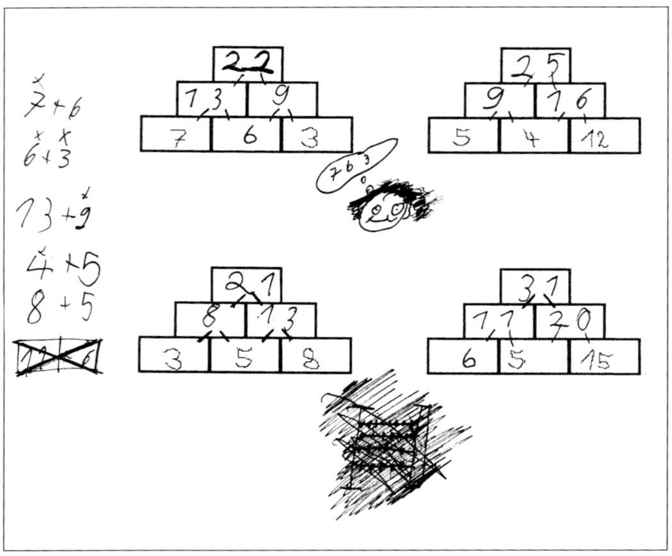

Abb. 4/30: Ismaels Lösungen

Schwierigkeiten bereitet in Einzelfällen das *Regelverständnis der Zahlenmauer,* wie die Beispiele von Sebastian und Christine zeigen. Sie berechneten die Steine der mittleren Schicht korrekt (Abb. 4/31). Um das Ergebnis des obersten Steins zu erhalten, addierten sie alle Steine der untersten Schicht zusammen, wobei die Additionen jeweils korrekt waren. Auch hier zeigt sich wie an anderen Stellen: Was gerechnet wird, ist richtig. Als Hilfe können entsprechende Striche eingezeichnet werden, wie im Beispiel von Ismael (vgl. Abb. 4/30).

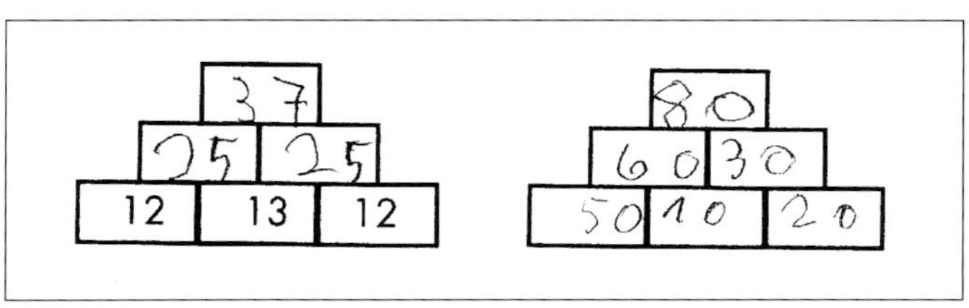

Abb. 4/31: Lösungen von Sebastian und Christine

Selbst gewählte Aufgaben

Empfehlenswert sind auch bei dieser Übung selbst gewählte Aufgaben: Viele Kinder wählen spontan entweder ganz leichte oder aber ganz schwierige Aufgaben. So finden sich einerseits Ausgangszahlen kleiner als 5 oder glatte Zehner-Zahlen (Abb. 4/32, Michaela und Ali). Andererseits wählen Schüler Zahlen aber auch bewusst so, dass die Ergebnisse über den Hunderterraum hinausgehen. Dabei rechnen sie mit glatten Hundertern (Yildiray, Abb. 4/33a) oder (sogar) Tausendern (Serkan, Abb. 4/33b). Sie operieren mit den größeren Stellenwerten wie mit Einern und zeigen damit Einsichten in den dekadischen Aufbau des Zahlensystems.

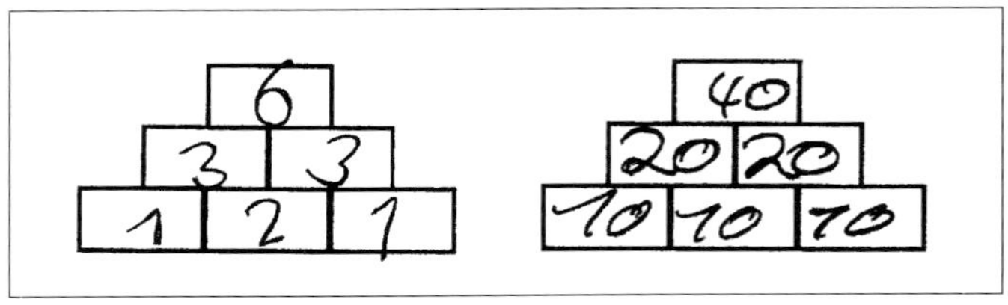

Abb. 4/32: Selbst gewählte Beispiele von Michaela und Ali

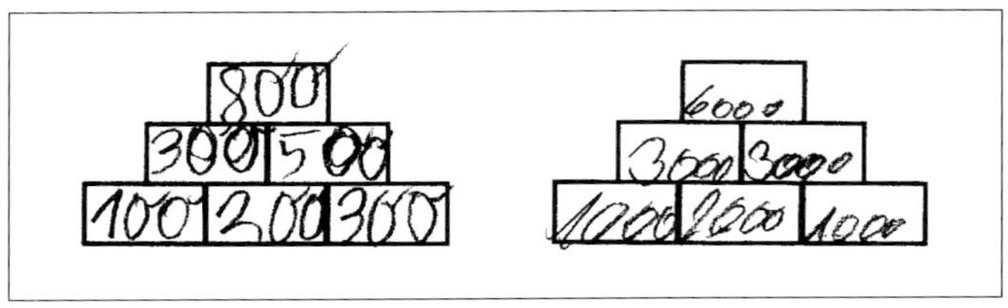

Abb. 4/33a und 4/33b: Selbst gewählte Beispiele von Yildiray und Serkan

Das Spektrum ist häufig aber noch vielfältiger: Benni berechnete korrekt die Summe gemischter Hunderter (Abb. 4/34). Bei der Wahl der Ausgangszahlen konnten die entstehenden Additionen für den obersten Stein zunächst nicht genau überschaut werden. In einem weiteren Beispiel wählte er glatte Hunderter und erhielt die Aufgabe 600 + 500. Dass das Ergebnis über 1000 liegen musste, war ihm klar, Schwierigkeiten bereiteten ihm lediglich die Stellenwerte. Die 1 des Übertrags musste irgendwo untergebracht werden, landete dann aber an der falschen Stelle. Vermutlich war ihm dieser Fehler klar, denn er strich den oberen Stein durch.

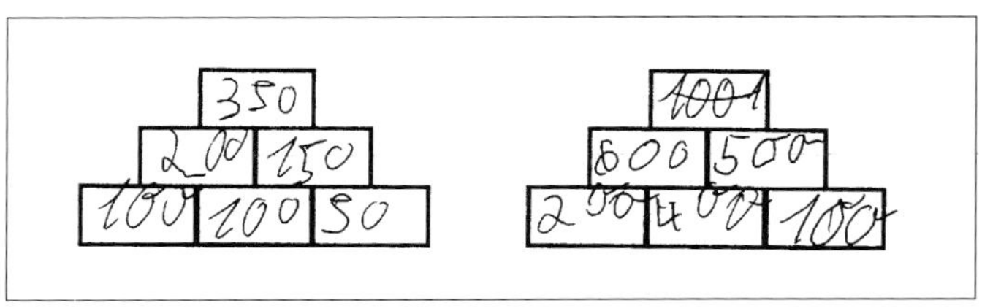

Abb. 4/34: Bennis selbst gewählte Beispiele

Auch Pinar (Abb. 4/35) wählte glatte Zehner-Zahlen. Das Ergebnis, das über den Hunderterraum hinausging, konnte sie korrekt berechnen. Hier zeigte sich ein wesentlicher Unterschied zu einer in Kap. 3.3 geschilderten Aktivität, bei der die Kinder Zahlen größer als 100 am (verlängerten) Hunderterstrahl eintragen mussten. Bei einer derartigen Zahlenmauer geht es aber darum, die Zahlen *selbst zu konstruieren*, was deutlich schwieriger ist.

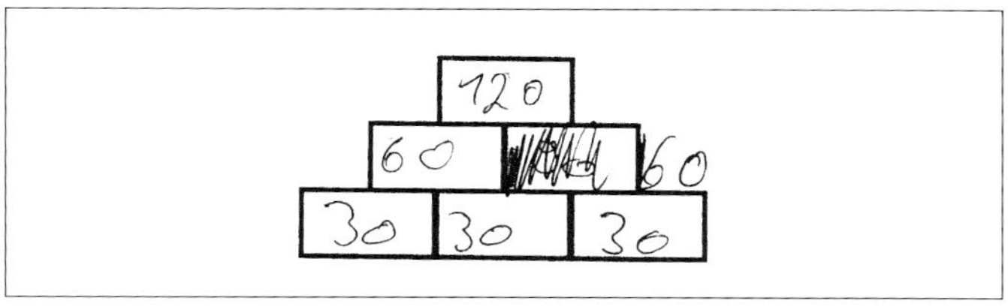

Abb. 4/35: Pinars selbst gewähltes Beispiel

Bemerkenswert sind auch die Zahlenmauern von Björn (Abb. 4/36): Seine ersten selbst gewählten Beispiele beinhalten glatte Zehner-Zahlen, die ihn zum Ergebnis 100 führten. Er äußerte dann, dass er weitere Mauern mit *„Zweihundert, Dreihundert und Vierhundert"* finden wollte und berechnete die folgenden Mauern von oben nach unten durch entsprechende Zerlegungen.

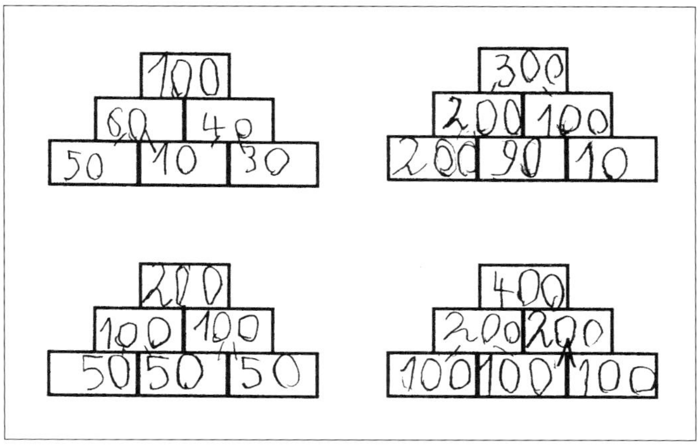

Abb. 4/36: Björns selbst gewählte Beispiele

Viele Kinder steigern nach und nach den Schwierigkeitsgrad ihrer Aufgaben – und dadurch offenbar auch ihr Selbstvertrauen. Sie benutzen dann etwa gemischte Zehner-Zahlen der untersten Schicht. Aynur (Abb. 4/37) wählte als Ausgangszahlen für ihre zweite Mauer die Zahlen der oberen Steine des vorhergehenden Beispiels. Sie merkte dann, dass das Ergebnis der Addition 67 + 87 größer als 100 war, konnte es nicht ausrechnen und notierte nur die 1 für die Hunderter-Stelle im obersten Stein.

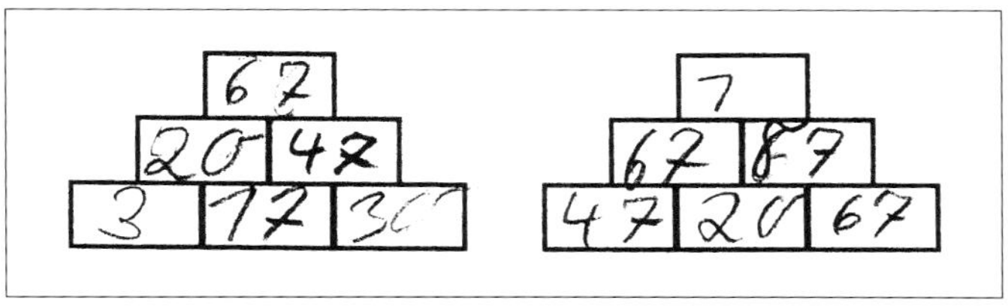

Abb. 4/37: Aynurs selbst gewählte Beispiele

Auch Stefan wählte gemischte Zehner-Zahlen als Ausgangszahlen (Abb. 4/38a). Wie bereits angedeutet, war den Kindern zunächst nicht bewusst, wie schwierig die Aufgaben letztendlich werden konnten. Stefans Wahl führte zu einer Aufgabe des Typs ZE + ZE mit Überschreitung, den er problemlos bewältigte. Mustafa (Abb. 4/38b) kam bei der Aufgabe 15 + 8 zunächst zum (invertierten) Ergebnis 32 und erhielt 59 für den oberen Stein. Er korrigierte seinen Fehler und gelangte vermutlich zum richtigen Ergebnis für den oberen Stein, notierte aber die invertierte Form 05.

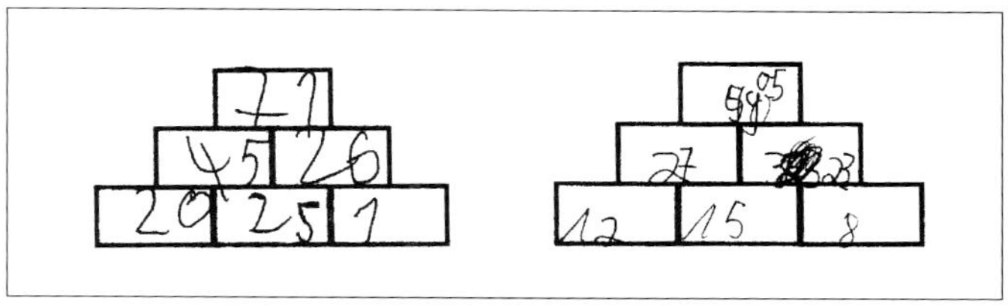

Abb. 4/38a und 4/38b: Selbst gewählte Beispiele von Stefan und Mustafa

Anschließen kann sich dann die bewusste Thematisierung des Schwierigkeitsgrads: Die Kinder wählen eigene Beispiele, die sie dann ihrer Meinung nach in leichte und schwere Zahlenmauern einteilen und diese Einteilung ggf. begründen (Leerformular Arbeitsblatt 4/10). Die Lehrerin erhält dadurch aufschlussreiche Informationen über die Leistungsstände bzw. die subjektiven Einschätzungen der Kinder.
Eingesetzt werden können auch Zahlenmauern mit einem fest vorgegebenen Zielstein, z. B. 50 oder 100 (Arbeitsblatt 4/11). Hier sollte die Lehrerin möglichst Strategien erfragen, ob und wie die Kinder aus einer zuvor gefundenen Zahlenmauer eine neue Lösung ableiten, ob sie gewisse Zusammenhänge feststellen etc.

Zahlenmauern mit verteilt vorgegebenen Zahlen

Behandelt werden sollten anschließend Zahlenmauern mit verteilt vorgegebenen Zahlen, sodass Additionen und Subtraktionen vermischt zu lösen sind. Mustafas Additionen der beiden mittleren benachbarten Steine waren jeweils fehlerfrei (Abb. 4/39). Es schien ihm auch klar (ebenso bei seinen weiteren Beispielen), dass er für die linken Steine die Ergänzungen __ + 10 = 23 bzw. __ + 13 = 25 lösen musste. Der rechte untere Stein hingegen wurde (regelwidrig) immer durch Addition gefunden.

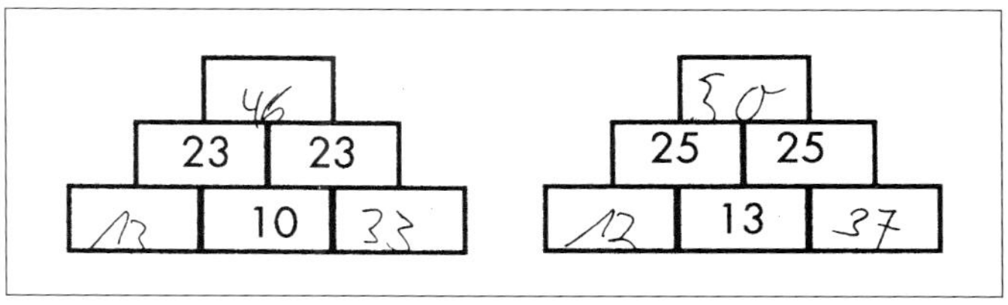

Abb. 4/39: Mustafas Lösungen

Auch Shirin (Abb. 4/40a, s. Seite 130) hatte bei dieser Position Probleme: Sie addierte die beiden unteren Zahlen, um das Ergebnis für den rechten Stein zu erhalten (32 + 10 = 42). Den linken Stein der unteren Zeile fand sie vermutlich durch eine fehlerhafte Addition, evtl. bedingt durch eine zugrunde liegende Inversion (korrekte Zehner-Stelle, aber invertierte Einerstelle). Hier können optische Hilfen (vgl. Abb. 4/30, Bsp. von Ismael) und die nochmalige Erinnerung der Regel bzw. Aufforderung zur Kontrolle helfen. Auch wenn Mustafa und Shirin hier mit der Vertauschung der Operationen Probleme hatten, ist insgesamt die Verwechslung der Operationen weniger fehleranfällig als bei einer Darbietung vergleichbarer Aufgaben in Form von Päckchen (vgl. auch WITTMANN/MÜLLER 1990, 103). Während bei den o. g. Fehlern die Regeln missachtet wurden, war bei Stefan das Vernachlässigen der Einerstelle zur Ermittlung des obersten Steins wohl ein Flüchtigkeitsfehler (Abb. 4/40b).

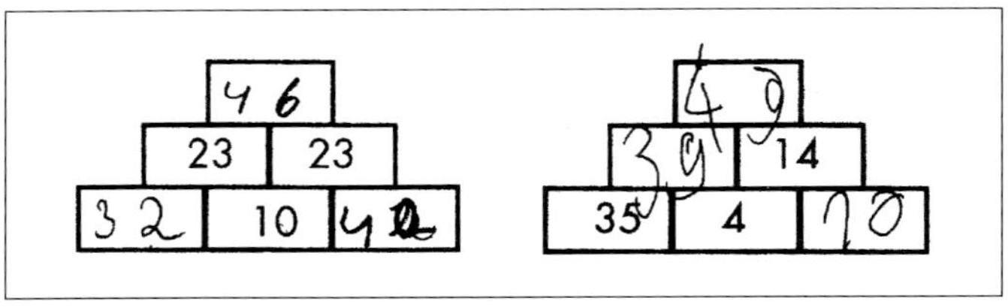

Abb. 4/40a und 4/40b: Lösungen von Shirin und Stefan

Angesprochen werden sollten auch hierbei immer wieder operative Zusammenhänge, wie etwa im folgenden Beispiel das Erhöhen des mittleren Steins der unteren Zeile um 1 (Abb. 4/41). Verwiesen sei hierzu auf das Arbeitsblatt 4/12.

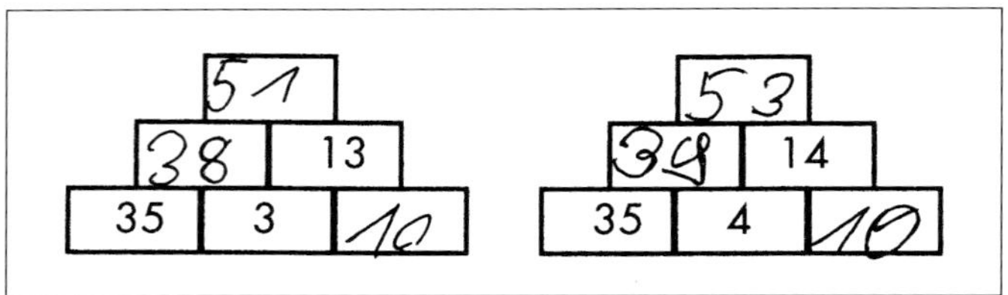

Abb. 4/41: Jans Lösungen

Differenzierung

Erlaubt ist wiederum das Nutzen von Veranschaulichungen, etwa des Rechenrahmens (vgl. Abb. 4/30, Ismael), mit dessen Hilfe die jeweiligen Aufgaben dargestellt werden können. Den Schülern sollte dabei u. a. klarwerden, dass gewisse Summanden in zwei Aufgaben vorkommen können, dass mit Ergebnissen als neuen Summanden weitergerechnet werden kann etc.

Bei offenen Aufgaben kann es geschehen, dass die Ergebnisse des Zielsteins über 100 hinausgehen (siehe Beispiele oben). Hier können zwei neben- oder untereinandergelegte Hunderterfelder Hilfe bieten, falls erforderlich.

Die offenen Aufgaben sowie die Zahlenmauern mit festem Zielstein differenzieren sich wieder selbst. Die Anforderungen können durch leichte oder schwierige Aufgaben bewältigt werden, was die Kinder selbst entscheiden können.

Weiterführung

Zur Vertiefung dieses Unterrichtsbeispiels bieten sich Weiterführungen an, die durchaus in unterschiedlichen zeitlichen Abständen erfolgen können (vgl. WITTMANN/MÜLLER 1990, 103f): Als Möglichkeiten sind hier das ausschließliche Lösen von Subtraktionen, mehrfach lösbare Zahlenmauern oder vierschichtige Mauern zu nennen. Darüber hinaus kann dieses Übungsformat im Tausenderraum erneut aufgegriffen werden.

4.5.3 Magische Quadrate

Für den Zwanzigerraum ist bereits im ersten Band dieser Reihe das sog. ‚lo shu' thematisiert worden (vgl. WITTMANN/MÜLLER 1990, 57ff.; SCHERER 1999, 227ff.). Dabei handelt es sich um ein 3x3-Quadrat, in dem die Zahlen von 1 bis 9 so angeordnet sind, dass alle Zeilen, Spalten und Hauptdiagonalen die gleiche magische Summe ergeben. Durch Addition bzw. Multiplikation der Ausgangszahlen können neue magische Quadrate entstehen, die sich für das Rechnen im Hunderterraum eignen. Das Erhöhen jeder Ausgangszahl um 3 führt z. B. zur magischen Summe 24 (Abb. 4/42b) oder das Verdoppeln jeder Ausgangszahl zur magischen Summe 30 (Abb. 4/42c). Bei Veränderung des Ausgangsquadrats durch Addition bleiben aufeinanderfolgende Zahlen erhalten, was natürlich bei Veränderung durch Multiplikation nicht der Fall ist.

4	9	2
3	5	7
8	1	6

7	12	5
6	8	10
11	4	9

8	18	4
6	10	14
16	2	12

Abb. 4/42a bis 4/42c: Beispiele für magische Quadrate

Gefördert werden hier die Addition und Subtraktion im Hunderterraum und darüber hinaus ein strategisches Vorgehen oder ganz allgemein das Problemlösen.

Wiederholung (bzw. Einführung)

Falls magische Quadrate im Zwanzigerraum schon behandelt wurden, kann man hier die Einführung recht kurz fassen. Es ist lediglich sicherzustellen, dass die Regeln den Schülern noch präsent sind. Gegebenenfalls sollte die Zugangsweise aus SCHERER (1999, 227ff.) übernommen werden, wahlweise mit den dort angegebenen Zahlenbeispielen oder Zahlenwerten aus dem Hunderterraum.

Magische Quadrate im Hunderter

Bei der Erweiterung der magischen Quadrate auf den Hunderterraum besteht nun die Gefahr, dass Erkenntnisse zu dem bekannten Übungsformat übergeneralisiert werden: Beim ‚lo shu' beträgt die magische Summe immer 15. Hier hingegen können die Werte variabel sein. Bei den einführenden Beispielen sollte dies klar thematisiert werden.

Eine Hauptaktivität besteht auch in diesem Zahlenraum darin, lückenhafte Quadrate zu ergänzen: Je nach Vorgabe der Ausgangszahlen können sowohl Additionen, Subtraktionen bzw. Zerlegungen zu bearbeiten sein. Die vorgegebenen Ausgangszahlen können dabei unterschiedlich positioniert werden, sodass eine oder mehrere Dimensionen zu betrachten sind. Daraus ergeben sich wiederum unterschiedliche Schwierigkeitsgrade, wie auch Abb. 4/43 zeigt. Während im linken Beispiel nur zwei (direkt zu berechnende) Lücken zu füllen sind, ist das rechte Beispiel deutlich anspruchsvoller. Die Information war gegeben, dass die ‚magische' Summe 15 ergeben muss. Während in der dritten Spalte die 9 korrekt ergänzt wurde, finden sich in der ersten und zweiten Spalte beliebige Zerlegungen der 15, die zu Konflikten in den Zeilen führen. Für die Zeilen- und Diagonalensummen wird dennoch jeweils 15 notiert, und es entsteht der Eindruck, dass diese Summen nach dem Ausfüllen der Spalten mechanisch notiert wurden. Die erforderliche Beachtung der Bearbeitungsreihenfolge sollte daher im weiteren Unterricht in jedem Fall diskutiert werden.

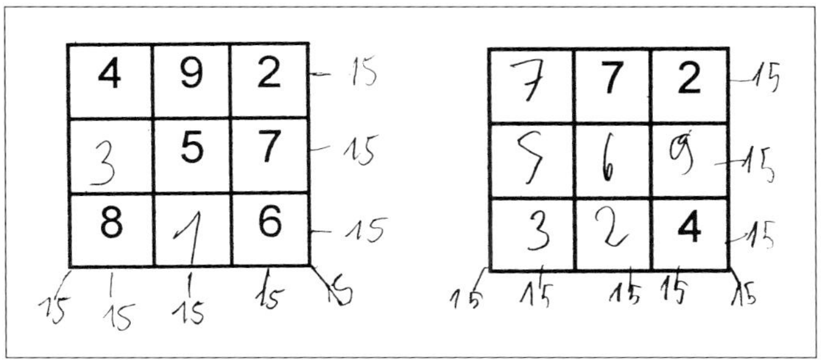

Abb. 4/43: Magische Quadrate mit unterschiedlich positionierten Ausgangszahlen

Auf dem Arbeitsblatt 4/12 sind magische Quadrate unterschiedlichster Form gegeben, wobei die nicht direkt lösbaren Quadrate den Schülern meistens in der Anfangsphase noch große Schwierigkeiten bereiten. Bei allen Beispielen ist die magische Summe entweder zeilen- bzw. spaltenweise oder aber in der Diagonalen abzulesen. In der Regel ist bei den Kindern jedoch eine zunehmende Sicherheit festzustellen. Langfristig wird durch solche Übungen die Flexibilität des Denkens erhöht.

‚Eigenkonstruktion' von magischen Quadraten

Die Schüler können nun für andere Mitschüler magische Quadrate erstellen, indem sie aus einem ausgefüllten Quadrat Zahlen entfernen. Dabei können natürlich nicht beliebige und auch nicht beliebig viele Zahlen entfernt werden. So muss die magische Summe an irgendeiner Stelle erkennbar, d. h. berechenbar bleiben. Zunächst sollten daher lediglich zwei Zahlen entfernt werden. Die Schwierigkeit, sich in die Situation eines anderen hineinzuversetzen und nicht allzu schwierige magische Quadrate zu erzeugen, ist für viele ungewohnt und keineswegs trivial.

Reparieren magischer Quadrate

Auch das Reparieren magischer Quadrate stellt eine anspruchsvolle Übung dar. Zunächst gilt es, zu entscheiden, wie die magische Summe zu bestimmen ist. Zur Einführung ist daher bei den ersten beiden Beispielen auf Arbeitsblatt 4/13 die magische Summe angegeben. Folgendes Beispiel kann an der Tafel entwickelt werden (Abb. 4/44):

13	6	11
8	10	12
14	9	7

Abb. 4/44: Zu reparierendes magisches Quadrat

Die Lehrerin kann die Schülerinnen und Schüler zunächst prüfen lassen, ob es sich hierbei um ein regelgerechtes magisches Quadrat handelt. Die Schüler werden entweder beim Berechnen der drei Zeilen oder der drei Spalten feststellen, dass diese verschiedene Summen haben. Nun gilt es, zu entscheiden, welches Ergebnis wohl die ‚magische' Summe ist (hier: 30). Dazu sollten *alle Summen* (Zeilen, Spalten, Diagonalen) berechnet werden, um festzustellen, dass das Ergebnis 30 mehrfach auftritt. Die Lehrerin kann dann, falls notwendig, die Information geben, dass im Quadrat alle korrekten Zahlen stehen, jedoch nicht an der richtigen Position. Die Kinder sollten dann an den Spalten, die nicht die korrekte Summe tragen, entsprechende Vertauschungen vornehmen können (hier: 14 und 9 tauschen). Analog dazu können die anderen Beispiele auf Arbeitsblatt 4/13 repariert werden.

Differenzierung

Die genannten Aufgaben beinhalten – wie beschrieben – einen unterschiedlichen Schwierigkeitsgrad, auch innerhalb eines Aufgabentyps. Daneben ist die Wahl des Zahlenmaterials mitentscheidend für die Anforderung an die Kinder. Die Lehrerin kann daher bei Schwierigkeiten auf leichtere Aufgabentypen zurückgreifen bzw. weitere Beispiele selbst konstruieren.
Bei Konzentrationsschwächen sollten die jeweiligen Aufgaben immer auf einem separaten Blatt oder im Heft notiert werden. Hilfreich kann auch ein vergrößertes 3x3-Raster sein, in das Zahlenkärtchen gelegt (vgl. auch Scherer 1999, Arbeitsblatt 4/22) und zur Lösung eines magischen Quadrats ggf. getauscht werden können.

Weiterführung

Magische Quadrate können natürlich auch in den weiteren Zahlenräumen eingesetzt werden. Zum einen kann das Zahlenmaterial erweitert, zum anderen können magische Quadrate höherer Ordnung verwendet werden (4x4-Quadrate, 5x5-Quadrate; vgl. auch Wittmann/Müller 1990, 88ff.).

4.5.4 Offene Aufgaben

Diese Art der Übung ist bereits für den Zwanzigerraum erläutert worden (vgl. Scherer 1999, 236ff.). Offene Aufgaben bieten die Möglichkeit, die besonderen Schwierigkeiten des Hunderterraums zu thematisieren: z. B. zweistellige Zahlen mit gleichen Ziffern, invertierte Formen zweistelliger Zahlen oder auch bestimmte Additions- und Subtraktionstypen. Gefördert wird neben den jeweiligen Rechenfertigkeiten oftmals auch das Selbstvertrauen, da jedes Kind hier Erfolgserlebnisse haben kann.

Einführungsbeispiel bzw. Wiederholung

Wenn diese Übungsform schon im Zwanzigerraum behandelt wurde, kann die Vorstellung kürzer ausfallen. Sind offene Aufgaben bislang noch nicht im Mathematikunterricht thematisiert worden, kann die erste Einführung durchaus Schwierigkeiten beinhalten. Manche Kinder können spontan nur schwer mit der gegebenen Offenheit umgehen: Sie wollen wissen, wie viele Aufgaben sie notieren müssen, ob bestimmte Aufgaben erwartet werden usw. Hier muss ggf. zunächst eine Kompromisslösung gewählt werden, bei der die Lehrerin einige Aufgaben bildet, die berechnet werden müssen. Dann kann möglicherweise zu einem abwechselnden Notieren von Aufgaben übergegangen werden nach dem Muster: Eine Aufgabe bildet die Lehrerin, die nächste das Kind. Auch wenn der Hunderterraum schon eingeführt ist, können offene Aufgaben gestellt werden, die schwerpunktmäßig auf dem Bekannten (hier Zwanzigerraum) basieren. An einem Beispiel sollen die Möglichkeiten offener Aufgaben noch einmal detailliert herausgearbeitet werden.

Beispiel: Finde Plusaufgaben und Minusaufgaben mit den Zahlen 3, 6, 12 und 20!

Kai, ein Drittklässler der Schule für Lernbehinderte, für den im Unterricht seit einigen Wochen der Hunderterraum eröffnet ist, notiert insgesamt acht Aufgaben (Abb. 4/45). Einige seiner Aufgaben passen nicht ganz zum Arbeitsauftrag: Lediglich bei den ersten beiden Aufgaben stammen beide Summanden aus dem vorgegebenen Zahlenmaterial. Bei den weiteren Aufgaben ist mit Ausnahme von 4 + 4 = 8 aber immer mindestens eine der vorgegebenen Zahlen im Zahlensatz zu finden.
Dieses nicht unbedingte Einhalten der Aufgabenstellung kann sich auch dann zeigen, wenn vorab geklärt wurde, dass die vorgegebenen Zahlen in der Aufgabe, nicht im Ergebnis vorkommen sollen. Man sollte sich aber klarmachen, dass derartige Aufgabenstellungen nicht selten

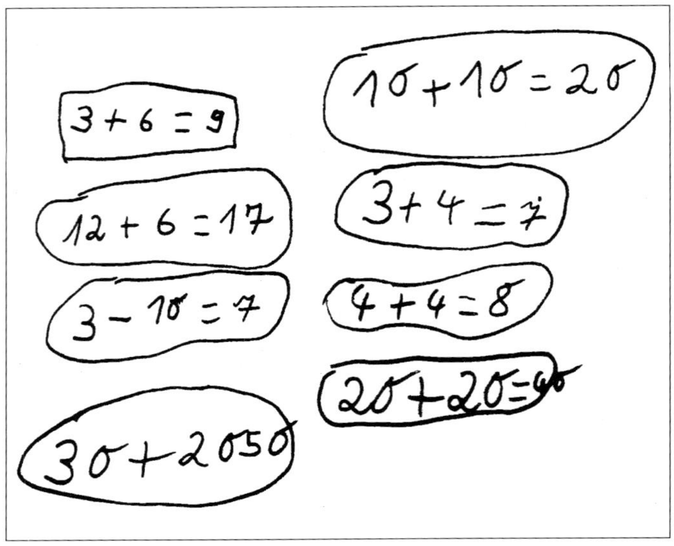

Abb. 4/45: Kais Bearbeitung der offenenen Aufgabe

mehrdeutig sind und von den Kindern in einer anderen als der intendierten Weise interpretiert werden können. Für Kai war vermutlich das Finden von Verdopplungsaufgaben, die von vielen Schülern sehr früh automatisiert sind, sehr reizvoll.
Er macht einen Rechenfehler (12 + 6 = 17), der vermutlich auf zählendes Rechnen mithilfe der Finger zurückzuführen ist: Hierbei strecken Kinder den ersten Finger, also den Daumen, und sprechen dazu als Startwert das Zahlwort *„12“*. Anschließend werden nacheinander weitere Finger ausgestreckt, mit denen entsprechend weitergezählt wird, bis sechs Finger zu sehen sind (Abb. 4/46). Kais weitere Additionsaufgaben sind korrekt, und vermutlich hat er diese mithilfe einer anderen Strategie gelöst bzw. einige der Ergebnisse bereits automatisiert. Die Aufgabe 12 + 6 gehört nicht zum eigentlichen Pool der 1 + 1-Aufgaben, obwohl ihr Ergebnis innerhalb des Zwanzigerraums liegt. Derartige Aufgaben wurden vermutlich seltener geübt. Der Rückgriff auf die 1 + 1-Aufgabe 2 + 6 und das entsprechende Ausnutzen der Analogie bleibt hier aus (vgl. zu diesen operativen Thematisierungen auch Scherer 1999, 197). An dieser Stelle wäre für den weiteren Unterricht in jedem Fall anzusetzen, um Kai den Rückgriff auf bekanntes Wissen zu ermöglichen.

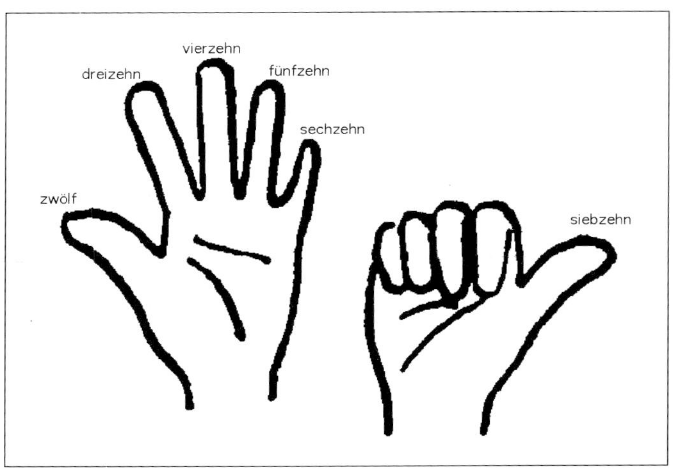

Abb. 4/46: Kais vermutete Fingerzählstrategie für die Aufgabe 12 + 6

Kai unterläuft im Weiteren ein Notationsfehler: Bei der Aufgabe 30 + 20 lässt er das Gleichheitszeichen aus, vermutlich aus Flüchtigkeit, denn dieser ‚Fehler' zeigt sich lediglich einmal. Hier muss nicht unbedingt ein gravierendes Problem im Umgang mit Zeichen und Symbolen vorliegen (vgl. im Gegensatz dazu die Beispiele in Scherer 1999, 205 f.). Dennoch sollte die Lehrerin sensibel für dieses Phänomen sein und es weiter beobachten.
Auffällig ist, dass Kai lediglich eine Subtraktion notiert, möglicherweise ein Anzeichen dafür, dass er diese Operation nicht besonders gern oder nicht besonders gut ausführt. Man erkennt den falschen Zahlensatz 3 – 10 = 7 und könnte nun mit unterschiedlichem fachlichen und fachdidaktischen Hintergrund zu unterschiedlichen Interpretationen gelangen:

- Kai hat *kein Verständnis* von der Subtraktion, und es könnte eine Übergeneralisierung seiner Kenntnisse von der Addition vorliegen.
- Kai hat lediglich ein *Notationsproblem;* er rechnet möglicherweise korrekt und würde die Rechnung verbal auch korrekt ausdrücken.
- Kai hat lediglich einen *Flüchtigkeitsfehler* gemacht. Erst das Notieren weiterer Subtraktionen würde diese Hypothese bestätigen oder widerlegen.
- Kai hat vielleicht nur ein *eingeschränktes Verständnis der Subtraktion:* Subtraktion bedeutet auch, den Unterschied zweier Zahlen zu bestimmen: In diesem Verständnis wäre sowohl die Notation 10 – 3 als auch 3 – 10 korrekt.
- Subtraktion bedeutet auch Ergänzen: Vielleicht liegt Kais Rechnung die Überlegung *„von 3 bis 10 sind es 7"* zugrunde.

Natürlich muss bei dieser Notation genauer geklärt werden, welche Interpretation zutrifft. Zudem wäre zu klären, wie die einzelnen Aufgaben und insbesondere die Subtraktion zustande gekommen ist. Liegen bei Kai möglicherweise Konzentrations- oder Wahrnehmungsschwächen vor? Eine allgemein zu empfehlende Maßnahme ist das Nachfragen, sodass Kai seine Rechnung vorlesen und erklären kann. In manchen Fällen klärt sich der Fehler, wenn Schüler selbst sofort erkennen, dass diese Notation nicht stimmen kann. Eine weitere Möglichkeit ist die Aufforderung, die gefundene Aufgabe mithilfe von Materialien zu veranschaulichen, etwa am Rechenrahmen.
Natürlich muss eine geeignete Intervention erfolgen, denn Kais Notation widerspricht unserer Konvention. Wichtig wäre in solchen Situationen, auch Schülern differenziert rückzumelden, dass es sich bei ihrem Fehler um einen *Verstoß gegen Konventionen* handelt und nicht um einen *Rechen- oder Denkfehler.*
Die Unterschiedlichkeit bei der Bearbeitung von offenen Aufgaben zeigt auch das folgende Beispiel eines Schülers der gleichen Klasse (Abb. 4/47).

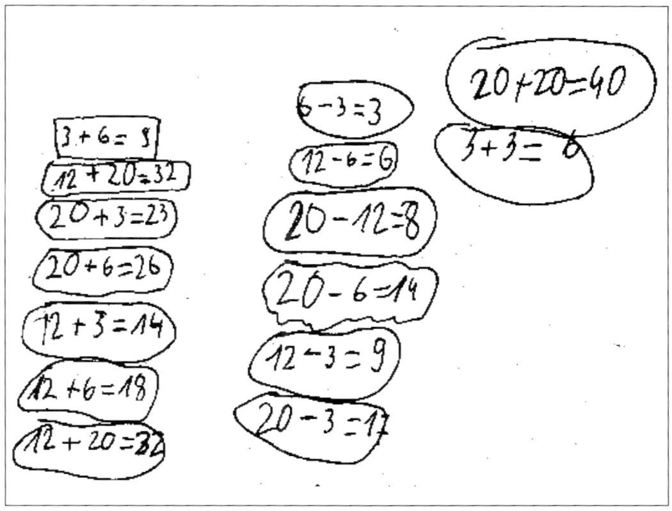

Abb. 4/47: Adrians Bearbeitung der offenen Aufgabe

Adrian hat 15 Aufgaben mit den vorgegebenen Zahlen 3, 6, 12 und 20 gefunden. Davon enthält eine erste Gruppe sieben Additionsaufgaben. Er bildet zunächst zwei Aufgaben, bei denen er jede der gegebenen Zahlen einmal verwendet. Danach folgen Aufgaben mit 20 und Aufgaben mit 12. Ähnlich wie bei Kai taucht bei der Aufgabe 12 + 3 der –1-Fehler auf, der auch hier vermutlich auf die Strategie des Weiterzählens mithilfe der Finger zurückzuführen ist (vgl. auch das Beispiel in Abb. 4/46). In einer zweiten Gruppe bildet Adrian Subtraktionsaufgaben. Auch hier ist ein gewisses systematisches Vorgehen festzustellen: Er wählt jeweils zwei oben nebeneinanderstehende Zahlen aus und subtrahiert die kleinere von der größeren. Anschließend wählt er die zweite und vierte, dann die erste und dritte Zahl und als Letztes die erste und vierte. Er hat auf diese Weise alle Subtraktionsaufgaben gefunden, bis auf diejenigen mit dem Ergebnis 0. In einer dritten Gruppe finden sich zwei Additionsaufgaben mit jeweils gleichen Summanden.
Hervorzuheben ist sicherlich auch sein strategisches Vorgehen: einerseits hinsichtlich der Wahl seiner Gruppierungen, andererseits hinsichtlich seines Vorgehens innerhalb einer Gruppe, bei dem er die Zahlen systematisch verarbeitet.
Diese Schülerdokumente zeigen stellenweise das mögliche Leistungsspektrum (vgl. auch Abb. 1/1 in Kap. 1), verdeutlichen aber auch die Möglichkeiten der einzelnen Kinder, ihre Fähigkeiten unter Beweis zu stellen.

Vorgabe eines festen Ergebnisses

Diese Aufgabenform wurde bereits in Kap. 3.1 vorgestellt: *„Finde Plusaufgaben mit dem Ergebnis 100!"* (oder mit dem Ergebnis 50 oder auch mit dem Ergebnis 20, falls dieser kleinere Zahlenraum noch gefestigt werden soll). Ein unterstützendes Material, wie etwa das Hunderterpunktfeld mit Zahlwinkel bzw. Folienzahlwinkel, kann dabei schon zusammen mit dem Arbeitsblatt vorgegeben werden (Arbeitsblatt 4/14).
Viele Kinder finden bei dieser Aktivität Aufgaben mit glatten Zehner-Zahlen, häufig unter Ausnutzung des Kommutativgesetzes, dabei durchaus auch durch ein systematisches Vorgehen wie das gegensinnige Verändern der Summanden um 10. Häufiger, insbesondere

bei einer großen Anzahl von gefundenen Aufgaben, werden Aufgaben doppelt notiert. Oft findet man auch 100 + 0 = 100 vor, eine Aufgabe, die in Schulbüchern höchst selten auftaucht. Auch der Aufgabentyp ZE + E wird von Schülern häufiger verwendet[22]: Nach Zerlegungen in reine Zehner fand Serkan zunächst drei Aufgaben des Typs ZE + E (Abb. 4/48, rechte Spalte), um dann systematisch, unter Beachtung der schon notierten Rechenoperationen, weitere Aufgaben dieses Typs zu suchen (vgl. die linke Spalte).

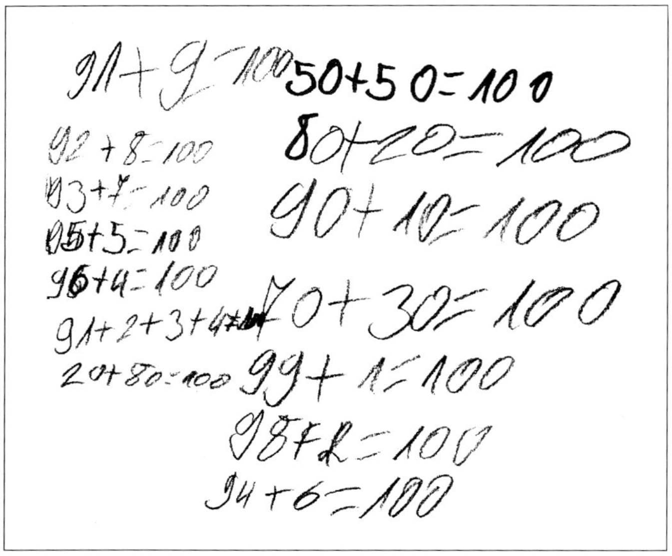

Abb. 4/48: Serkans Aufgaben zum Ergebnis 100

Additionen von Fünfer-Zahlen 95 + 5 oder 75 + 25 erscheinen i. d. R. leichter als beliebige andere Summen, werden aber auch durch das Punktfeld nahegelegt. Mustafa fand insgesamt 24 Aufgaben (Abb. 4/49), darunter alle zweigliedrigen Additionstypen, die bei diesem Aufgabenformat möglich sind[23], auch solche mit dem größeren Summanden an zweiter Stelle. Nur bei zwei Aufgaben des Typs ZE + ZE traten Fehler auf: Die Zerlegung 73 + 29 kann auf einen Flüchtigkeitsfehler zurückgehen, genauso wie 79 + 19 (Perseveration, vgl. z. B. Radatz 1980, 14).

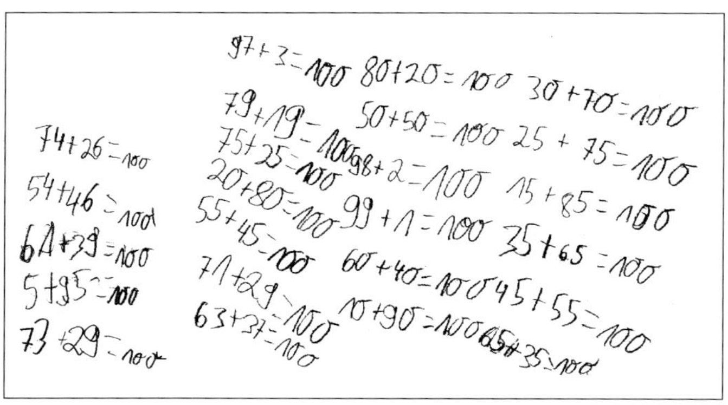

Abb. 4/49: Mustafas Aufgaben zum Ergebnis 100

Oftmals gehen die gefundenen Aufgaben auch über den Hunderterraum hinaus und können infolgedessen fehlerhaft sein (vgl. Alis letzte Aufgabe in Abb. 1/2). Auch Olivers Subtraktionen über 100 waren z. T. fehlerhaft (Abb. 4/50; die letzten drei Beispiele). Dennoch können die genannten Beispiele als Anzeichen der Zone der nächsten Entwicklung gesehen werden, und vermutlich wird sich bei diesen Aufgaben das Fehlen der Anschauungsgrundlage ausgewirkt haben.

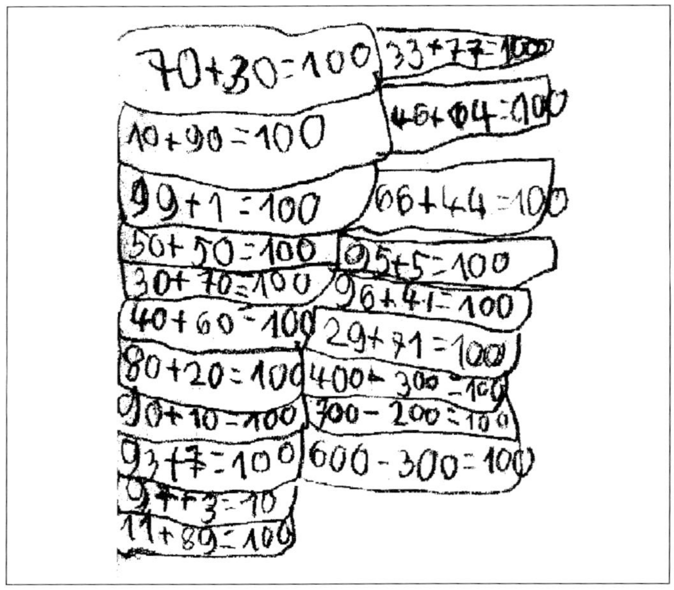

Abb. 4/50: Olivers selbst gewählte Aufgaben

Auch der Additionstyp ZE + ZE bereitete Oliver Schwierigkeiten: Bei den Zerlegungen 33 + 77, 46 + 64 und 66 + 44 addierten sich die Stellenwerte jeweils zu 10, und es ergab sich die Endziffer O, was ihn irrtümlicherweise zum Ergebnis 100 führte. An mehreren Stellen fand sich bei ihm ein systematisches Vorgehen, etwa das gegensinnige Verändern von Summanden (30 + 70 und 40 + 60; 80 + 20 und 90 + 10; 95 + 5 und 94 + 6) oder auch das Vertauschen der Einerziffer (97 + 3 und 93 + 7).

Reflexion über Ergebnisse

Bei der Reflexion über die gefundenen Aufgaben sollte jedes Kind zunächst einmal Gelegenheit haben, eine eigene Aufgabe an der Tafel zu präsentieren. Dies kann positive Effekte für das Selbstkonzept haben, da hier nicht primär unterschieden wird zwischen anspruchsvollen und eher trivialen Aufgaben. Es geht vielmehr darum, viele verschiedene Aufgaben zu finden.
Alle Aufgaben sollten veranschaulicht werden. Dies kann mithilfe des Punktfelds und des Folienzahlwinkels geschehen, der eine direkte Zerlegung der 100 zeigt. Auch fehlerhafte Lösungen können auf diesem Weg korrigiert werden. Das Veranschaulichen am Punktfeld erweist sich natürlich bei den gefundenen Subtraktionen als sehr schwierig. Hier kann ein zweites Punktfeld hinzugenommen werden.

22 Bei den folgenden Abbildungen sind nur die gefundenen Aufgaben der Kinder abgebildet. In diesen Fällen waren keine Einkreisungen auf dem Arbeitsblatt vorgenommen worden.
23 Der Additionstyp ZE + ZE mit Überschreitung ist hier natürlich nicht möglich

Bei dieser Übungsform zeigen sich ganz deutlich die unterschiedlichen Funktionen einer Veranschaulichung: Sie kann einerseits als produktives Werkzeug dienen (einige Kinder fanden durch Einkreisen der Punkte bzw. mithilfe des Zahlwinkels weitere Aufgaben), andererseits als Handlungsprotokoll oder Kontrollwerkzeug (z. B. durch die anschließende Veranschaulichung).

Weitere offene Aufgabenstellungen

Wie bereits an verschiedenen Stellen verdeutlicht, sind die Möglichkeiten für offene Aufgabenangebote sehr reichhaltig. An dieser Stelle seien lediglich einige weitere Aufgabenstellungen genannt:

- *„Finde Minusaufgaben mit dem Ergebnis 20 (30 ...)!“*
- *„Finde Plus- und Minusaufgaben mit einem Ergebnis zwischen 20 und 50 (zwischen 50 und 100)!“*
- *„Finde Aufgaben mit den Zahlen 7, 20, 33 und 48!“*
- *„Finde Plusaufgaben mit den Zahlen 12, 17, 36, 44!“*
- *„Finde Minusaufgaben mit den Zahlen 5, 15, 47, 66!“*

Bei allen Aufgabenstellungen existieren leichte und anspruchsvolle Bearbeitungen. Bei der dritten und vierten Aufgabenstellung wäre auch ein Überschreiten der offiziellen Grenzen möglich, falls die Kinder Additionen mit mehr als zwei Summanden wählen (z. B. 48 + 33 + 20 = 101). Falls sie derartige Rechenoperationen, wenngleich fehlerhaft, von sich aus vornehmen, sollte ein solches Vorgehen dennoch honoriert und ggf. mit anschaulicher Unterstützung korrigiert werden. Verpflichtend sind derartige Überschreitungen natürlich nicht.

Differenzierung

Auch bei offenen Aufgaben besteht natürlich die Möglichkeit, Veranschaulichungshilfen zu nutzen. Daneben bietet diese Übung vielfältige Differenzierungsmöglichkeiten: Aufgaben unterschiedlicher Schwierigkeitsniveaus sind naturgemäß vorhanden (vgl. auch Böhm 1984; Scherer 1999, 236ff.). Das Niveau wird dabei nicht vorab von der Lehrerin festgelegt, sondern von den Schülern selbst gewählt (hier z. B. leichte Aufgaben ohne Zehnerüberschreitungen oder Aufgaben mit kleinem Summanden in der zweiten Position). Die Schüler können auch zunächst – ihrer Einschätzung nach – leichte, dann fortschreitend schwierigere Aufgaben wählen. Oft liegt der Schwierigkeitsgrad, den die Kinder wählen, deutlich höher, als man ihnen zugetraut hätte.
Daneben ist auch eine quantitative Differenzierung bezüglich der Anzahl der gefundenen Aufgaben gegeben. Für die Kinder kann es jedoch zunächst schwierig sein, ohne feste Vorgaben im Hinblick auf die Menge der zu lösenden Aufgaben zu arbeiten. Dies hängt immer von den individuellen Erfahrungen mit einem solchen offenen Aufgabenformat ab. Anhaltspunkte wie *„Finde mindestens fünf verschiedene Aufgaben!“* können in diesem Zusammenhang sinnvoll sein.

Hinsichtlich des systematischen Vorgehens ist nochmals hervorzuheben, dass Kinder, die Schwierigkeiten beim Rechnen haben, nicht unbedingt Schwierigkeiten beim Entdecken und Nutzen derartiger Beziehungen haben müssen.

4.5.5 Umgang mit Geld: Einkaufsaktivitäten

Die Bewältigung von Sachsituationen stellt ein zentrales Ziel des Mathematikunterrichts dar. Sachsituationen bieten die Möglichkeit, die Erfahrungswelt der Kinder einzubeziehen und zielen u. a. auf die Förderung der lebenspraktischen Orientierung. Realitätsnahe Situationen sind i. d. R. komplexe Lernumgebungen. In diesem Zusammenhang hat man häufig die Sorge, Kinder zu überfordern, insbesondere jene, denen das Lernen schwerfällt. Die Konfrontation und die Bewältigung komplexer und offener Situationen ist aber für alle Kinder unabdingbar.
Bei den folgenden Übungen wird vorrangig der Größenbereich Geld angesprochen; in Band 3 zusätzlich die Größenbereiche Zeit und Längen. Hierbei handelt es sich um zentrale Größenbereiche, die auch für lernschwache Schüler zur Umwelterschließung unabdingbar sind. Die Struktur der Sachsituation wird in vielen Fällen in Form von Tabellen verdeutlicht oder festgehalten, eine wichtige Datenstruktur für den Mathematikunterricht (vgl. Wittmann/Müller 1990, 138).
Geld stellt einen *zentralen Größenbereich* für den Mathematikunterricht dar, dessen Beherrschung schwierig, aber zwingend notwendig ist. Auch wenn Kinder hinsichtlich der verschiedenen Größenbereiche beim Geld die meisten Erfahrungen haben (vgl. auch Kap. 2.1), so ist der Übergang von der reinen Arithmetik nicht selbstverständlich: „Rechenschwache Kinder können nicht problemlos von der Zahlenwelt zur Geldwelt wechseln“ (Dröge 1993, 28). Die Kinder müssen die verschiedenen Münzen und Scheine identifizieren. Daneben ist es erforderlich und oft auch schwierig, den Unterschied zwischen dem Wert eines Geldbetrags und der Anzahl der Münzen zu erkennen. *Ein* Objekt kann einerseits 1 €, andererseits auch 2 € bedeuten (vgl. entsprechende Aktivitäten in Scherer 1999, 211ff.). Insbesondere nach der Einführung des Euro ist sicherzustellen, ob ein hinreichendes Verständnis vorliegt.
Ähnlich wie bei den Aktivitäten für den Zwanzigerraum (ebd.) geht es hier um die Bewältigung einfacher Einkaufssituationen. Dies kann und sollte vor allem in realen Situationen geschehen, aber immer auch durch Unterrichtsaktivitäten ergänzt werden.

Darstellen von Geldbeträgen

Zur Wiederholung können vorab Aufgaben, die möglicherweise aus dem Zwanzigerraum bekannt sind, aufgegriffen werden. Unter Umständen kann die Einführung des Euro für die Schülerinnen und Schüler Proble-

me mit sich gebracht haben, sodass diese Wiederholung ratsam ist.
Des Weiteren stellt sich die Frage, ob mit der Einheit € oder aber erst mit den Cent-Münzen gerechnet werden sollte (vgl. auch die Entscheidung für die Lernstandserfassung in Kap. 2): „Man vergisst, dass die Schüler/innen in ihrem täglichen Leben nicht mehr mit Pfennig-, sondern mit DM-Beträgen umgehen, sodass Anwendungsbezüge an dieser Stelle nicht greifen können" (Dröge 1993, 27). Ähnliches gilt sicherlich für den Euro, wenngleich sich der Wert dahingehend verändert hat, dass 1 DM nur ungefähr 50 Cent entsprechen.

Darstellen von Geldbeträgen

Beispiel: 50 € sollen gelegt werden. Welche Möglichkeiten gibt es? Hier geht es u. a. um das Problem der Minimal- und Maximalzerlegungen (vgl. Winter 1985, 48ff.; Wittmann/Müller 1990, 64f.). Das Legen eines einzelnen 50-€-Scheins stellt bereits die Minimalzerlegung dar (nächste Möglichkeit: drei Scheine, also zwei 20-€-Scheine und ein 10-€-Schein), als Maximalzerlegung (mit €-Münzen oder €-Scheinen) das Legen von fünfzig 1-€-Stücken.
Die Lehrerin kann darüber hinaus auch offenere Problemaufgaben anbieten: *„Ich habe zwei Scheine und zwei Münzen im Portemonnaie."*

- *„Wie viel Geld kann es sein?"* (Verfügbar sind alle €-Münzen und €-Scheine bis 100 €.)
- *„Können es 50 € sein? Oder 43 €? Oder 34 €?"*

Minimalbetrag: 12 €

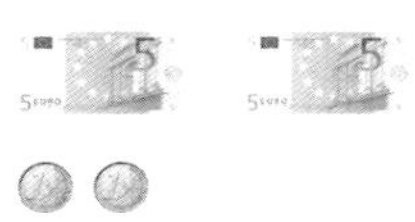

Maximalbetrag: 204 €

Der dargestellte Maximalbetrag geht natürlich über den thematisierten Hunderterraum hinaus, ist aber auch nicht verpflichtend. Häufig können Kinder zu diesem Zeitpunkt aber durchaus die für sie leichte Addition zweier 100-€-Scheine durchführen.

Offene Aufgaben

Zu Arbeitsblatt 4/15 sind vielfältige Aktivitäten möglich:

- *„Du kannst dir zwei (drei ...) Teile aussuchen. Wie viel musst du bezahlen?"*
  - *„Hemd und Schuhe: 22 € + 36 € = 58 €!"*
  - *„Latzhose und Rock: 45 € + 20 € = 65 €!"*
  - *„Pullover und Rock: 32 € + 20 € = 52 €!"*

- *„Du hast 60 € (70 € ...). Welche Teile kannst du dir dafür kaufen?"*
  - *„Ein Teil: Mantel (55 €), Latzhose (45 €) ...!"*
  - *„Zwei Teile: Hemd und Rock (42 €), Pullover und Rock (52 €) ...!"*

- *„Du kaufst immer zwei (drei ...) Teile einer Sorte. Wie viel musst du jeweils bezahlen?"* (Üben des Verdoppelns bzw. der Multiplikation)
  - *„Zwei Hemden: 22 € + 22 € = 2 · 22 € = 44 €!"*
  - *„Drei Röcke: 20 € + 20 € + 20 € = 3 · 20 € = 60 €!"*

- *„Du hast 100 € (90 € ...). Kannst du den Betrag genau ausgeben?"*
  - *„Latzhose und Mantel; fünf Röcke!"*

Zur weiteren Öffnung sei auf Arbeitsblatt 4/17 im folgenden Kap. 4.5.6 verwiesen.

Differenzierung

Die oben genannten Aktivitäten ermöglichen wiederum natürliche Differenzierungen: Die Aufgaben haben fast ausschließlich offenen Charakter, der sich einerseits in der Anzahl der gefundenen Aufgaben, Zerlegungen oder Darstellungen zeigt. Andererseits gibt es unterschiedliche arithmetische Anforderungen, die von den Kindern selbst gewählt werden können. Insgesamt kann somit dem Lerntempo, aber auch dem individuellen Leistungsniveau Rechnung getragen werden.

4.5.6 Kontextbezogene Aufgaben

Kontextbezogene Aufgaben können einerseits für lernschwache Kinder eine Lernerleichterung darstellen (vgl. z. B. die Ausführungen in Kap. 2.1.3), andererseits erfordern sie vielfältige Kompetenzen und stellen dann eine erhöhte Anforderung dar (vgl. z. B. Lorenz/Radatz 1993, 143). Dies zeigte sich etwa bei der Bearbeitung von Sachaufgaben (in Abgrenzung zu Routineaufgaben) in der TIMS-Studie, bei der die deutschen Sekundarstufenschülerinnen und -schüler nur mittelmäßige Leistungen im internationalen Vergleich zeigten. Natürlich sind die plakativen Ergebnisse an einigen Stellen zu relativieren, sie lassen jedoch Tendenzen erkennen. So zeigte schon 1983 eine Befragung von Grundschullehrerinnen und -lehrern, dass auch diese das Sachrechnen im Vergleich zu arithmetischen oder geometrischen Inhalten als schwieriger für ihre Schülerinnen und Schüler einstuften (vgl. Radatz 1983). Bei dieser Befragung war vermutlich das Sachrechnen vorrangig mit dem Bearbeiten von Textaufgaben verbunden. Diese Art des Sachrechnens ist möglicherweise für viele Schülerinnen und Schüler dominierend und auch mit negativen Erfahrungen verbunden.
Im Bereich der Didaktik des Sachrechnens gibt es verschiedene Bestrebungen, den Schwierigkeiten zu begegnen, wobei grob zwei Kategorien unterschieden werden können: Einerseits wird der *Umgang mit traditionellen Aufgaben* in den Blick genommen. Alternative Wege der Aufgabenlösung oder auch eine explizite Diskussion der Aufgabenstellungen mit den Schülerinnen und Schülern werden dabei angestrebt. Andererseits gibt es die

Bestrebung, nach *alternativen Aufgabentypen bzw. Umgebungen* zu suchen (weitere Ausführungen zu den Aufgabentypen bzw. Bearbeitungsmöglichkeiten vgl. z.B. KRAUTHAUSEN/SCHERER 2001, 77ff.). Natürlich gab und gibt es auch Bestrebungen beide Richtungen parallel zu verfolgen.

Für den vorliegenden Zahlenraum und für die Gruppe der lernbehinderten Schülerinnen und Schüler werden überwiegend einfache Textaufgaben thematisiert: *„Auf der Achterbahn sitzen 51 Leute. 6 Kinder wollen noch mitfahren. Wie viel sind das zusammen?"* (aus KLAUER (Hg.) 1991, 138). Vorgegeben wird zu dieser Textaufgabe noch ein unvollständiger Zahlensatz in folgender Form:

$$\square + \square = \square$$

Kritisch anzumerken ist dabei, dass die Kinder möglicherweise gar nicht auf den Sachverhalt achten und diesen nicht hinterfragen, sondern die gegebenen Zahlen gemäß ihres Vorkommens im Text in dieses Raster eintragen, was zumindest hier auch zum Erfolg führt. Auch für lernschwache Kinder sollte es aber darum gehen, Sachsituationen ernst zu nehmen und eigenständige Lösungen zu entwickeln. Im Folgenden werden hierzu einige Vorschläge gemacht.

Unvollständige Aufgaben

AHMED/WILLIAMS (1997, 10) geben unvollständige Textaufgaben vor. Hier gilt es für die Schülerinnen und Schüler, selbst vernünftige bzw. adäquate Zahlen einzutragen und zu verarbeiten. Dabei können dies zunächst fiktive Werte sein (Abb. 4/51), dann aber auch Preise oder Größen, bei denen durchaus nur gewisse Intervalle vernünftig sind. Durch das *bewusste* Einsetzen der Zahlen besteht die Hoffnung, dass diese anschließend auch *bewusster* verarbeitet werden.

Abb. 4/51: Unvollständige Textaufgabe aus AHMED/WILLIAMS 1997, 10

In ähnlicher Weise ist Arbeitsblatt 4/16 aufgebaut, bei dem vier Aufgaben mit vorgegebenem, jedoch lückenhaftem Text zu bearbeiten sind. Hierbei sind drei Additionsaufgaben und eine Ergänzungs- bzw. Subtraktionsaufgabe zu lösen. Bei der ersten und dritten Aufgabe sind keinerlei Vorgaben gemacht. Hier sollen einigermaßen realistische Anzahlen eingesetzt werden. Bei der zweiten Aufgabe sollten die Schülerinnen und Schüler die Bedingung *‚mehr Jungen als Mädchen'* bei ihren gewählten Zahlen berücksichtigen. Bei der vierten Aufgabe muss die Anzahl der besetzten Plätze ≤100 sein.

Im Anschluss findet sich Arbeitsblatt 4/17 in Anlehnung an AHMED/WILLIAMS (1997, 11), auf dem die Kinder vernünftige Preise für die einzelnen Objekte eintragen sollen. Bei den ersten beiden Aufgaben kann wie beim vorhergehenden Arbeitsblatt auch die Anzahl der Objekte selbst festgelegt werden, bei den letzten beiden Aufgaben ist diese vorgegeben.

Kontextbezogene Aufgaben können bei gleicher arithmetischer Anforderung unterschiedliche semantische Strukturen beinhalten, die von den Kindern verstanden werden müssen. Dies sollte Lehrerinnen und Lehrern bewusst sein, und sie sollten beim Einsatz kontextbezogener Aufgaben die zugrunde liegenden Strukturen kennen (vgl. z. B. SCHMIDT/WEISER 1995, 71). Um Informationen über das tatsächliche Verständnis der Schülerinnen und Schüler bei einer bestimmten Aufgabe zu erhalten, bietet sich vor dem Berechnen bzw. Bearbeiten die explizite Frage an *„Wie hast du die Aufgabe verstanden?"* (vgl. auch HÄSEL 2001, 172).

Unterschiedliche Niveaus bei der Bearbeitung

Im Verständnis des Sachrechnens wurden nicht nur existierende Aufgabentypen einer kritischen Prüfung unterzogen, sondern auch der Prozess der Bearbeitung. Für das Lösen von Sachaufgaben ist das Entwickeln eigener Lösungsstrategien unerlässlich. Dies sollte auch für lernschwache Kinder gelten. Zudem wurden verschiedene Ebenen der Bearbeitung herausgearbeitet, die sich bei WITTMANN et al. (2001c, 31f.) unter dem Begriff *‚Darstellen und Überlegen'* finden. Konkret geht es dabei um das *Legen* und Überlegen, *Zeichnen* und Überlegen, *Aufschreiben* und Überlegen bzw. *Ausprobieren* und Überlegen[24].

Diese verschiedenen Ebenen sollen im Folgenden an einer Beispielaufgabe konkretisiert werden (aus GREER 1993; weitere Beispiele in VERSCHAFFEL et al. 2000):

„Der Großvater gibt seinen 4 Enkelkindern eine Schachtel mit 18 Luftballons, die sie sich gerecht teilen sollen. Wie viele Luftballons bekommt jedes Enkelkind?"

Eine Schwierigkeit besteht hier in der auftretenden Division mit Rest. Es kann durchaus vorkommen, dass Kinder als Lösung *„4 Luftballons und einen halben Luftballon"* angeben (vgl. GREER 1993, 41).

---

[24] Darin spiegeln sich BRUNERS Repräsentationsstufen (enaktiv, ikonisch, symbolisch) wider, ohne dass hier eine Hierarchie in Form einer linear zu durchlaufenden Stufenfolge intendiert wäre.

Legen und Überlegen

Die Aufgabe könnte mit Material gelöst werden, z. B. mit realen Luftballons oder aber mit Plättchen als Repräsentanten.

Zeichnen und Überlegen

Jan und Ümit übersetzen die gegebene Aufgabe auf die zeichnerische Ebene (Abb. 4/52a und 4/52b). Durch ungenaues Zeichnen behält Jan in seiner Zeichnung nur einen Ballon übrig (obere Abbildung). Beide Schüler notieren kein Ergebnis. Dieser Umstand muss in jedem Fall kritisch angemerkt und mit den Schülern besprochen werden. In Sachaufgaben muss eine Lösung möglichst in Form eines Antwortsatzes angegeben werden.

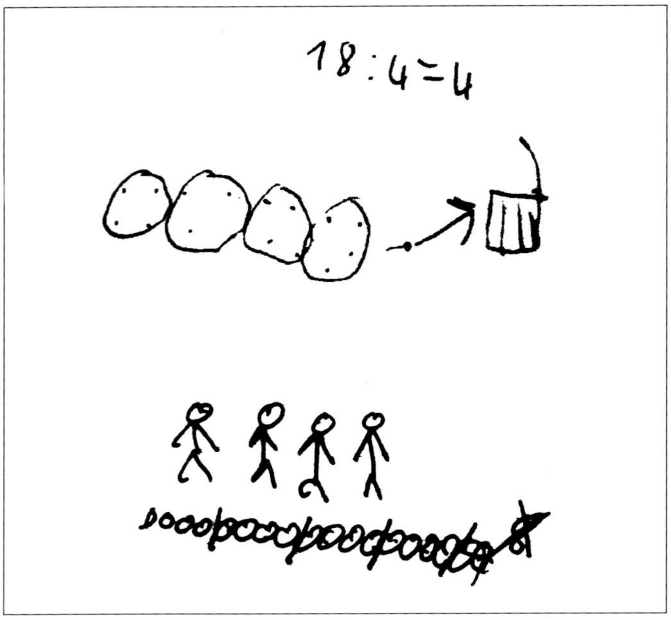

Abb. 4/52a und 4/52b: Jans und Ümits Bearbeitungen zur Aufgabe 18 : 4

Aufschreiben und Überlegen

Ali notiert alle Ergebnisse der Vierer-Reihe (Abb. 4/53), um einen Anhaltspunkt für die Aufgabenlösung zu erhalten. Die in der Aufgabenstellung gegebene Anzahl taucht dabei aber nicht auf, und Ali kann diesen Konflikt nicht lösen. Möglicherweise sind für ihn noch keine Aufgaben mit Rest aufgetreten, bislang ging vielleicht immer alles ‚glatt' auf. Schwierigkeiten wie diese dokumentieren, wie wichtig der Einsatz auch unlösbarer und nicht glatt lösbarer Aufgaben ist. Es ist wichtig, dass die Kinder realistische Vorstellungen von der Mathematik und vom Mathematikunterricht entwickeln und erkennen, dass es auch nicht glatt zu lösende Aufgaben gibt.

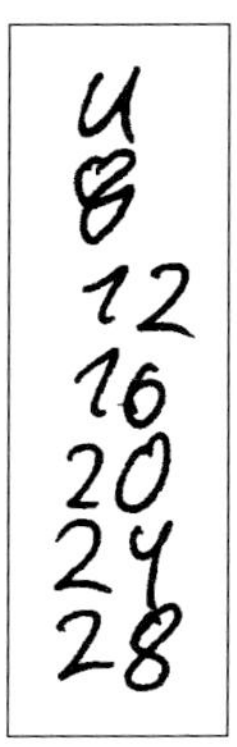

Abb. 4/53: Alis Tabelle der Viererzahlen

Eine entsprechende Tabelle kann auch in der nachfolgenden, etwas ausführlicheren Form notiert werden. Wenn die Lehrerin den Notationstyp ‚Tabelle' explizit besprechen will, u. a. hinsichtlich der Beschriftung, kann sie diese Form durchaus selbst einbringen.

Ballon pro Kind	1	2	3	4	5	...
Anzahl gesamt	4	8	12	16	20	...

Ausprobieren und Überlegen

Möglich ist als Strategie auch das *systematische Probieren.*
Annahme: Jedes Kind erhält 3 Luftballons.
Rechnung: $4 \cdot 3 = 12$ Zu wenig!
Veränderte Annahme: Jedes Kind erhält 4 Luftballons.
Rechnung: $4 \cdot 4 = 16$ Zu wenig!
Veränderte Annahme: Jedes Kind erhält 5 Luftballons.
Rechnung: $4 \cdot 5 = 20$ Zu viel!

Beim Übergang von 4 zu 5 Ballons sind natürlich verschiedene Vorgehensweisen denkbar.

Solche Aufgabentypen sollten im Unterricht regelmäßig eingesetzt werden. Dabei sollten nicht nur Lösungen verglichen werden, sondern insbesondere die Lösungsstrategien und Ebenen der Bearbeitung.

Erfinden von Rechengeschichten

Hier geht es um das Erfinden einfacher Rechengeschichten zur Addition und Subtraktion. Die Forschung zeigt, dass durch solche Aktivitäten eine stärkere Beziehung zwischen Kind und Aufgabe hergestellt wird und zudem häufig Informationen über die altersgemäße Lebenswirklichkeit zutage treten (vgl. Dröge 1995, 420). Es offenbaren sich aber auch eine Reihe von Schwierigkeiten (vgl. z. B. Radatz 1993): Die Kinder schreiben Rechengeschichten, die zwar den üblichen Praktiken des Unterrichts oder des Schulbuchs entsprechen, z. T. aber sehr unrealistische Sachsituationen darstellen. Oder sie schreiben Rechengeschichten, die mathematisch unlösbar sind bzw. die nicht zum gegebenen Zahlensatz oder der gegebenen Operation passen.

Beim Erfinden von Rechengeschichten gibt es grundsätzlich mehrere Vorgehensweisen, beispielsweise die freie Themenwahl, den vorgegebenen Kontext oder die vorgegebene Rechnung/Operation.

Für den Unterricht bieten sich etwa die folgenden Aufgaben an:

- „Erfinde eine Rechengeschichte zur Aufgabe 15 + 7 (30 + 20; ...; 25 − 8; 70 − 50 ...)!"
- „Erfinde eine Rechengeschichte zum Thema Geld (Einkaufen, Klassenkasse, Schulausflug ...)!"

Differenzierung

Differenzierungen sind den oben aufgeführten Übungen in natürlicher Weise inhärent. Sei es durch das von den Schülern z. T. selbst gewählte und eingesetzte Zahlenmaterial, durch die Anzahl der gewählten Aufgaben oder durch das gewählte Bearbeitungsniveau.

Weiterführung

Kontextbezogene Aufgabentypen – wie die genannten – sind in jedem Zahlenraum einzusetzen und lassen sich auf jede Operation übertragen.

4.6 Kopiervorlagen zur Addition und Subtraktion

Rechne aus!

40 + 5 = ___	2 + 6 = ___
50 + 4 = ___	60 + 20 = ___
40 + 50 = ___	6 + 20 = ___
5 + 4 = ___	60 + 2 = ___

Rechne aus!

23 + 6 = ___	32 + 14 = ___
26 + 3 = ___	34 + 12 = ___
3 + 62 = ___	12 + 43 = ___
2 + 63 = ___	13 + 42 = ___
36 + 2 = ___	23 + 14 = ___
32 + 6 = ___	24 + 13 = ___

Name:	Klasse:	Datum:

Rechne aus!

25 + 15 = ___

25 + 14 = ___

25 + 13 = ___

25 + 12 = ___ Wie geht es weiter?

____

Rechne aus!

50 + 12 = ___

50 + 14 = ___

50 + 16 = ___

50 + 18 = ___ Wie geht es weiter?

____

Name:	Klasse:	Datum:

Rechne aus!

20 + 16 = ___

21 + 17 = ___

22 + 18 = ___

23 + 19 = ___ Wie geht es weiter?

____

35 + 10 = ___

35 + 12 = ___

35 + 14 = ___

35 + 16 = ___ Wie geht es weiter?

____

23 + 2 = ___

25 + 4 = ___

29 + 6 = ___

35 + 8 = ___ Wie geht es weiter?

____

Name:	Klasse:	Datum:

Rechne aus! Was fällt dir auf?

28 – 4 = ___	30 – 5 = ___	56 – 12 = ___	43 – 8 = ___
28 – 3 = ___	30 – 6 = ___	56 – 22 = ___	43 – 9 = ___

45 – 5 = ___	16 – 8 = ___	70 – 7 = ___	31 – 9 = ___
55 – 5 = ___	36 – 8 = ___	40 – 7 = ___	51 – 9 = ___

Rechne aus! Was fällt dir auf?

37 – 7 = ___	62 – 21 = ___	54 – 23 = ___	40 – 15 = ___
37 – 8 = ___	62 – 11 = ___	54 – 43 = ___	40 – 35 = ___

60 – 4 = ___	25 – 13 = ___	86 – 6 = ___	39 – 8 = ___
70 – 4 = ___	15 – 13 = ___	66 – 6 = ___	59 – 8 = ___

Name:	Klasse:	Datum:

Rechne aus!

58 – 16 = ___

58 – 13 = ___

58 – 14 = ___

58 – 15 = ___ Wie geht es weiter?

____

---

47 – 12 = ___

48 – 13 = ___

49 – 14 = ___

50 – 15 = ___ Wie geht es weiter?

____

---

73 – 9 = ___

73 – 11 = ___

73 – 13 = ___

73 – 15 = ___ Wie geht es weiter?

____

Name:	Klasse:	Datum:

Arbeitsblatt 4/6 | **Zu Kapitel 4.4.1**

Rechne aus! Was fällt dir auf?

25 + 4 = ___	34 + 3 = ___
4 + 25 = ___	34 + 4 = ___
46 + 3 = ___	46 + 3 = ___
49 – 3 = ___	49 – 46 = ___

Rechne aus! Was fällt dir auf?

15 + 4 = ___	14 + 3 = ___
4 + 15 = ___	14 + 4 = ___
16 + 3 = ___	16 + 3 = ___
19 – 3 = ___	19 – 16 = ___

Name:	Klasse:	Datum:

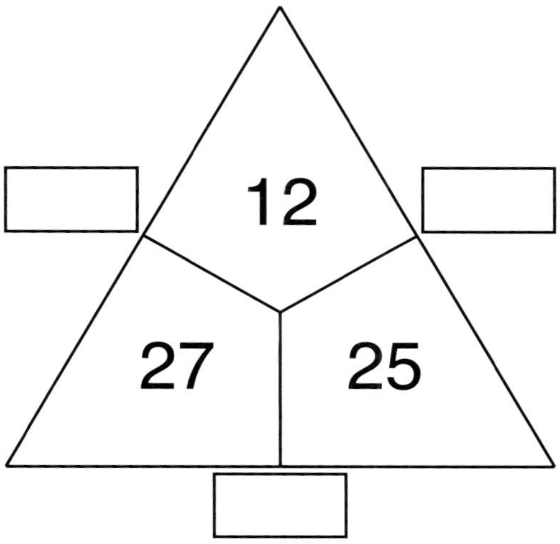

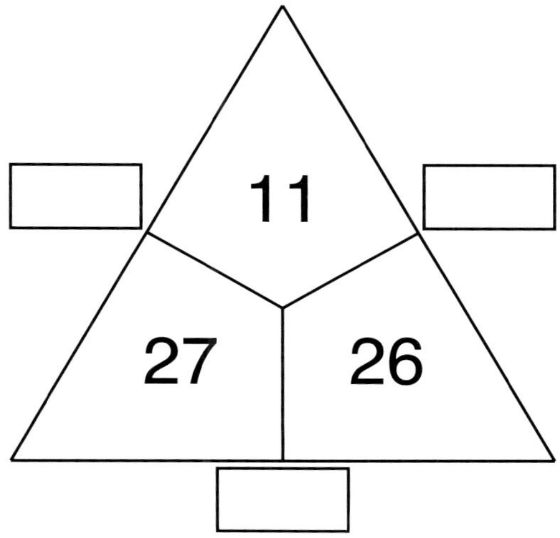

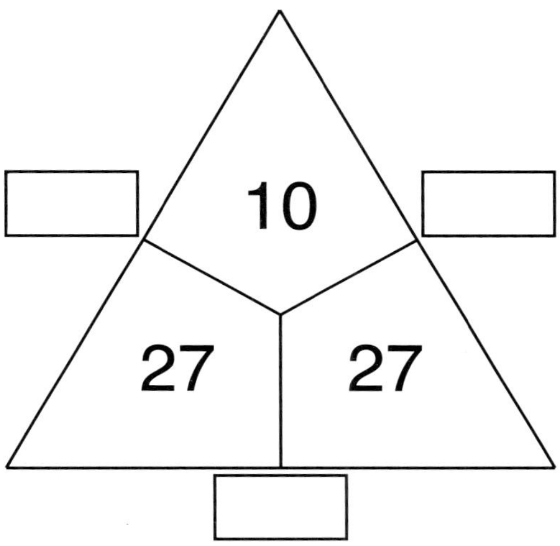

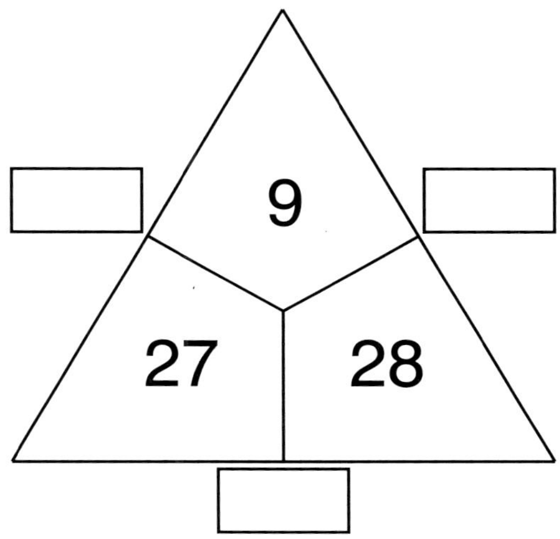

Was fällt dir auf? Erkläre!

Name:	Klasse:	Datum:

Arbeitsblatt 4/8 **Zu Kapitel 4.5.1**

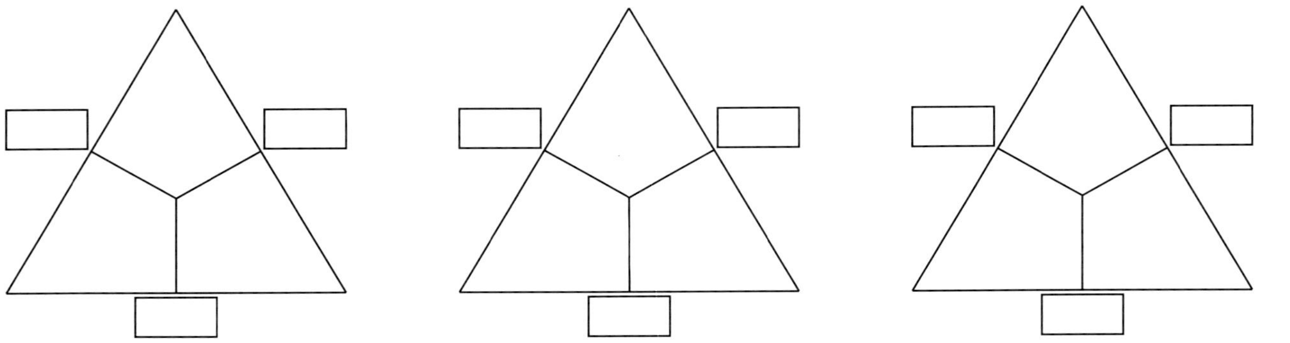

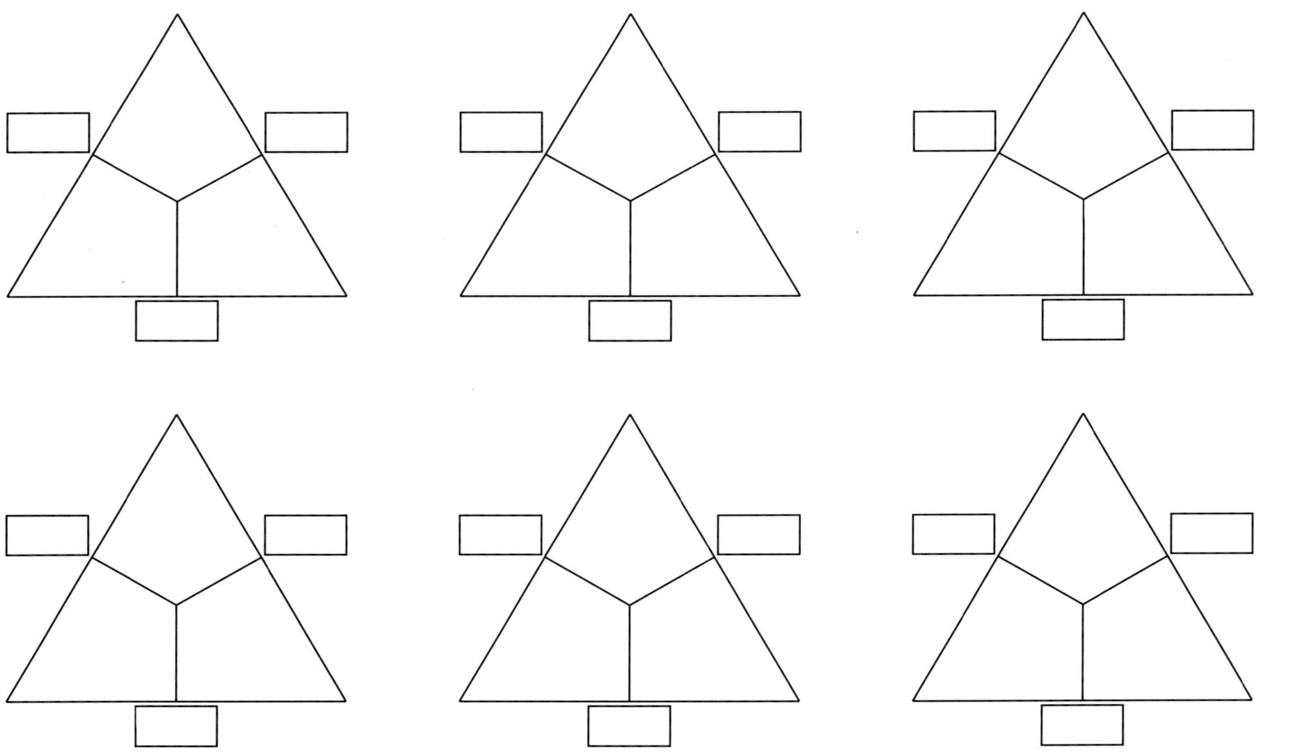

Name:	Klasse:	Datum:

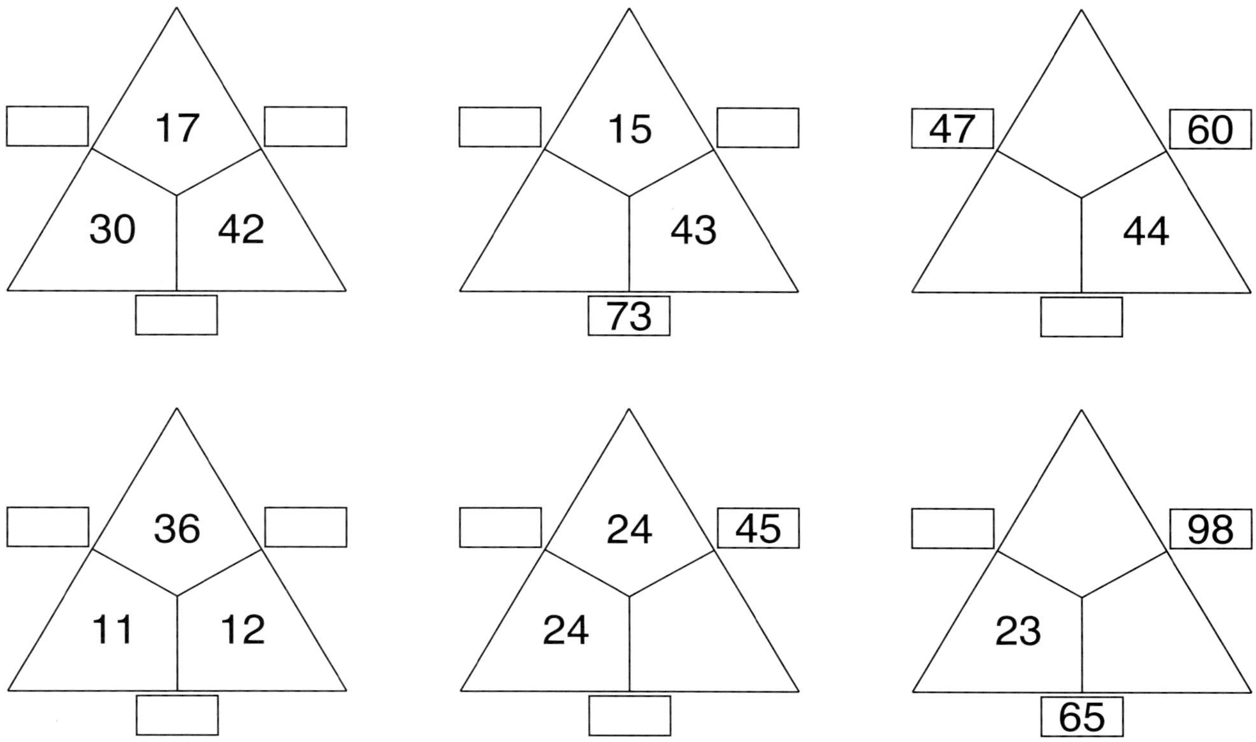

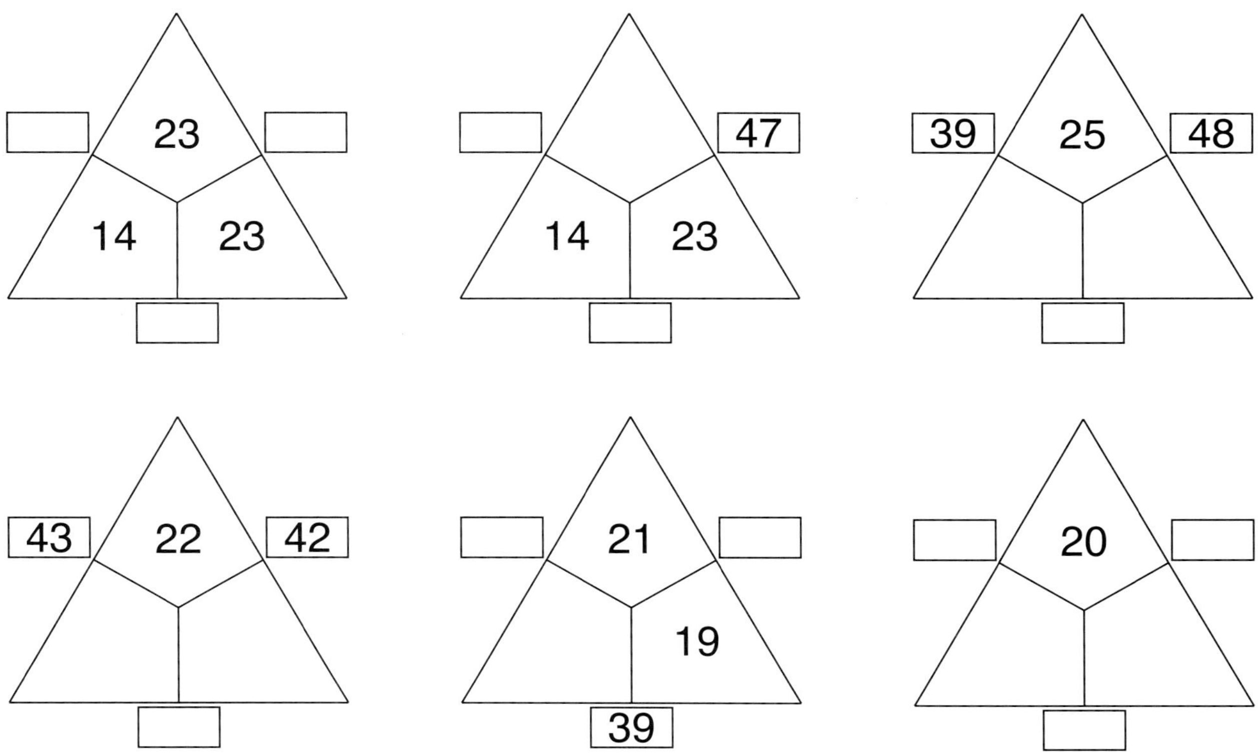

Name:	Klasse:	Datum:

Arbeitsblatt 4/10 Zu Kapitel 4.5.2

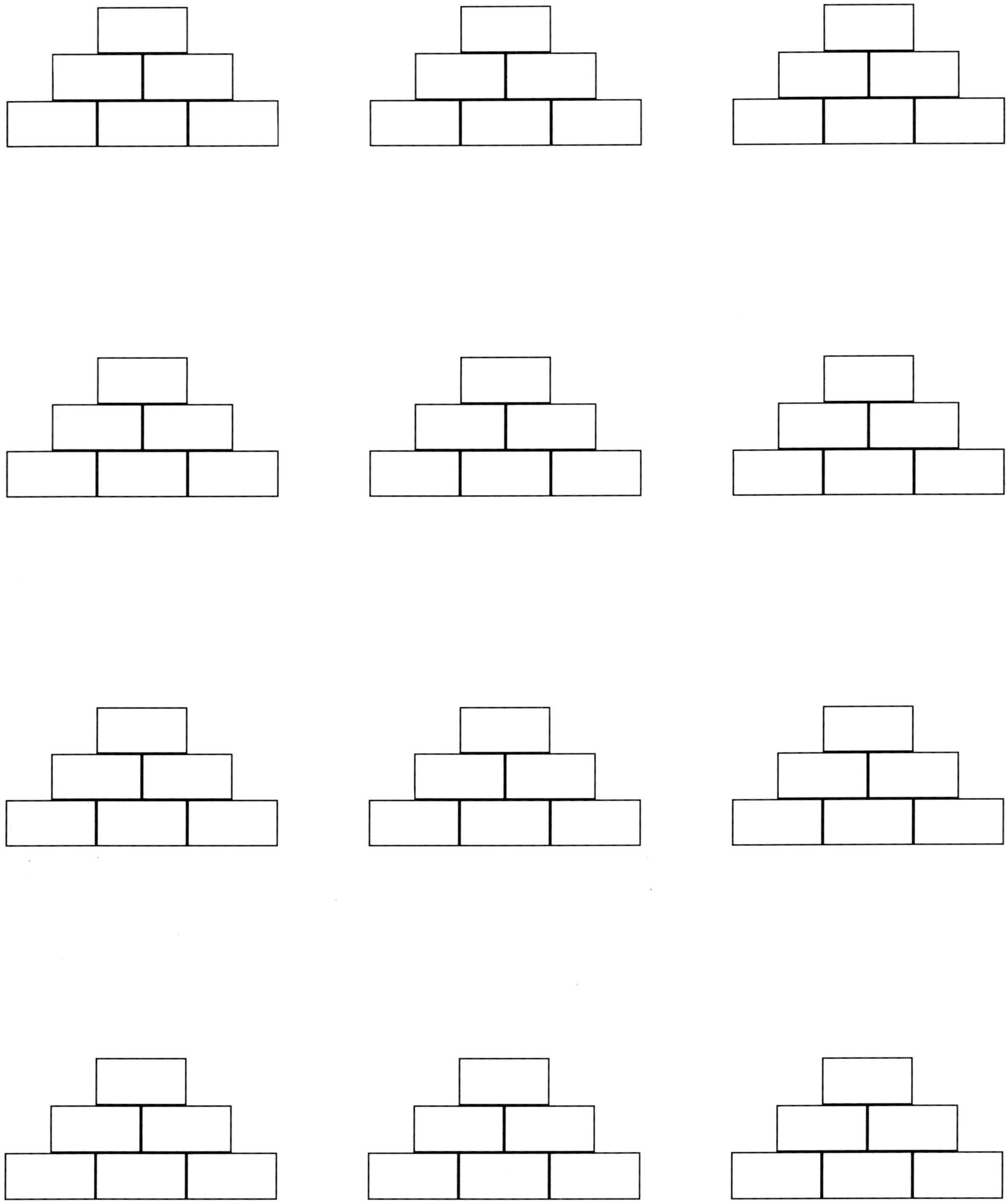

Name:	Klasse:	Datum:

Finde Zahlenmauern mit dem Zielstein 100!

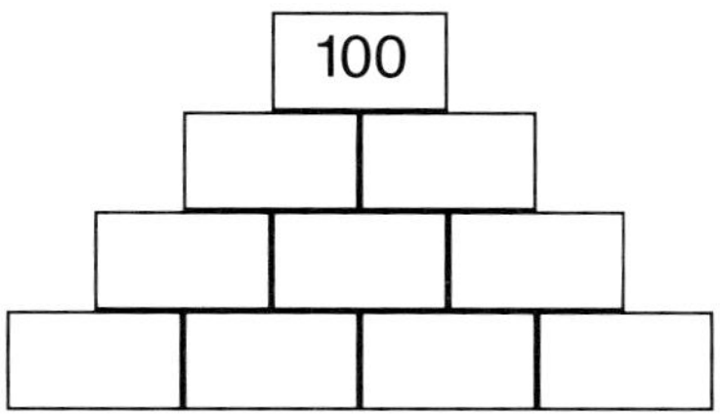

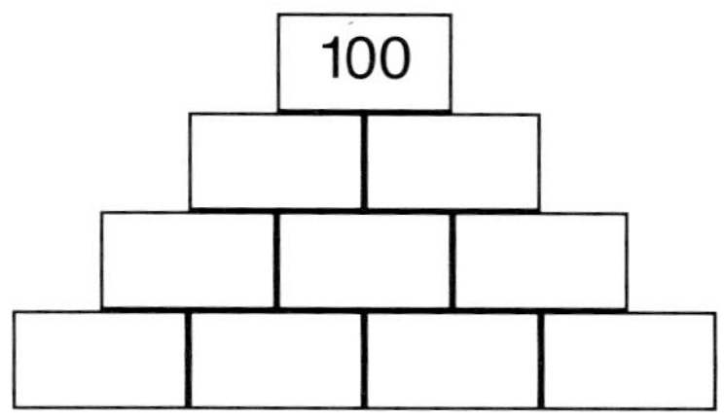

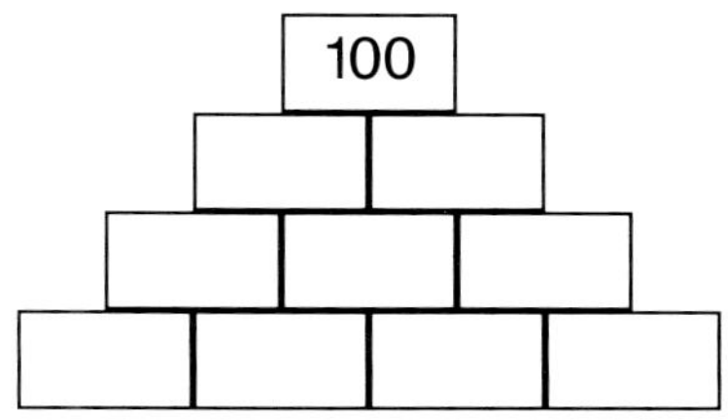

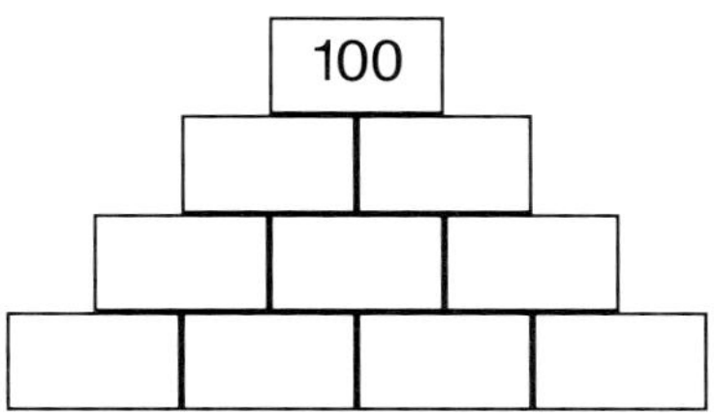

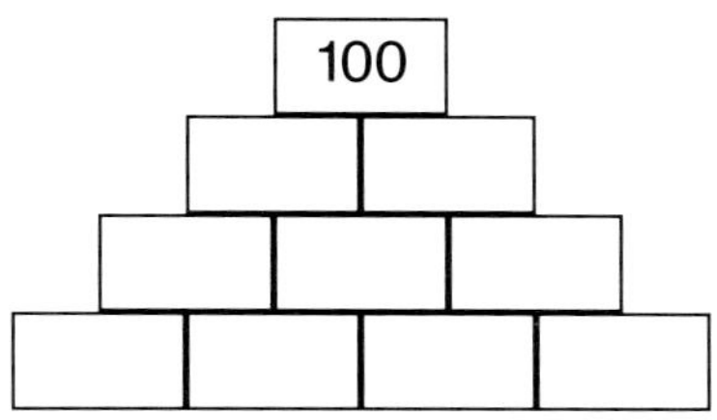

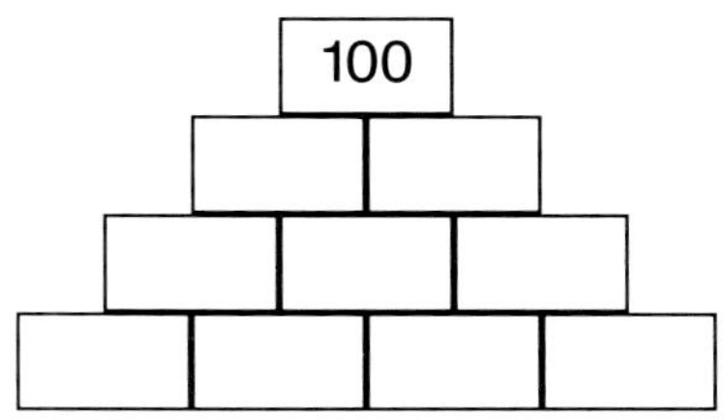

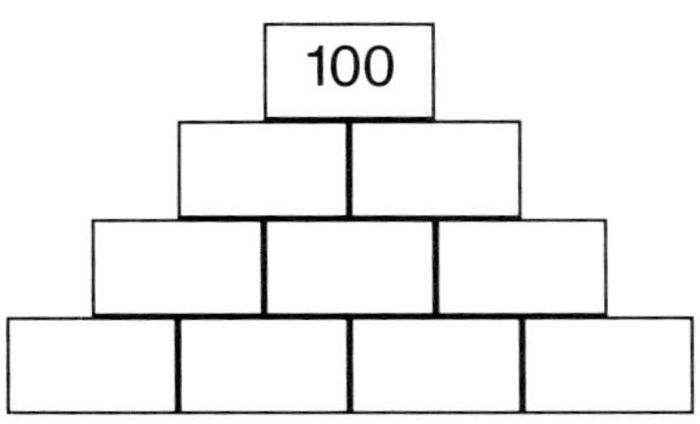

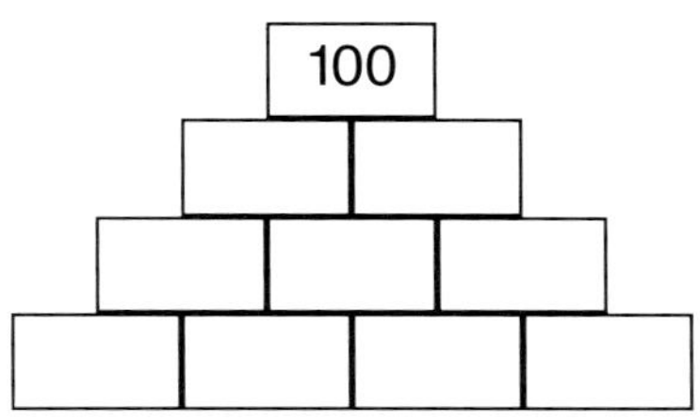

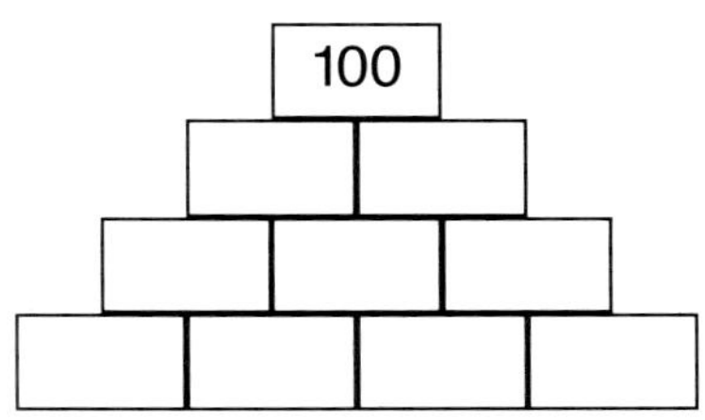

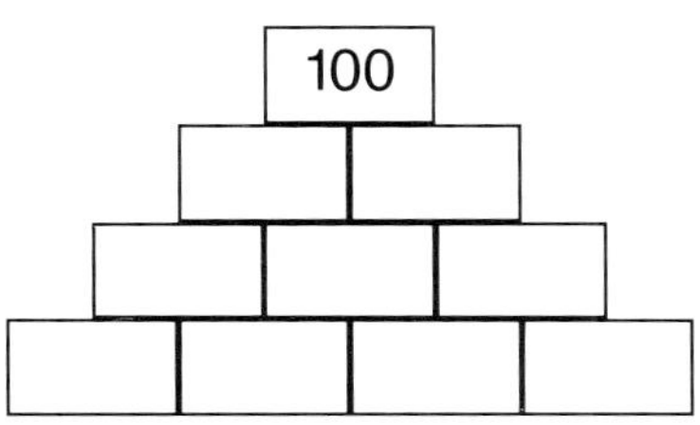

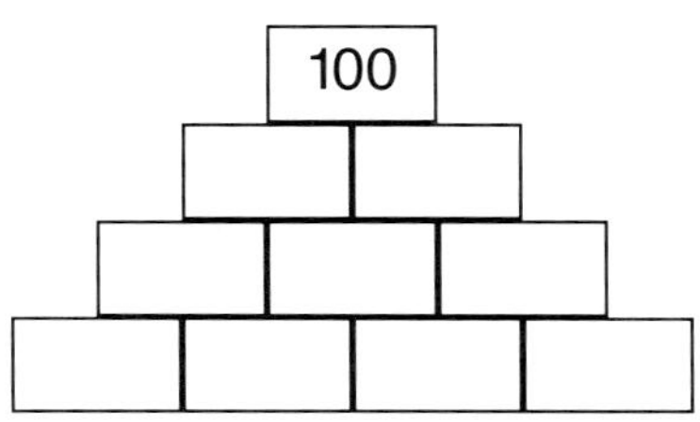

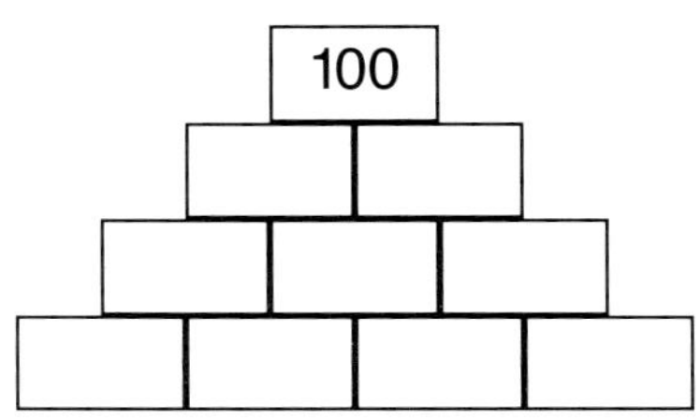

Name:	Klasse:	Datum:

Arbeitsblatt 4/12 — Zu Kapitel 4.5.3

5	10	3
4	6	
9		7

8		10
13	11	
12	7	14

7	14	9
	10	8
11		13

10		12
11	9	
8		8

8		4
	7	
10	5	6

10	3	5
7	9	

Name:	Klasse:	Datum:

Arbeitsblatt 4/13 **Zu Kapitel 4.5.3**

11	18	13
16	14	17
15	10	12

magische Summe: 42

13	15	20
18	16	14
17	12	19

magische Summe: 48

11	10	7
4	8	12
9	6	5

magische Summe: ___

8	5	6
7	9	11
12	13	10

magische Summe: ___

10	9	14
11	13	15
12	17	16

magische Summe: ___

6	13	11
8	10	12
9	14	7

magische Summe: ___

Name:	Klasse:	Datum:

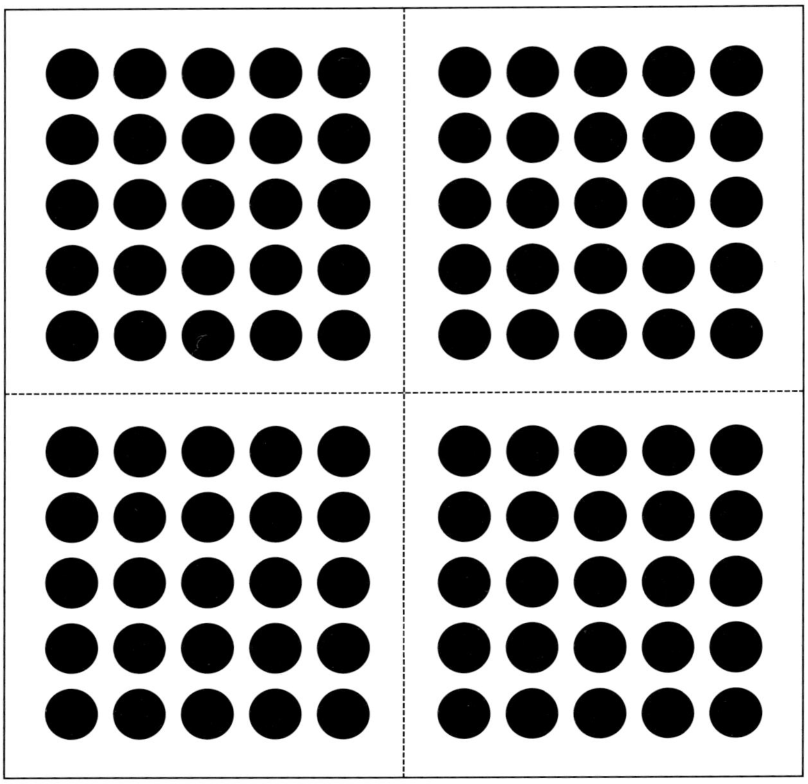

Finde selbst Aufgaben!
Das Ergebnis soll 100 sein!

Name: | Klasse: | Datum:

Arbeitsblatt 4/15 **Zu Kapitel 4.5.5**

Name:	Klasse:	Datum:

Arbeitsblatt 4/16 — Zu Kapitel 4.5.6

In der Klasse 3a sind ___ Schüler. In der Klasse 3b sind ___ Schüler.
Wie viele Schüler sind es zusammen?

Überlegung und Rechnung:

In der Klasse 4c sind mehr Jungen als Mädchen. Es sind ___ Jungen und ___ Mädchen. Wie viele Schüler sind es zusammen?

Überlegung und Rechnung:

Im Affenhaus gibt es ___ Schimpansen, ___ Paviane und ___ Orang-Utans.
Wie viele Affen sind es zusammen?

Überlegung und Rechnung:

Im Kino gibt es 100 Plätze. Es sind schon ___ Plätze besetzt.
Wie viele Plätze sind noch frei?

Überlegung und Rechnung:

Name:	Klasse:	Datum:

Julia kauft ___ Bleistifte.
Ein Bleistift kostet _______.
Wie viel kosten alle Bleistifte zusammen?

Überlegung und Rechnung:

Lars kauft ___ Comic-Hefte.
Ein Comic-Heft kostet _______.
Wie viel kosten alle Comic-Hefte zusammen?

Überlegung und Rechnung:

Max kauft ___ eine CD zu _______, eine Kassette zu _______
und ein Comic-Heft zu _______.
Wie viel kostet alles zusammen?

Überlegung und Rechnung:

Sarah kauft zwei Scheren zu _______, einen Pinsel zu _______
und einen Kugelschreiber zu _______.
Wie viel kostet alles zusammen?

Überlegung und Rechnung:

Name:	Klasse:	Datum:

Literatur

Ahmed, A. (1987): Better Mathematics. A Curriculum Development Study. London.
Ahmed, A./H. Williams (1997): Number & Measures. Deddington/Oxon.
Baroody, A. J. (1984): Children's difficulties in subtraction: Some causes and questions. Journal for Research in Mathematics Education 15(3), 203-213.
Baroody, A. J. (1987): Children´s mathematical thinking – A developmental framework for preschool, primary, and special education teachers. New York/London.
Beattie, I. D. (1979): Children's Strategies for Solving Subtraction-Fact Combinations. Arithmetic Teacher, H. 1 (September), 14-15.
Berger, A. (1997): 100 be-greifen. Wendeplättchen und Zehnerstäbe im Hunderterraum. Begleitheft zum gleichnamigen Holzmaterial. Leipzig.
Bleidick, U. (1980): Empirische Untersuchungen der Rechenleistungen von Lernbehinderten im Hinblick auf die Didaktik des Rechenunterrichts.
In: Kanter, G. O./H. Langenohl (Hg.), Didaktik des Mathematikunterrichts, 1-25. Berlin.
Böhm, O. (1984): Selbstdifferenzierung durch »offene Aufgaben« im Unterricht der Schule für Lernbehinderte (Teil 1 & 2). Ehrenwirth Sonderschulmagazin, H. 2 & 3, S. 5-8 bzw. 5-7.
Brown, M. (1981): Number operations. In: Hart, K. M. (Hg.), Children's understanding of mathematics, S. 23-47. London.
Carpenter, T. P./J. M. Moser (1984): The acquisition of addition and subtraction concepts in grades one to three. Journal for Research in Mathematics Education, H. 3, S. 179-202.
Dröge, R. (1993): Mit Geld läßt sich im ersten Schuljahr nicht einfach(er) rechnen. Grundschule, H. 6, S. 26-28.
Dröge, R. (1995): Zehn Gebote für einen schülerorientierten Sachrechenunterricht. Sachunterricht und Mathematik in der Primarstufe, H. 9, S. 413-423.
Donaldson, M. (1991): Wie Kinder denken – Intelligenz und Schulversagen. München.
Flexer, R. J. (1986): The power of five: The step before the power of ten. Arithmetic Teacher, H. 2, S. 5-9.
Fuson, K. (1984): More complexities in subtraction. Journal for Research in Mathematics Education, H. 3, S. 214-225.
Gallin, P./U. Ruf (1990): Sprache und Mathematik in der Schule. Auf eigenen Wegen zur Fachkompetenz. Zürich.
Gelman, R./C. R. Gallistel (1978): The child's understanding of number. Cambridge.
Greer, B. (1993): The Mathematical Modeling Perspective on Wor(l)d Problems. Journal of Mathematical Behavior, S. 239-250.
Häsel, U. (2001): Sachaufgaben im Mathematikunterricht der Schule für Lernbehinderte. Theoretische Analyse und empirische Studien. Hildesheim.
Holt, J. (1979): Wie Kinder lernen. Weinheim.
Houlihan, D. M./H. P. Ginsburg (1981): The addition methods of first- and second-grade children. Journal for Research in Mathematics Education, H. 2, S. 95-106.
Hughes, M. (1986): Children and number. Difficulties in learning mathematics. Worcester.
Hundeide, K. (1988): Metacontracts for situational definitions and for presentation of cognitive skills. The Quarterly Newsletter of the Laboratory of Comparative Human Cognition, H. 3, S. 85-91.
Kamii, C. (1986): Place Value: an explanation of its difficulty and educational implications for the primary grades. Journal for Research in Childhood Education, H. 2, S. 75-86.
Klauer, K. J. (1991, Hg.): Mathematik – Unterstufe. Düsseldorf.
KM – Kultusminister des Landes Nordrhein-Westfalen (1972, Hg.): Richtlinien für die Schulen in Niedersachsen, Schulen für Lernbehinderte. Hannover.
KM – Kultusminister des Landes Nordrhein-Westfalen (1977a, Hg.): Richtlinien und Beispielplan für die Schule für Lernbehinderte (Sonderschule) in Nordrhein-Westfalen – Mathematik. Frechen.
KM – Kultusminister des Landes Nordrhein-Westfalen (1977b, Hg.): Richtlinien für die Schule für Lernbehinderte (Sonderschule) in Nordrhein-Westfalen. Frechen.

KRAUTHAUSEN, G. (1993): Kopfrechnen, halbschriftliches Rechnen, schriftliche Normalverfahren, Taschenrechner: Für eine Neubestimmung des Stellenwertes der vier Rechenmethoden. Journal für Mathematik-Didaktik, H. 3/4, S. 189-219.
KRAUTHAUSEN, G. (1995): Die »Kraft der Fünf« und das denkende Rechnen - Zur Bedeutung tragfähiger Vorstellungsbilder im mathematischen Anfangsunterricht. In: MÜLLER, G. N./E. C. WITTMANN (Hg.), Mit Kindern rechnen, S. 87-108. Frankfurt am Main.
KRAUTHAUSEN, G. (1997): Blitzrechnen 1. Ein Übungsprogramm zum Kopfrechentraining für Klasse 1 und 2. Leipzig.
KRAUTHAUSEN, G./P. SCHERER (2001): Einführung in die Mathematikdidaktik. Heidelberg.
KUTZER, R. (1991, Hg.): Mathematik entdecken und verstehen, Lehrerband 3. Frankfurt am Main.
LAMPERT, M. (1990): When the problem is not the question and the solution is not the answer: Mathematical knowing and teaching. American Educational Research Journal, H. 1, S. 29-63.
LIENERT, G. A. (1969): Testaufbau und Testanalyse. Weinheim/Berlin/Basel.
LÖRCHER, G. A. (1981): Mathematische Grundbegriffe – Lexikon für die Schulpraxis mit ausländischen Kindern. Villingen-Schwenningen.
LORENZ, J. H. (1987): Zahlenraumprobleme bei Schülern. Sachunterricht und Mathematik in der Primarstufe, H. 4, S. 171-177.
LORENZ, J. H. (1992): Anschauung und Veranschaulichungsmittel im Mathematikunterricht. Mentales visuelles Operieren und Rechenleistung. Göttingen.
LORENZ, J. H./H. RADATZ (1993): Handbuch des Förderns im Mathematikunterricht. Hannover.
MENNE, J. (1999): Effektiv üben mit rechenschwachen Kindern. Die Grundschulzeitschrift, H. 121, S. 18-21.
MOSER OPITZ, ELISABETH (2000): Zählen - Zahlbegriff - Rechnen« Theoretische Grundlagen und eine empirische Untersuchung zum mathematischen Erstunterricht in Sonderklassen. Bern.
MÜLLER, G. N./E. C. WITTMANN (1998a): Die Denkschule – Teil 2. Leipzig.
MÜLLER, G. N./E. C. WITTMANN (1998b): Mündliches Rechnen in Kleingruppen – der Förderkurs von »mathe 2000«. Teil 1: Zwanzigerraum. Begleitheft zum gleichnamigen Material. Leipzig.
OEHL, W. (1962): Der Rechenunterricht in der Grundschule. Hannover.
Pincus, M. et al. (1975): If you don't know how children think, how can you help them. Arithmetic Teacher, H. 7, S. 580-585.
RADATZ, H. (1980): Fehleranalysen im Mathematikunterricht. Braunschweig/Wiesbaden.
RADATZ, H. (1983): Untersuchungen zum Lösen eingekleideter Aufgaben. Journal für Mathematikdidaktik, H. 3, S. 205-217.
RADATZ, H. (1993): »38 +7 = 7 jeger schiesen auf 50 Hasen, 2 sint schon tot ...« Kinder erfinden Rechengeschichten. In: BALHORN, H./H. BRÜGELMANN (Hg.), Bedeutungen erfinden – im Kopf, mit Schrift und miteinander. Zur individuellen und sozialen Konstruktion von Wirklichkeiten, S. 32-36.
ROSENTHAL, E./U. SELTER (1989): zähle und rechne 3 – Arbeitsmappe für den Mathematikunterricht der 3. und 4. Klasse. Bochum/München.
SCHERER, PETRA (1995): Entdeckendes Lernen im Mathematikunter-richt der Schule für Lernbehinderte – Theoretische Grundlegung und evaluierte unterrichtspraktische Erprobung. Heidelberg.
SCHERER, PETRA (1999): Produktives Lernen für Kinder mit Lernschwächen: Fördern durch Fordern. Band 1. Leipzig.
SCHERER, P. (2001): Aktivitäten mit Ziffernkarten: Beziehungsreiches Lernen für alle Schüler. mathematik lehren, H. 105, S. 12-15.
SCHIPPER, W. (1982): Stoffauswahl und Stoffanordnung im mathematischen Anfangsunterricht. Journal für Mathematikdidaktik, H. 2, S. 91-120.
SCHMIDT, S./W. WEISER (1982): Zählen und Zahlverständnis von Schulanfängern. Journal für Mathematikdidaktik, H. 3/4, S. 227-236.
SCHMIDT, S./W. WEISER (1995): Semantic structures of one-step word problems involving multiplication or division. Educational Studies in Mathematics, H. 1, S. 55-72.
SCHRODI, F. (1999): »Rechenschwäche« in den subjektiven Theorien von Grundschullehrerinnen und Grundschullehrern. Eine qualitativ empirische Studie. Regensburg.
SCOTT, D. (1997): Turning the tide on learning difficulties in mathematics: some classroom strategies. In: SCOTT, N./H. HOLLINGSWORTH (Hg.), Mathematics: creating the future. Proceedings, S. 422-429. Adelaide.
SELTER, C./H. SPIEGEL (1997): Wie Kinder rechnen. Leipzig
SPIEGEL, H. (1996): Kinder in der Welt der Zahlen. Video, Reihe »Elternschule an der Uni«. Seelze.
STEINBRING, H. (1994): Die Verwendung strukturierter Diagramme im Arithmetikunterricht der Grundschule. Mathematische Unterrichtspraxis, H. 4, S. 7-19.
THORNTON, C. A. et al. (1983): Teaching mathematics to children with special needs. Menlo Park, California.
VAN DEN HEUVEL-PANHUIZEN, M. (1990): Realistic Arithmetic/Mathematics Instruction and Tests. In: GRAVEMEIJER, K. et al. (Hg.), Contexts Free Productions Tests and Geometry in Realistic Mathematics Education, S. 53-78. Utrecht.

Van den Heuvel-Panhuizen, M. (1991): Ratio in special education. A pilot study on the possibilities of shifting the boundaries. In: Streefland, L. (Hg.), Realistic Mathematics Education in Primary School. On the occasion of the opening of the Freudenthal Institute, S. 157-181. Utrecht.
Verschaffel, L. et al. (2000): Making sense of word problems. Lisse/NL.
Wagner, H. J./C. Born (1994): Diagnostikum: Basisfähigkeiten im Zahlenraum 0 bis 20. Weinheim.
Wagner, H.-J./R. Kornmann (1992): Schwierigkeits- und Fehleranalysen von zweigliedrigen Additionsaufgaben mit der Null im Zahlenraum 0-20 mit Ergebnis größer als 10. mathematica didactica, H. 15, S. 96-105.
Whitenack, J. W. et al. (2001): Second Graders Circumvent Addition and Subtraction Difficulties. Teaching Children Mathematics, H. 4, S. 228-233.
Whitney, H. (1985): Taking Responsibility in School Mathematics Education. The Journal of Mathematical Behavior, H. 3, S. 219-235.
Winter, H. (1985): Sachrechnen in der Grundschule. Berlin.
Winter, H. (1996): Praxishilfe Mathematik. Frankfurt am Main.
Wittmann, E. C. (1995): Unterrichtsdesign und empirische Forschung. In: Müller, K. P. (Hg.), Beiträge zum Mathematikunterricht, S. 528-531. Hildesheim.
Wittmann, E. C./G. N. Müller (1990): Handbuch produktiver Rechenübungen. Band 1: Vom Einspluseins zum Einmaleins. Stuttgart.
Wittmann, E. C./G. N. Müller (1991): Das Tausenderbuch. Erklärung seiner Struktur und Vorschläge für die Unterrichtspraxis. Beiheft. Stuttgart.
Wittmann, E. C./G. N. Müller (1992): Handbuch produktiver Rechenübungen. Band 2: Vom halbschriftlichen zum schriftlichen Rechnen. Stuttgart.
Wittmann, E. C. et al. (2001a): Das Zahlenbuch. Mathematik im 1. Schuljahr. Lehrerband. Leipzig.
Wittmann, E. C. et al. (2001b): Das Zahlenbuch. Mathematik im 2. Schuljahr. Lehrerband. Leipzig.
Wittmann, E. C. et al. (2001c): Das Zahlenbuch. Mathematik im 3. Schuljahr. Lehrerband. Leipzig.

Kinder mit ausgeprägten Lernschwächen im Hunderterraum

Jede Lehrerin und jeder Lehrer in der Grund- und Förderschule hat hier sofort einige Kinder vor Augen, die immer wieder Zahlen verdrehen, falsch aussprechen oder schreiben. Und welche Lehrperson kennt nicht auch Kinder, die nur durch mühsame Abzählstrategien mithilfe ihrer Finger Zahlenmengen erfassen und Rechenaufgaben lösen ...

Für diese Kinder bietet der vorliegende Band vielfältige Hilfen:

- Möglichkeiten einer kompetenzorientierten Diagnostik zu elementaren Fertigkeiten wie Lesen und Schreiben von Zahlen oder der Anzahlbestimmung. Darüber hinaus finden sich Testaufgaben für die Überprüfung der elementaren Operationen.
- Lern- und Übungsangebote für grundlegende Orientierungen im Hunderterraum anhand verschiedener Arbeitsmittel und Veranschaulichungen; Anregungen für einführende und vertiefende Übungen der Addition und Subtraktion sowie anwendungsorientierte Aktivitäten, insbesondere zum Größenbereich Geld.

Die vorgestellten Lern- und Übungsangebote sollen motivieren, ohne zu überfordern, und ermöglichen an vielen Stellen Differenzierungen. Sowohl die diagnostischen Aufgaben als auch die Übungsangebote sind durch konkrete Erfahrungen und Schülerdokumente illustriert.

Bergedorfer® Förderdiagnostik

Die Autorin: **Prof. Dr. Petra Scherer** –
Ausbildung zur Sonderschullehrerin,
langjährige Tätigkeit als wissenschaftliche Mitarbeiterin an der Universität Dortmund.
Seit 1998 als Professorin für Didaktik der Mathematik an der Universität Bielefeld in der Lehrerausbildung tätig.

Persen
Persen
Verlag GmbH
www.persen.de

ISBN 978-3-8344-**3858**-4
9 783834 438584